獻給凱文

「人類的故事，就是戰爭的故事。
除卻短暫與岌岌可危的間歇期，
世界上從未有過和平可言；
早在歷史開始之前，
殺戮衝突即已遍布四海，永無休止。」

——溫斯頓．邱吉爾

# 各界最高讚譽

三次大戰如果以核戰登場，開打七十二分鐘就結束。然後呢？立即死亡的有數億人，全球陷入萬劫不復的漆黑，人類的萬年文明隨之結束，還活著的開始羨慕第一波就死去的。最終死亡人數會高達五十億。

這些，日進日出的我們沒人會去想，因為一切那麼遙遠。讀了這本書才知道原來人類距離毀滅一直只有一步之遙：在這條一切都是黑箱作業的死亡平行線上，我們只能期望電腦不出錯、人不誤判、世界也不會碰上一個瘋子……日以繼夜，每一秒鐘都如此，然後你我也才能都活著。這一切竟然完全建立在這般脆弱的基礎上。

核戰沒有贏家。這本書詳細敘述人類毀滅頭兩個小時內每一分鐘的過程，讀了讓人不寒而慄：恐怖的不只是毀滅本身，還有六十年來一路奇蹟般的「僥倖」。

——鱸魚，暢銷作家

核子戰爭距離我們似乎很遙遠，這卻是圍繞冷戰的核心，現代人很難想像文明的末日，而這是確實可能發生的。本書透過大量的訪談紀錄，了解到核彈發射後，各國的因應機制是什麼，以及其帶來的後果，將讓我們更加理解和平的意義。

——王立，「王立第二戰研所」版主

除了吸引，更有壓迫。從未感覺核戰如此貼近，驚懼間竟一口氣看完。

——張國立，作家

內容經典、文筆精湛……一本在倒數中，讓人緊張到胃痛的多視角、地緣政治驚悚之作。雅各布森巧妙地勾勒出末世決戰在狂人腦海中的模樣，十足的衝擊力，來自於書中描繪的那一幕，在下一秒就有可能如實地發生在我們每個人身上。眞實性與本書所呈現的幾乎無異，此書宛如用生死存亡的拳頭朝你的肚子狠狠揮過去，良藥苦口到讓你不敢忘記身於二十一世紀的所有便利，都將在一道閃瞎眼的光線與幾乎零時差的衝擊波之後，蕩然無存。融合了鉅細靡遺的研究及專家們的現身說法——他們是眞的了解，我們是如何在不知不覺中，朝熱核彈的毀滅性爆炸愈挨愈近——本書理應是現代人的基本讀物，至於那些把人類存滅握在手中的政治人物與決策者，更應該好好讀懂這本書想傳達的訊息。

——《富比士》

遭遇核爆時，你最不該做的事就是用兩眼直視。而如果你真的想確切了解我們身處的是一個如何危如累卵的全球局勢，你最應該做的事，就是正視雅各布森書中的重要資訊，這裡頭有主流文化一直在幫我們逃避的事實真相……她以讓人不寒而慄的筆觸，書寫那些大多數活在軍工複合體外的平民百姓都不得而知的實情，栩栩如生，且一分一秒地描繪出當洲際彈道飛彈攜帶著核彈頭命中目標之際，當場會有哪些橫禍般的效應。

——《洛杉磯時報》

扣人心弦……不讀不足以了解是如何繁複與令人不安的細節，摻合進了不惜犧牲人類文明也要對敵國投下核彈的決定……雅各布森做足了功課。她投注十餘年的時間，訪問數十名專家，同時消化、吸收了汗牛充棟的相關主題文獻，包括若干近年才得見天日的解密文件。

——《紐約時報書評》

內容條理分明且讓人彷彿身歷其境。在對核戰末日各種細節的描述上，作者的文筆讓人不禁聯想到〈廣島〉（Hiroshima），這篇由美國記者約翰・赫塞（John Hersey）發表於一九四六年《紐約客》雜誌上，令人振聾發聵的文章。

——《經濟學人》

雅各布森打破術語與知識的屏障，用直接到不能再直接的方式說出一個駭人的故事。

——《衛報》

充滿迫切性的警世之作，看了保證連夜都是惡夢。

——《科克斯書評》

書中鮮明地敘述了一旦我們的核子衛哨被攻破，會是一幅……如何可怕的場景。

——《華爾街日報》

本書描繪了一場全球性的核戰是如何從第一枚飛彈的發射，通往了七十二分鐘後的世界末日。當中穿插著以分鐘爲單位的精確情節……交織出這幅場景的經緯，分別是不下幾十場的訪談與不知凡幾的文件，其中一些資料在不久前還是無人可過目的機密，如今，已在書中化身爲作者立論的事實基礎。

——政治專業媒體 Politico

與許多退役安全官員所進行的數百回訪談，以及或多或少經過解密而流入公衆領域的資訊，全被本書精彩地捕捉下來，帶我們進一步了解，領導人在深陷此困境時所將歷經的混亂情緒……書中的場景就像在看《奇愛博士》這部同樣在講美蘇核戰的電影。

——英國電訊媒體集團

本書凸顯了各種關鍵問題……其背後的各種理論充滿複雜性，解決方案又是談何容易。

——美國智庫國家安全研究所

# 目次

# 作者的話

自一九五〇年代初期以來，美國政府已經砸下了數兆美元準備打一場核子戰爭，同時不斷完善各種相關協議，以確保在數億美國人成爲末日規模的核浩劫犧牲品後，美國政府仍能正常運作。

書中的場景——想像一下核導彈發射後的瞬間，會是什麼樣的光景——取材自獨家專訪所揭露的各種事實，受訪成員含括了總統幕僚、內閣成員、核武工程師、科學家、士兵、飛行員、特種作戰人員、特勤局人員、災害管理專家、情報分析師、公務人員，乃至於其他以這些慘絕人寰的場景爲主題從事研究數十年的人士。由於「全面核子戰爭」（General Nuclear War）的各項計畫被美國政府列爲最高機密，因此這本書及其假設的場景，將帶領讀者直逼「知的權利」的合法邊緣。已獲解密的文件[1]——被刻意模糊化了幾十年的資料——會以懾人的清晰度塡補這些細節。

俗稱五角大廈的美國國防部*是擁核敵人在攻擊美利堅時的首要目標之一，所以在接下來的場景中，華盛頓特區將首先遭到一顆百萬噸級熱核彈的襲擊。「對華府靑天霹靂式的突襲，是華府每個人最害怕的事，」[2]負責核生化防禦計畫的前國防部助理部長安德魯・韋伯（Andrew Weber）如此表示。「青天霹靂」（Bolt out of the Blue）在美國「核指揮控制」[3]（Nuclear Command and Control; NC2）架構的脈絡下，指的是「無示警的大規模（核）攻擊」。

對華府的這種攻擊會開啟一場末世決戰般的全面核子戰爭，這場戰爭必然隨之而起。「在核子戰爭的世界裡，沒有小規模這種東西」是在華府動輒就能聽到的一句話。

對五角大廈的核武攻擊只會是一個場景的開端，這個開端的最終結局是我們所知道的人類文明終結。我們每一個人，就是活在這樣的一個現實當中。這本書所揭櫫的核子戰爭場景，可能發生在明天。或是今天晚些時候。

「世界的終結，[4]與我們或許只相隔幾個鐘點，」美國戰略司令部的前指揮官羅伯・凱勒將軍（Robert Kehler）下了這樣的注解。

* 五角大廈毗鄰華府，就在其西南方的維吉尼亞州境內。

# 受訪名單

曾在美國核指揮控制體系內任職者

- **理查・L・賈爾文博士**（**Dr. Richard L. Garwin**）：核武設計師，曾參與代號「常春藤麥克」（Ivy Mike）的熱核彈開發
- **威廉・J・佩里博士**（**Dr. William J. Perry**）：曾任美國國防部長
- **里昂・E・潘內達**（**Leon E. Panetta**）：曾任美國國防部長、中央情報局局長、白宮幕僚長
- **C・羅伯・凱勒將軍**（**General C. Robert Kehler**）：曾任美國戰略司令部指揮官
- **海軍中將邁可・J・康納**（**Vice Admiral Michael J. Connor**）：美國（核子）潛艦部隊指揮官
- **空軍准將葛雷格里・J・圖希爾**（**Gregory J. Touhill**）：美國首位聯邦資訊安全長官（CISO）；美國運輸司令部之「指揮、控制、通訊與網路」（C4）系統總監
- **威廉・克雷格・傅蓋特**（**William Craig Fugate**）：聯邦應急管理署（FEMA）署長
- **可敬的安德魯・C・韋伯**（**Honorable Andrew C. Weber**）：曾任負責核生化防禦計畫的前

國防部助理部長

- **強．B．沃夫斯塔**（Jon B. Wolfsthal）：曾任國家安全事務之總統特別助理，隸屬國家安全會議
- **彼得．文生．普萊博士**（Dr. Peter Vincent Pry）：中央情報局情報官，主管大規模毀滅性武器與俄羅斯事務；事涉國家與國土安全之電磁脈衝任務小組總監
- **羅伯．C．邦納法官**（Judge Robert C. Bonner）：國土安全部海關暨邊境保護局局長
- **路易斯．C．梅爾萊提**（Lewis C. Merletti）：前美國特勤局局長
- **朱利安．卻斯納上校／博士**（Colonel Julian Chesnutt, PhD）：美國國防情報署下屬國防祕密行動局；美國國防武官；美國空軍武官；F-16中隊指揮官
- **查爾斯．F．麥克米倫博士**（Dr. Charles F. McMillan）：洛斯阿拉莫斯國家實驗室主任
- **葛倫．麥可達夫博士**（Dr. Glen McDuff）：洛斯阿拉莫斯國家實驗室，核子武器工程師；實驗室史學者
- **希奧多．「泰德」波斯托爾博士**（Dr. Theodore "Ted" Postol）：海軍作戰部長助理；麻省理工學院名譽教授
- **J．道格拉斯．畢森博士**（Dr. J. Douglas Beason）：美國空軍太空司令部（二〇一九年底成軍的美國太空軍前身）首席科學家

- **法蘭克．N．馮．希珀博士**（**Dr. Frank N. von Hippel**）：普林斯頓大學物理學家暨名譽教授（該校「科學與全球安全研究計畫」共同創辦人）
- **布萊恩．圖恩博士**（**Dr. Brian Toon**）：大學教授；核子冬天理論的共同作者（另一作者為卡爾．薩根〔Carl Sagan〕）
- **艾倫．羅巴克博士**（**Dr. Alan Robock**）：知名教授暨氣候學者；核子冬天專家
- **漢斯．M．克里斯滕森**（**Hans M. Kristensen**）：美國科學家聯盟，核子資訊計畫總監
- **邁可．梅登**（**Michael Madden**）：史汀生中心，北韓領導者觀察總監
- **唐．D．曼恩**（**Don D. Mann**）：隸屬美國海軍核生化計畫的海豹六隊隊長
- **傑佛瑞．R．雅戈**（**Jeffrey R. Yago**）：工程師；國家與國土安全之電磁脈衝任務小組顧問
- **H．I．薩頓**（**H. I. Sutton**）：美國海軍研究所分析師暨作家
- **瑞德．柯比**（**Reid Kirby**）：軍事史學家，專攻化生放核（化學／生物／放射／核子）防禦
- **大衛．森喬帝**（**David Cenciotti**）：航空線記者；義大利空軍（ITAF）退役少尉
- **邁可．莫爾許**（**Michael Morsch**）：海德堡大學新石器時代考古學家；土耳其哥貝克力山丘／石陣的定位者之一
- **亞伯特．D．惠隆博士**（**Dr. Albert D. Wheelon**）：小名巴德（Bud），中央情報局副局長，主掌科學技術總處

- **查爾斯．H．湯恩斯博士**（**Dr. Charles H. Townes**）：雷射的發明者；一九六四年諾貝爾物理學獎得主
- **馬文．L．葛伯格博士**（**Dr. Marvin L. Goldberger**）：小名「莫夫」（Murph），曼哈頓計畫中的物理學者之一；傑森（Jason）科學顧問小組之創辦人兼主任；詹森總統之科學幕僚
- **保羅．S．柯簡查克**（**Paul S. Kozemchak**）：國防高等研究計畫署（DARPA）署長特別助理（暨該組織最資深的成員）
- **傑伊．W．佛瑞斯特博士**（**Dr. Jay W. Forrester**）：計算機先驅；系統動力學創辦人
- **保羅．F．葛爾曼將軍**（**General Paul F. Gorman**）：美國南方司令部（U.S. SOUTH COM）前總司令；美國參謀長聯席會議特別助理
- **阿弗列．歐唐諾**（**Alfred O'Donnell**）：曼哈頓計畫成員；EG&G公司之核武工程師，該公司為美國原子能委員會之主要承包商
- **拉爾夫．詹姆斯．弗里德曼**（**Ralph James Freedman**）：小名吉姆（Jim），EG&G公司之核武工程師
- **小艾德華．洛維克**（**Edward Lovick Jr.**）：物理學家；前洛克希德公司臭鼬工廠之（戰機）匿蹤技術人員
- **華特．芒克博士**（**Dr. Walter Munk**）：海洋學者；前傑森科學顧問小組成員

- **賀維．S．史塔克曼上校**（**Colonel Hervey S. Stockman**）：飛行員，駕駛U-2偵察機飛越蘇聯上空的第一人、原子彈試射採樣飛行員
- **理查．「瑞普」．傑可布斯**（**Richard "Rip" Jacobs**）：VO-67海軍觀察飛行中隊，工程師，派駐於越南
- **帕沃爾．波德維格博士**（**Dr. Pavel Podvig**）：聯合國裁軍研究所研究員；莫斯科物理學技術學院研究員
- **琳恩．伊登博士**（**Dr. Lynn Eden**）：史丹佛大學名譽研究學者，專攻美國外交與軍事政策、核能政策、大型火災
- **湯瑪斯．維辛頓博士**（**Dr. Thomas Withington**）：英國皇家三軍聯合研究所學者，專長為電子戰、雷達與軍事通訊
- **小喬瑟夫．S．柏穆德茲**（**Joseph S. Bermudez Jr.**）：華府智庫戰略與國際研究中心分析師，專攻北韓國防與情報事務、彈道飛彈發展
- **派翠克．比爾貞博士**（**Dr. Patrick Biltgen**）：曾任貝宜系統公司（BAE Systems，即英國航太系統公司）情報整合專署航太工程師
- **亞力克斯．威勒斯坦博士**（**Dr. Alex Wellerstein**）：教授、作家、史家，專攻科學與核能科技
- **弗列德．卡普蘭**（**Fred Kaplan**）：記者；作者；核武歷史學家

# 序——人間地獄

**華盛頓哥倫比亞特區**
**（應該）在近未來的某個時間點上**

一枚百萬噸級的熱核武器開始引爆，首先出現的是一道強大到人腦無法理解[5]的光與熱。華氏一億八千萬度的熱度比起地球所繞行的太陽核心溫度，還要熱上四或五倍。[6]

在這枚熱核彈於華府外圍擊中五角大廈的第一個毫秒（千分之一秒）那一剎，光隨即閃現。軟X光[7]伴隨著極短的波長。那道光將周遭的空氣加熱*到幾百萬度的高溫，並以此形成一個以每小時幾百萬英里的速度在膨脹的巨大火球，短短幾秒鐘內，這顆火球的直徑就會增加到略大於一英里（總長達到五千七百英尺，[8]一英里是五千兩百八十英尺），它的光

* superheat，使物質熱度超過沸點但不沸騰。

與熱如此強烈，以至於混凝土表面爆炸、金屬物體熔化或汽化、石頭碎裂、人類瞬間成了燃燒的碳。

五角大廈那五層樓跟五角形的建築結構，與它面積達六百五十萬平方英尺的辦公空間內的一切，都會因為閃現於最初的那道光與熱而爆炸成過熱狀態下的塵埃，所有的牆壁都會隨著幾乎同時到來的震波而崩解，兩萬七千名員工將當場消亡。

火球裡不會有任何倖存物。

一無所有。

被稱爲地面零點[9]的爆炸投影處，一切歸零。

火球以光速行進，它的輻射熱會點燃視線所及範圍內、方圓數英里的所有一切可燃物。[10]窗簾、紙張、書本、木籬笆、人們的衣物、枯樹葉全都會燃燒成火焰，進而如火苗般引燃巨型的火風暴，[11]而這場火風暴又會開始吞噬周遭上百平方英里的區域，使得美國治權的心臟地帶與六百萬左右居民的家園，在一道閃光之後，化爲灰燼。

在五角大廈西北方數百英尺處，占地六百三十九英畝的阿靈頓國家公墓——包括四十萬具光榮戰歿者的遺骸與墓碑，埋骨在二十七區的三千八百名被解放的非裔美國人，以及在這個初春午後前來悼念的生者，開著除草機修剪草坪的園丁，在照料樹木的樹藝師，在導覽的嚮導，戴著白手套守衛無名戰士塚的「老衛隊」*成員——轉瞬間全化爲燃燒與被炭化的人像。變成黑色的有機物粉末，說白了就是煤灰。然而，這些被當場焚燒殆盡的人可能是幸運的，因爲他們不用像那一、兩百萬傷勢較重的受害者，[12]雖然得以在青天霹靂的首波攻擊中暫且存活，卻得開始蒙受前所未見的恐怖折磨。

過了波多馬克河往東北方的一英里處，林肯與傑佛遜兩座紀念堂[13]的大理石牆與石柱開始過熱、迸裂、崩毀，然後解體。連結這些歷史紀念物與周遭環境的橋梁及公路，不論是鋼鐵或石材所建構，也都在跳過波浪舞後坍塌。往南走，跨越三九五號州際公路，五角大廈城**那棟有著玻璃帷幕外牆，明亮而寬敞的地標——時尚中心（Fashion Centre）——連同其內部各式各樣的店家與高檔的衣物品牌暨居家商品，乃至於周遭的餐館與商辦，再加上毗鄰的麗思卡爾頓酒店與五角大廈市飯店，皆灰飛煙滅。天花板處二乘四根的平頂擱柵、***電扶梯、樹狀吊燈、地毯、傢俱、人體模型、狗、松鼠、活人，全都閃燃成火團並開始焚燒。此時是三月的最後一天，當地時間是下午三點三十六分。

* Old Guard，即以阿靈頓國家公墓爲駐地的美國陸軍第三步兵團。

** Pentagon City，五角大廈城是位於維吉尼亞州阿靈頓郡東南部的一個非建制社區，附近有五角大廈與阿靈頓國家公墓。非建制社區代表它沒有自己的地方自治編制，而是直接由上一層政府管轄。

*** ceiling joist，用以承載天花板荷重的托梁，亦指屋內天花板所接附的小型橫梁。

此刻，距離初始的爆炸已經過去了三秒鐘。位於正西方二．五英里處有一場棒球比賽正在進行，那兒是美國職棒華盛頓國民隊的主場。場內三萬五千名觀看比賽的球迷中，[14]大部分人的衣服都著火了，那些沒被當場燒死的人則遭受著三度灼傷[15]的痛楚；火扒除了他們的皮膚表層，暴露出底下血淋淋的真皮層。

三度灼傷的人想要保住性命，必須立即進行專業的醫療照護，且往往免不了要截肢。在這座國民隊的球場裡，最初可能有幾千人以某種方式倖存下來。他們可能在室內購買食物，或在室內使用化妝室——而這些人現在迫切需要燒傷中心的床位。但是，放眼整個華盛頓大都會區，專業的灼傷病床也就十張，全數屬於梅德史塔華盛頓醫院（MedStar Washington Hospital；華盛頓地區最具規模的民間醫院）的燒傷中心。而由於該院所位於華盛頓特區的中央，更精確地說，它就在距五角大廈東北方約五英里處，所以，這會兒梅德史塔華盛頓醫院不要說運作了，它還存不存在都是個問題。而東北方四十五英里處，巴爾的摩的約翰霍普金斯醫院燒傷中心（Johns Hopkins Burn Center）有二十張不到的專業灼傷病床，但這些床位根本是杯水車薪。事實上，美國五十個州加起來，隨時能動用的專業灼傷病床也就只有兩千張上下。[16]

幾秒鐘內，這枚一百萬噸級核彈對五角大廈的攻擊所產生的熱輻射就已經深度灼傷了大約上百萬人的皮膚，其中九成將會死亡。這是國防科學家與學者們[17]花了幾十年時間計算出

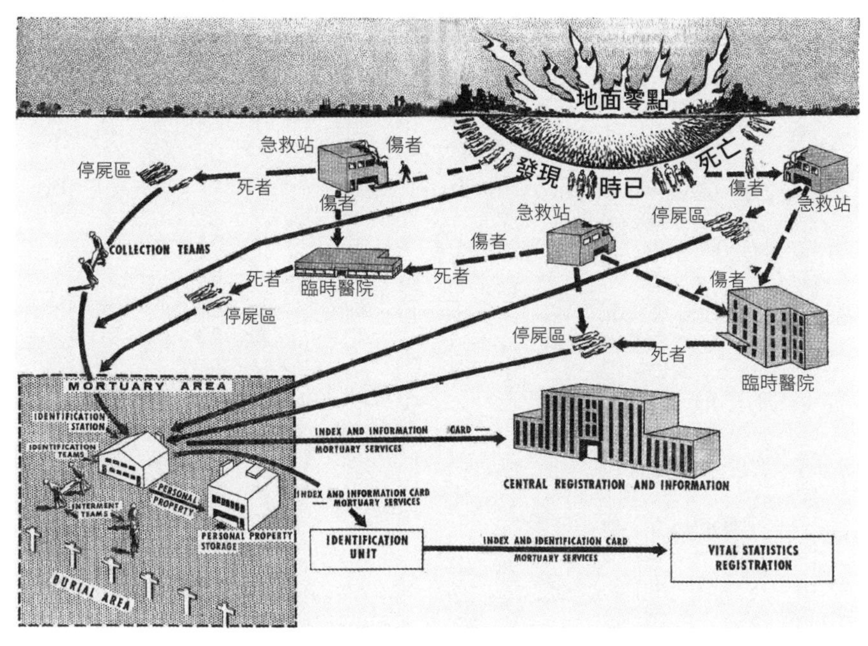


**圖一**　「發現時已死亡」（美國聯邦民防管理局）

的結果。當核彈爆炸時，大多數人大概都只剩幾步路可活。他們就是民防專家在一九五〇年代——這類恐怖計算[18]首次問世的年代——所稱「發現時已死亡」的那些人。

在波多馬克河東南岸，占地一千英畝的軍事設施阿納卡斯蒂亞—博林聯合基地（Joint Base Anacostia-Bolling）裡，有著另外一萬七千名受害者，其中包括在美國國防情報署總部、白宮通訊局總部、美國海岸防衛隊華盛頓站、海軍陸戰隊一號直升機中隊、以及其他數十個戒備森嚴的聯邦國安單位[19]的幾乎所有工作人員。在美國國防大學內，四千名在校生大多已經死亡，不然也是奄奄一息。頗具諷刺意味的是，這所大學（由五角大廈資助，創校於一九七六年，也就是美國的兩百週年國慶當天）的宗旨，就是讓軍官們來此學習如何使用美國的軍事戰術去達成在全球範圍內的絕對國安優勢。在首波核子攻擊中，被摧毀的軍事高等院校並非只有國防大學一所。艾森豪國家安全與資源戰略學院、國家戰爭學院、泛美防務學院、非洲戰略研究中心等，全在一瞬間走入了歷史。從禿鷲點公園到聖奧古斯丁聖公會教堂，再從海軍船塢到費德列克・道格拉斯紀念大橋，這一整片水岸區域全被徹底毀滅。

人類在二十世紀創造出核子武器，本是爲了拯救世界不受邪惡染指，而今，到了二十一世紀，核子武器卻即將要毀滅這個世界，使其變成一片焦土。

核彈背後，有著相當深奧的科學。嵌在那道熱核閃光裡的，是兩次熱輻射脈衝。[20]第一次脈衝連一秒都不到，基本上是稍縱卽逝，然後就是第二次脈衝，這次的脈衝將維持數秒鐘，並會造成人體皮膚起火燃燒。這兩次光脈衝都是在靜默中發生；畢竟，光是沒有聲音的。隨之而來的是一聲雷鳴般的轟鳴響，對應著爆炸本體。核爆炸所產生的高熱會形成一道高壓波，如海嘯般，從爆炸的中心點向外推移，那是一堵受到高度壓縮的巨大空氣牆，並以超音速的速度流動。它將人推撞倒，把一些人抛向空中，震破人的肺葉與耳膜，並且把人體吸進來再吐出去。「整體而言，大型建築物會毀於空氣氣壓的變化，而人與樹木跟電線桿等物體則會滅頂於風勢中，」一名替原子檔案庫（Atomic Archive）編纂這類可怖數據[21]的檔案管理員表示。

隨著核彈火球變大，衝擊波的前沿也開始遞送災難性的破壞，如推土機一樣[22]往前劃平三英里遠，[23]並帶動其背後的空氣開始加速流動，創造出時速高達數百英里這種超乎常人想像的風速。在二〇一二年，颶風珊迪（Sandy）造成了七百億美元的財損，以及約一百四十七人的喪生，而其最大持續風速也不過才每小時八十英里上下。[24]地表上記錄到的最高自然風速是每小時二百五十三英里，地點是在澳洲一個地處偏僻的氣象站。華府場景中的核彈爆炸波會夷平其直接路徑上的所有建築，剎那間改變了包括商辦大樓、公寓住宅、紀念碑塔、博物館、立體停車場等工程結構的物理型態——無一不當場解體，化爲塵埃。卽便扛住了走在前頭的爆炸波，也逃不過被後頭如鞭的狂風撕成碎片的命運。建築物會倒塌，橋梁會崩落，起重機會翻倒。物體無論小如電腦與水泥塊，大至十八輪卡車與雙層遊覽巴士，都會像網球一樣在空中飛舞。

核彈火球在初始的一．一英里半徑內吞噬了一切，如今像顆熱氣球一樣從地表升起，以每秒兩百五十到三百五十[25]英尺的速度漂浮在地球上。時間過了三十五秒，標誌性的蕈菇雲開始成形，其巨大的傘頂與蕈柄乃由人類灰燼與文明殘骸所組成，歷經了從紅色到棕色再到橙色的色調變化。接下來要發生的，就是致命的反向吸力效應，[26]這代表各種物體——車輛、人類、街燈、路標、停車計時器、建築的鋼梁——都會被吸進熊熊燃燒著的地獄中心，被火焰吞噬。

六十秒過去。

蕈菇的傘頂與傘柄，此刻呈現的是灰白色，並從地面零點升起至五英里，然後是十英里[27]的高空。傘頂也會有所成長，其直徑會從十英里拓展到二十、三十英里，並乘勢向更遠處洶湧而去。最終，傘頂會突破對流層，到達商用客機的巡航高度之上，亦即地球上大多數氣候現象發生的區域。隨著核爆落塵像雨般落回到地表與人類的身上，放射性粒子也就這樣灑落在萬物之上。核彈會催生出「一鍋含有各種放射性產物的巫婆湯，且那些產物也被挾帶在蕈菇雲中，」天體物理學家卡爾·薩根在幾十年前就提出過警告。[28]

引爆後兩分鐘不到，死者與奄奄一息者就已經突破了百萬人。但眞正的火海地獄現在才要開始，而且，這一次不同於初始的火球；這是一場規模難以估量的超級大火。瓦斯管線一條接著一條炸開，化身爲某種巨型瓦斯噴燈或火焰噴射器，噴出源源不斷的火流。內含可燃物質的容器炸裂。化學工廠出現連環爆。熱水器與暖氣爐上的母火（用來啟動這些機具運作的明火火源）變成了打火機，[29]點燃了任何尚未熊熊燃燒的物件。四處崩塌的建物成爲了巨大的烤箱，裡頭，無處不在的人們，只有被活活烤死的份。

地板或屋頂的裂隙宛若煙囪。產生自火風暴的二氧化碳會沉降、囤積進地鐵隧道裡，窒息了列車座位上的乘客。躲進地下室或其他地下空間的避難者會嘔吐、痙攣、昏迷，終至死亡。地面上的任何人若是直視了爆炸情景——在某些狀況下，即使是隔著十三英里的距離——便會因此失明。[30]

由地面零點向外延伸七．五英里處，劃出一個以五角大廈為圓心、直徑十五英里的範圍，即所謂的「五psi區域」，其中psi代表「磅／平方英寸」，是一種氣壓單位。在這個區域內，私家車與公車撞成一團。柏油街道在高熱作用下變成液態，途經的倖存者頓時像是被困在熔岩或流沙之中。颶風級的風勢會繼續煽風點火，讓起火處從原本的數以百計增至數以千計，甚至是數以百萬計。從地面零點向外延伸至十英里外，灼燙的灰燼與隨風飄揚的餘燼碎片又四處觸發新的火源，一場接一場的大火不斷疊加，在整個華盛頓特區匯集成一場複雜的火風暴。你可以將其想像成一座巨型的火海地獄。很快地，那兒就會變成一個由火構成的「中型旋風／中氣旋」（mesocyclone）。此時，時間過去了八分鐘，也許九分鐘。

從地面零點往外延伸十到十二英里處，進入psi為一的區域，倖存者會在震撼中拖著腳步前進，宛如活屍。他們不確定剛剛發生了什麼事，一心只想著逃離。這裡有數以萬計的人肺部破裂。從頭頂飛掠的烏鴉、麻雀與鴿子全都著了火墜落，天空彷彿下起了一場鳥雨。[31] 電力供應停了。電話斷訊了。九一一也斷線了。

核彈引起的區域性電磁脈衝癱瘓了所有的廣播、網路與電視。爆炸區外數英里環狀範圍內的汽車凡是利用電子點火系統的，全發動不了。抽水站也抽不了水。現場飽和的致命級輻射，讓整個爆炸區成了急救人員的禁區。幾天後，極少數的倖存者才會意識到救援人員從未上路。

那些在初始爆炸、衝擊波與火風暴中僥倖逃生之人，會突然意識到核子戰爭的一個令人膽寒的眞相。那就是他們一切都只能靠自己。前聯邦應急管理署署長克雷格·傅蓋特表示，這些人唯一的生路，就是絞盡腦汁「自我生存」。[32] 那裡將開始一場爭奪戰，「搶食物，搶水，搶雅培電解質液*……」

美國的國防專家是怎麼知道，又是爲什麼會知道這些駭人聽聞的事情，而且還淸楚到如此精準的程度？在普羅大衆被蒙在鼓裡的同時，美國政府是如何知曉這麼多與核子效應相關的事實？這些問題固然醜惡猙獰，但答案也不遑多讓，因爲這麼些年來，從第二次世界大戰結束起，美國政府就一直在準備，也一直在進行演練，爲的就是打一場全面核子戰爭。那將是一場在核武圍繞下，起碼會造成二十億人死亡的第三次世界大戰。

要更確切地知道這個答案，我們得走入時光隧道，回到六十多年前。時間點是一九六〇年十二月，目的地是美國戰略空軍司令部，那兒，正進行著一場祕密會議。

---

* Pedialyte，類似舒跑或寶礦力之類的運動飲料，可以補充人體的電解質，但電解質含量更高，糖分更低，更獲醫師認可。

PART

# 1

# 醞釀蓄積

## （或該說，我們是怎麼走到這步田地）

**圖二**　美國戰略空軍司令部總部，地下指揮所「大板」，一九五七年初的光景（美國空軍歷史研究局）

第一章——全面核子戰爭的最高機密

**一九六〇年十二月，戰略空軍司令部總部**
**內布拉斯加州，奧弗特空軍基地**

不算很久前的某一天，一群美軍官員聚在一起討論一項祕密計畫，[33]這是一個足以導致六億人死亡，[34]一口氣讓當時全球三十億人口少掉五分之一的計畫。當天與會的人員如下：

美國國防部長——小湯瑪斯．S．蓋茨（Thomas S. Gates Jr.）。
美國國防部副部長——小詹姆斯．H．道格拉斯（James H. Douglas Jr.）
美國國防部研究與工程處副處長——約翰．H．魯伯（John H. Rubel）
參謀長聯席會議
美國戰略空軍司令部指揮官——湯瑪斯．S．鮑爾將軍（Thomas S. Power）
陸軍參謀長——喬治．H．戴克將軍（George H. Decker）

海軍作戰部長*——海軍上將阿利·A·伯克（Arleigh A. Burke）
空軍司令——湯瑪斯·D·懷特將軍（Thomas D. White）
海軍陸戰隊司令——大衛·M·舒普將軍（David M. Shoup）
外加一干美軍高階軍官

會議室位於地面下。房間的牆壁長達一百五十多英尺，高數層樓，二樓有一座全玻璃構築的陽台。現場有成排的辦公桌、電話與地圖。地圖型態是一片片的面板，掛滿一整面牆。位於內布拉斯加歐馬哈（Omaha）的戰略空軍司令部總部是一旦核戰爆發，陸空將領們與海軍上將們調兵遣將的核心重鎮。當年如此，在二〇二四年的今天也一樣——現在的地下指揮中心已為二十一世紀的核戰進行了升級。

你即將得知的關於該會議的所有資訊都來自一位第一手的目擊者[35]——某位當年實際參與了那場會議的人士——即企業高管出身的國防部官員，約翰·H·魯伯。二〇〇八年，將屆滿九十歲的他在去世的前幾年，於一本簡短的回憶錄中揭露了這些訊息。在魯伯籌備著身後事之際，他鼓起勇氣表述了長年積壓在心中的真相。他對於自己親身參與了這樣一個宛若「黑暗之心」的邪惡計畫感到十分懊悔。他懊悔自己在事發過後這麼多年都守口如瓶。他當年參與的，魯伯如此寫道，是一個「大規模滅絕」計畫。這五個字是他的原話。[36]

那天，在位於內布拉斯加的大型地堡內，魯伯與他的核戰策劃同伴們排排坐在整整齊齊的折疊椅上，就是那種用木板條做成的老式折椅。四星上將們坐在前排，一星將軍們則坐在後邊。時任國防部研究與工程處副處長的魯伯坐在第二排。

在美國戰略空軍司令部指揮官湯瑪斯．S．鮑爾將軍的授意下，一名簡報員步上了講台。隨後，一名副官手拿著一只展示架出現，第二名副官則握著指示棒。第一位副官負責給架上的簡報翻頁，第二位副官則負責用棒子指出重點。鮑爾將軍（你也可以將鮑爾〔Power〕解讀爲其英文本意：權力）對著台下的衆人說，他們即將看到的是一場針對蘇聯的全面核子攻擊的流程。兩名空軍飛行員走上前去，分別站在一百五十英尺長的地圖牆兩端，各自攜帶一把高爬梯。地圖上顯示出蘇聯與中國（當時合稱中蘇集團）與他們周邊的鄰國。

魯伯回憶說，「兩人以同樣輕快的速度攀爬著梯子，[37]在同一瞬間抵達梯子的頂端，且都把手伸向一條紅緞帶，[38]我們這才注意到，那條緞帶上環繞著一大卷透明塑膠片。接著以整齊劃一的動作，兩人分別解開了自己這端的緞帶蝴蝶結，透明膠片咻一聲舒展了開來，撲打了空氣幾下，最終軟綿綿地垂在地圖前。」地圖上有數百個黑色的小標記，「大部分都集

＊ 相當於海軍參謀長。

中在莫斯科上方」，每個標記都代表著一場核爆。

鮑爾將軍派出的一號簡報者開始介紹起美國對蘇聯擬訂的核攻擊計畫。負責發動第一波攻擊的美軍戰鬥機將從停駐在日本沖繩近海的航空母艦起飛。「一波接一波」的攻擊會自此開啟。波音公司的B-52遠程戰略轟炸機會開始輪番上陣，每一架的彈艙裡都攜帶著多枚熱核武器——任一枚的破壞力都數千倍於日本長崎與廣島被投下的那兩顆原子彈。簡報者每描述一遍美國的新一波攻擊，魯伯寫道，「梯子上的那兩人就會解開另一對紅緞帶，新的膠片卷會咻地落下，而莫斯科在那些塑膠片的小印記下，將會被進一步抹去。」

最讓魯伯震撼的是——他寫道——僅就莫斯科而言，「該計畫就規劃了總計四十顆百萬噸——**百萬噸！**——的核武攻擊量，總計四千萬噸的投彈量，大概是廣島原子彈的四千倍，可能是盟軍在長達四年多的二戰期間，於歐亞戰區所投下的非核彈藥總量的二、三十倍。」[39]

然而，在一九六〇年的那整場會議中，魯伯都只是靜靜地在椅子上坐著，一語未發。

而這一閉嘴，就閉了四十八年。但這最終的坦露仍算得上驚天動地——這是第一次有這場會議的出席者勇於透露有關當時所發生的事情[40]的個別細節。而這些細節向會議室外的每個人傳達了一個簡單的眞相：這場核戰計畫是種族滅絕計畫。

兩名飛行員回到地面上，將梯子摺疊好收在了腋下，然後走出了長官們的視線。

**爆炸威力比廣島原子彈大上四千倍。**

那到底是什麼意思——那眞的是人腦有辦法徹底理解的概念嗎？

更緊要的是，在這種大規模滅絕計畫發生前，有誰能夠阻止它嗎？

第二章——瓦礫中的女孩

**一九四五年八月六日，日本廣島**

一九四五年八月投在廣島的那顆原子彈，一舉奪走了[41]八萬多條性命。確切的總數至今未有定論。在轟炸後的數日乃至數週中，都無法對罹難者人數進行準確的統計。廣島的政府設施、醫療院所、警力與消防部門所受到的大規模破壞，使得廣島在爆炸發生後第一時間陷入了立卽性的混亂與不知所措。[42]

當這枚代號「小男孩」（Little Boy）的原子彈在廣島上空一千九百英尺處[43]被引爆時（卽空爆），十三歲的中村節子（Nakamura Setsuko；後改姓瑟洛〔Thurlow〕，全名節子・瑟洛〔Setsuko Thurlow〕）人在距離地面零點約一・一英里的地方。[44]「小男孩」是第一枚被使用在實戰中的核子武器，其爆炸高度是根據美國國防科學家約翰・馮・諾伊曼（John von Neumann）經過精確計算後得出的數據。馮・諾伊曼所收到的任務指示是，找出用這顆原子彈殺死在地面上盡可能多[45]人員的方法。若以此爲目標，讓核彈直接在地面上爆炸就會「浪費」掉大量的能量，因爲不少爆炸威力只會將土地掀起移位，無法取人性命。在這一點上，軍方的規劃人員與馮·諾伊曼所見略同。中村節子被這次的爆炸炸得當場暈了過去。

剛恢復意識時的節子既看不見東西，也移動不了身體。「然後，我開始聽到[46]周圍有女孩子在小小聲說話，」她在多年後回憶說。她可以聽見那些女生在說著，「老天啊，救救我，救救我，媽媽，我在這裡。」

被一棟倒塌的建物遮蔽住的節子，奇蹟似地活過了原子彈被引爆後的初始轟擊。記憶中，她當時身邊一片黑暗。她的第一個感覺是自己已經變成塵煙。過了一段時間——可能是

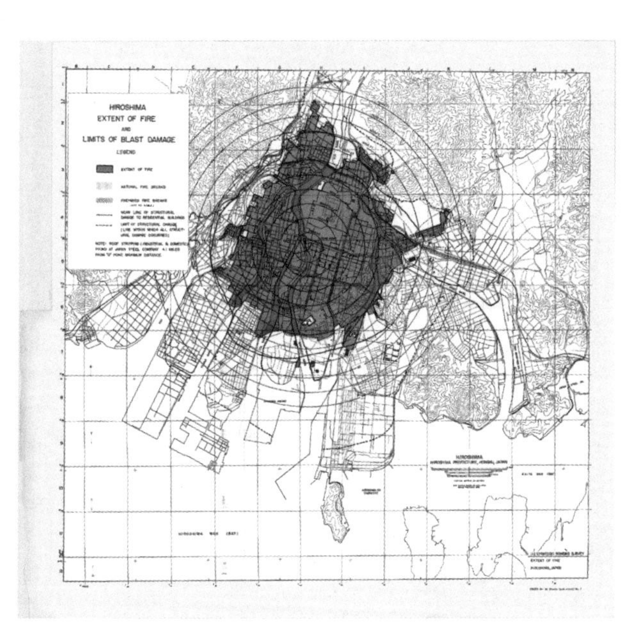


**圖三**　美國戰略轟炸調查團所繪製的廣島火災與爆炸損害地圖（美國國家檔案局）

幾秒，也可能是幾分鐘——她腦中出現了一個聲音，有個男人在指示她做點什麼。

「別放棄，」男人說。「我在想辦法救妳出來。」

這男人，一個與她素昧平生的陌生人，搖晃起節子的左肩，試著從後面把她往前推。

「我要出去……要趕緊往外爬，」她心想。

廣島原爆那時，節子是一所女校的八年級學生。當時有三十幾名十幾歲的女生被政府徵召並加以訓練後，在廣島的日本陸軍總部擔任最高機密的記錄工作，節子就是其中一員。所以原爆當時，她人就在總部中。

「你能想像嗎，」節子後來回想，「一個十三歲的女孩在做著這麼重要的工作？那顯示出日本已是如何地窮途末路。」在原爆剛結束的那段時間中，節子意識到她身後的男人在試著讓她從瓦礫中掙脫，但重要的是她不能坐以待斃，她自身也必須做出努力。她先是往前推了又推，接著開始用腳踢。不知怎麼地，她成功爬出了瓦礫堆，穿過一扇門。「當我從大樓裡出來時，整間房子已經燒了起來，」她回憶說。「那代表有大概三十個跟我一起在那裡工作的女孩被活活燒死了。」

那枚原子彈是由美國陸軍航空兵*的軍機所投下，因為在當時，美國並沒有其他的平台可以施放這樣一顆炸彈到目標上。這枚武器有十英尺長，重量則高達九千七百磅，約是一頭中型大象的重量。投彈的轟炸機後頭還跟著第二架飛機，上頭坐著來自洛斯阿拉莫斯的三名物理學家，外加各式各樣用來蒐集資料的科學儀器。

那顆原子彈的實際當量（要產生同等爆炸威力所需要的TNT炸藥重量）在國防科學家與軍事官員間引發了多年的爭論。最終在一九八五年，美國政府拍板該當量相當於一・五萬噸TNT炸藥。[47]美國戰略轟炸調查團在戰後進行的一項研究估計，要達到類似的成效，在廣島投下的傳統炸彈必須多達兩千一百噸。

中村節子設法逃到了屋外。那時是早上，但看上去卻像黑夜。空氣中瀰漫著濃厚的黑煙。節子看見一個黑色物體朝她拖著腳步走來，其後還跟著其他黑色的物體，一開始，她以爲那些全是鬼。

「那些身體都有些殘缺不全，」[48]她第二時間才意識到。「那些人的皮肉都是掛在骨頭上，有些人還帶著自己的眼珠子。」

同一條路上，隔著一段不算近的距離，廣島電信醫院的院長蜂谷道彥醫師（Hachiya Michihiko）在值完夜班後，累到一直在他家客廳的地板上躺著，一道強烈的閃光——原子彈被引爆了的信號——將他驚醒。然後是第二道閃光。他被震暈了過去，還是沒有？在漫天旋

＊ 獨立的美國空軍是到戰後的一九四七年才成立，詳見《失控的轟炸》。

轉的塵埃中，蜂谷醫師開始意識到這是怎麼一回事。他有一部分的身體，主要是兩條大腿跟他的脖子受到了重創並流著血。他赤身裸體，因爲他身上的衣物已被捲走。「卡在我脖子上[49]的是一塊頗大的玻璃碎片，我不得不設法將它拔出，」蜂谷醫師後來回憶說。同時，他還記得自己在納悶，「我太太呢？」他又看了一眼自己的身體。「血開始噴出來。我的頸動脈被劃斷了嗎？我會出血過多而死嗎？」

經過了一段時間，蜂谷醫師找到了他的妻子八重子。他們的小房子在夫妻倆的周遭開始崩塌，爲此，他們衝到了屋外，「邊跑，邊踉蹌，邊跌倒，」他都記得。「等我爬起身來，才發現絆倒我的是一顆人頭。」

中村節子的倖存者經驗、蜂谷醫師的倖存者經驗，以及無數類似的倖存者經驗，幾十年來，都被美國軍方與由美軍主導的駐日盟軍壓了下來。原子武器在實戰中會對人體與建築物造成的影響被美軍列爲專屬機密，因爲美國國防部官員私心想將這些情報據爲己有，這是爲了方便他們日後面對另一場核子戰爭。五角大廈希望能確保自己對核爆效應的影響，遠遠超過未來的敵人可能知道的程度。

在能量與光線的一次次閃動中，兩枚原子彈——第一枚在一九四五年八月六日被投在了廣島，第二枚在三天後被投在長崎——終結了一場已有五千萬到七千五百萬人喪生的世界大戰。現在，從一九四五年開始，美國的一小群核子科學家與國防官員開始擬定更大的新計畫。在下一次世界大戰中，他們打算用上數十種原子武器去打一場預計至少會造成六億人死亡的戰爭，也就是全球總人口的五分之一。

這又讓我們看到了一九六〇年十二月，坐在地下掩體裡聽著全面核子戰爭計畫簡報的那群人。

# 第三章——醞釀蓄積

## 一九四五到一九九〇年

## 洛斯阿拉莫斯、勞倫斯利佛摩，以及桑迪亞國家實驗室

一九六〇年在戰略空軍司令部總部被祕密展示的核子戰爭計畫已經經過了一年左右的籌備，[50]而國防部長會下達這個命令則是爲了美國總統。從投下在日本的那兩枚原子彈以來，已經過去了十五年。這兩場原爆都在瞬間讓數以萬計的人殞命，而隨後的火風暴也有數萬人被活活燒死。

早在一九四五年八月，美國就已經準備好第三枚原子彈[51]並準備將它運出，而核武庫中的核材料也足以在月底前生產出第四枚原子彈，這是假設日本仍不投降的行動計畫。「最初的原子彈就像是中學科展的作品，」[52]葛倫·麥可達夫博士說，他是洛斯阿拉莫斯國家實驗室的資深核子武器工程師，兼該實驗室機密博物館的前歷史學者暨策展者。「他們手中的每二十件科學裝備中，」麥可達夫解釋道，「就有十九件是僅用八十根普通眞空管自行設計和

打造出來的。」

隨著世界大戰告一段落，洛斯阿拉莫斯這座核子實驗室可謂前途茫茫。「戰後，由於庫存的原子彈只剩一枚，洛斯阿拉莫斯實驗室與鎮上的基礎建設便隨之破落失修，」麥可達夫有感而發。「光是要保持燈火通明這件事，都只能過一天算一天。洛斯阿拉莫斯半數的員工都離開了，前景看來黯淡無光，直到海軍的介入。」

美國海軍是迄今爲止，世界上最強大的海上作戰力量，它對進入到原子武器掛

**圖四** 代號「貝克」(Baker) 的原子彈試爆炸穿了潟湖水面，將多達兩百萬立方碼的放射性海水與沉積物拋到空中，時值一九四六年（美國國會圖書館）

帥的新時代，自己可能因爲過時被淘汰而有著很深的擔憂。爲此，它規劃進行三場原子彈試爆的實況系列供所有人觀看。

這場名爲「十字路口行動」（Operation Crossroads）的試爆是一次盛大的慶祝活動。[53]這是一場大規模且具公關性質的軍武測試，用意是要讓各界看看海軍的八十八艘艦艇如何在未來的海上核戰中存活，甚至茁壯成長。逾四萬兩千人聚集在馬紹爾群島的比基尼環礁。世界各國的領導人、記者、政要、國家元首——他們千里迢迢來到太平洋這遙遠的一隅，爲的就是要親眼見證實彈的原子試爆。這是美國在戰後首次使用原子武器，也爲後續的發展揭開了序幕。

「對於在一九四六年時搖搖欲墜的洛斯阿拉莫斯實驗室來說，」麥可達夫指出，「美國海軍不啻是他們的救星。」

十字路口行動爲原子彈計畫挹注了新的生命。到了一九四六年中期，美國的核武儲備已經增加到九枚原子彈。試爆結束後，美國參謀長聯席會議要求對「原子彈作爲軍事武器」進行評估，再根據評估結果來決定下一步行動。該份評估報告——解密於一九七五年[54]——點燃了正在蓬勃發展的「軍事工業複合體」，且其細節令人震驚。

原子彈是「對人類，乃至於人類文明的一種威脅」，[55]撰寫這份報告的海軍上將、將軍和科學家們警告說，原子彈是「足以讓地表廣大區域變得杳無人煙」的「大規模毀滅性武器」。但原子彈也可能非常有用，該報告的作者群如此告訴參謀長聯席會議。「若其爲數夠多，」[56]他們寫道，「原子彈不僅可以摧毀任何國家的軍事力量，而且可以剷除其社會暨經濟結構，並在很長一段時間內阻止其重建。」

評估委員會的建議是增加原子彈的儲備。

該報告明確指出，俄羅斯很快就會擁有自己的核武庫，這使得美國很容易陷入遭到突襲——即所謂「青天霹靂」攻擊——的被動狀態中。「隨著原子彈的問世，」委員會警告，「突襲產生了無可比擬的價值，因爲侵略者如果出其不意地使用多枚原子彈發動襲擊，〔可以〕確保原本較強的敵人遭到擊敗並再也無力還擊」——原本較強的敵人，指的就是美國。

明明是美國人創造出來的東西，卻預示了美國自身的傾覆。

「美國別無選擇，只能繼續製造和儲備核武，」參謀長聯席會議被如此建議。這建議他們聽見了，也批准了。

到了一九四七年，[57]美國的原子彈儲備量增至十三枚。

到了一九四八年，該儲備量來到了五十枚。

到了一九四九年，變成一百七十枚。

從解密的記錄中，我們已知曉軍事規劃人員一致認爲兩百枚核彈提供的火力即可摧毀整個蘇聯帝國。但就在同年夏天，美國對核武的壟斷已經來到了不可避免的終點。一九四九年八月二十九日，俄國人引爆了他們的第一枚原子彈，其規格幾乎完全複製了四年前美國在長崎投下的那顆原子彈。原子彈的製造藍圖是從洛斯阿拉莫斯實驗室外流的，動手行竊的是一名出生於德國、在英國受教育的共產主義間諜——曼哈頓計畫裡的一名德裔科學家，克勞斯・福赫斯（Klaus Fuchs）。

比誰製造的原子彈更多的競賽，自此急劇加速。到了一九五〇年，[58]美國在其庫存中新增了一百二十九枚原子彈，使得總數從一百七十枚增加到二百九十九枚。當時，蘇聯的原子彈儲備庫僅有區區五枚。

次年，即一九五一年，這個數字再度攀升——這次，美國的彈藥庫中的原子武器數量達到了驚人的四百三十八枚，比參謀長聯席會議被告知「足以讓地表廣大區域變得杳無人煙」[59]的彈量還要多出一倍有餘。

隔年，彈量近乎翻倍再翻倍。

到了一九五二年，美國的原子彈庫存量爲八百四十一枚。

八百四十一枚。

隨著美國對核武的壟斷不再，爭奪核霸權的競爭萌生了新的急迫性。在地球的另一端，蘇聯人開始以瘋狂的速度製造原子武器。

短短三年內，蘇聯的原子彈庫存量就從一枚增至五十枚。

但原子彈——其超凡的威力與大規模的殺傷能力——很快就會在下一代產物面前相形失色。美國與俄羅斯的武器設計師各自在他們的繪圖板上，描繪出極端的新計畫。而由此被發明出來的，就是在一群諾貝爾獎得主口中「人類歷史上最具毀滅性、最不人道、[60]最無差別的武器」。那是一種足以左右天氣、造成饑荒、終結文明、改變基因組，同時更新、更大、更怪獸級的**核子武器**——參與研發的科學家稱之爲「**超級炸彈**」（the Super）。

事實上，「超級炸彈……大尺寸的運行效果比小尺寸的更好，」其設計師理查・賈爾文告訴我們。他同時向本書的讀者確認，「（沒錯，）就是我打造出了超級炸彈[61]……這是第一枚熱核彈。」愛德華・鐵勒（Edward Teller）先有了發想，然後理查・賈爾文畫出了設計圖——當時只有他畫得出來。

一九五二這年見證了熱核彈的誕生，熱核彈也叫作氫彈。氫彈是一種分兩階段引爆的超級武器：一枚包在核彈中的核彈。熱核武器會使用其內部的原子彈作爲引爆機制。你可以將之想像成一個內建的爆炸引線。超級炸彈怪獸級的爆炸威力來自不受控且自我維持的連鎖反應，其中氫同位素會在極高溫下融合，進而變成較重的氦，這個過程稱爲核聚變。

一枚原子彈可以殺死幾萬人，像廣島與長崎那兩顆就是如此。一顆熱核彈如果被引爆在類似紐約或首爾這種等級的大都會，其超熱狀態的閃光足以殺死數百萬人。

理查・賈爾文於一九五二年設計的原型氫彈具有十點四百萬噸的爆炸威力，大概相當於一千顆廣島原子彈同時爆炸。這是一款非常凶殘的武器。賈爾文的恩師，曼哈頓計畫的領導者恩里科・費米（Enrico Fermi）就曾因爲思及如此恐怖的武器將被製造出來，而歷經了良心上的掙扎危機。費米與同事伊西多・艾薩克・拉比（I. I. Rabi）曾短暫與一起打造氫彈的其他同事分道揚鑣，爲的就是聯名致函美國總統杜魯門，並稱超級炸彈是「一種邪惡的東西」。[62]

他們寫下的原話是：「這種武器的破壞力沒有上限這一事實，使它本身的存在與足以用來建造它的知識，對人類全體構成了威脅。無論從哪個角度去看，它都必然是一種邪惡的東西。」

但是，當時的美國總統對停止打造超級炸彈的請求置之不理。理查・賈爾文獲得了繪製設計圖的許可。「如果氫彈在當年具有邪惡的本質，那麼今天的氫彈也沒有比較好，」[63]賈爾文說。

超級炸彈建造完成。成品的代號是**麥可**，屬於常春藤系列。「所以我們稱它爲**常春藤麥可試爆**。」

一九五二年十一月一日，超級炸彈在馬紹爾群島的伊魯吉拉伯島（Elugelab）進行了試爆。常春藤麥可的原型炸彈重約八十公噸（相當於十六萬磅），這尊毀滅性裝置本身就是一個巨大的物理裝置，必須要在一間長八十八英尺、寬四十六英尺（約二十七乘十四公尺）的波浪鋁板建築內打造。

常春藤麥可在試爆中以空前的巨大當量[64]炸開，它留下的彈坑在一份機密報告中被形容

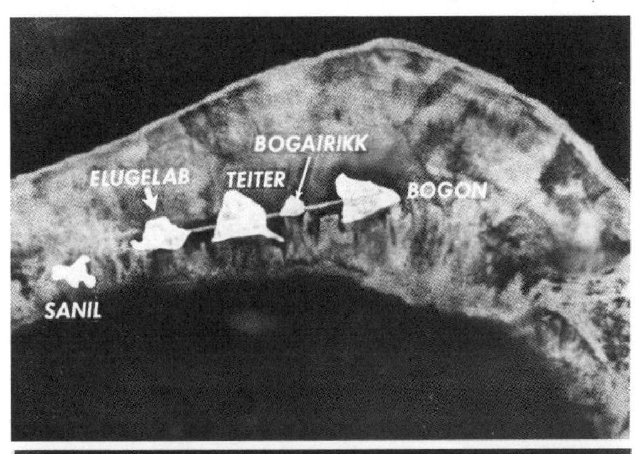


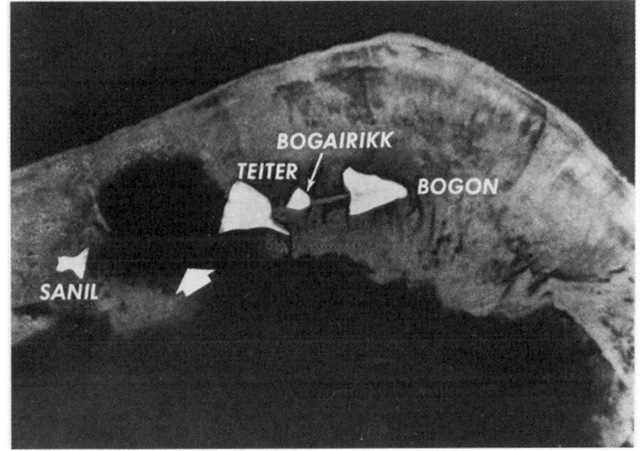


**圖五**　一九五二年，常春藤麥可熱核彈試爆前後的伊魯吉拉伯島（美國國家檔案館）

爲「大到足以容納十四棟五角大廈大小的建築物」。[65]雖然對於熱核彈的非人道毀滅力我們有很多話要說，但兩張空照圖——常春藤麥可試爆的前後對照圖——已經代表了千言萬語。

在上圖中，伊魯吉拉伯島展現出的是它在地質史上的原貌。

在下圖中，整座島嶼都消失了。

取而代之的是一個直徑兩英里、深一百八十英尺的彈坑。用大規模毀滅性武器製造焦土已經不夠看了。氫彈的發明給了人類一種可以讓土地消失的武器。

美國戰爭規劃者在目睹了十點四百萬噸的氫彈可以瞬間摧毀什麼之後，做出了一個令人瞠目結舌的決定。他們開始瘋狂地、唯恐落於人後地[66]囤積熱核武器，一開始是數百枚，然後是數千枚。

一九五二年，美國的核彈庫存量有八百四十一枚。隔年增至一千一百六十九枚。

「這個過程經過了工業化，」洛斯阿拉莫斯實驗室的歷史學家葛倫．麥可達夫解釋說。「褪去了科學計畫的色彩。」

時間來到一九五四年，美國的核武

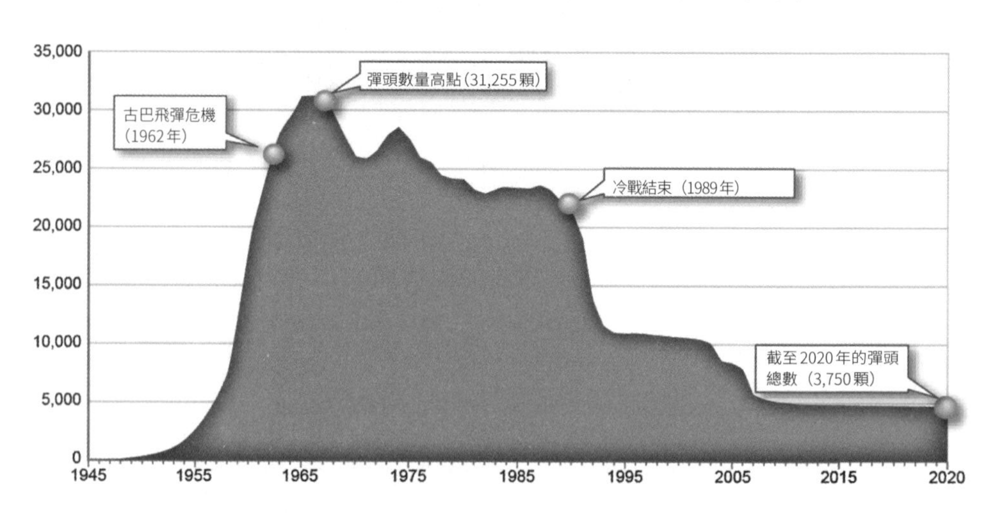


**圖六**　瘋狂積累機密核武儲備（美國國防部；美國能源部）

儲備達到一千七百零三枚。此刻的美國軍工複合體已經可以（平均）每天產出一·五枚核武。

一九五五年：二千四百二十二枚。增速幾乎是一天兩枚，並引進了十種新系統，包括三種新型熱核彈。

一九五六年：三千六百九十二枚。數字持續攀升到令人頭暈的程度。隨著生產力的飆升，這些大規模毀滅性武器現在正以平均每天三·五枚的速度從流水線生產出來。

到了一九五七年，美國的核武儲備已達到五千五百四十三枚。也就是一年之間增加了一千八百五十一枚。日增超過五枚，且數字仍在持續成長。

一九五八年：七千三百四十五枚。

繼續成長中。

一九五九年：一萬兩千兩百九十八枚。

到了一九六〇年，當美國的戰爭規劃者在內布拉斯加州的地下掩體集會時，美國的軍武儲備中，已經包含一萬八千六百三十八枚核彈。

到了一九六七年，這個數字達到了歷史高點：三萬一千兩百五十五枚。

**三萬一千兩百五十五枚核子炸彈**。[67]

爲什麼要囤積一千或一萬八千又或是三萬一千兩百五十五枚核彈，不是說一枚如**常春藤**

麥可等級的炸彈投在了紐約或莫斯科，就足以造成千萬人喪命嗎？爲什麼要繼續數以千計地量產這類武器，明明丟出一顆熱核彈就近乎篤定可以引爆一場極具規模、摧枯拉朽，堪可讓人類文明告一段落的核子戰爭，不是嗎？

有個新詞正在醞釀中，那是一種人稱「嚇阻」的說法，字面意義是「阻止某件事情發生」。但那究竟是什麼意思？

## 歷史小教室（一）

### 嚇阻

指導美國核子政策方向的，是核子戰爭中的各種規則。戰爭規劃者自一九五〇年以來，創造出這些規則所對應的概念，據稱是為了防止核戰發生，與此同時，也讓戰爭規劃者可以在核戰來臨時，知道如何打贏一場核戰。第一條規則就是嚇阻。有關當局用以向社會大眾推銷這個概念的說法是：我們有絕對必要維持龐大的核武儲備，因為這樣外敵才不敢輕易對美國發動核攻擊。

嚇阻的概念指導著美國的核子政策。其運作方式如下：每個核武國家都會建立核彈火藥庫來瞄準其核武敵國，並做好能在數分鐘內發射的準備。每個核武國家都會宣誓若無必要，自己絕對不會率先動用核武。有些人視嚇阻為和平的救星。另一些人則認為嚇阻是種似是而非的說法，反問道：擁有核武如何能使人們免受核戰的影響？

在長達數十年的歲月裡，嚇阻的概念讓美國國防部得以籌建了數萬枚核武，外加核武的發送系統，還有一個複雜的反核武系統在遇到核子攻擊時用來捍衛自己。數兆美金的預算被花在了核子武器上。確切花了多少錢外界無從得知，因為真實的數字是機密資料。第一號規則話說得簡單：嚇阻讓世界得以保持安全，讓核戰永遠不會發生。但萬一有那麼一天，嚇阻失效了呢？

# 第四章——SIOP：單一統合作戰計畫

**全面核子戰爭的單一統合作戰計畫**

隨著美國核武儲備的失控，美國三軍的核戰計畫也隨之失控。儘管現在看起來可能很瘋狂，但在一九六〇年十二月之前，美國陸、海、空三軍的司令都各自掌控著自己的核武儲備、發送系統與目標清單。爲了遏止這種相互競爭的核戰計畫造成混亂的可能性，美國國防部下令將分屬三軍的核戰系統整合成單一計畫，即單一統合作戰計畫（SIOP; Single Integrated Operational Plan）。

一九六〇年，美國戰略空軍司令部（後改稱美國戰略司令部）擁有二十八萬人的員額。[68]爲了推動SIOP這項新計畫，這當中的一千三百人被納入了一個名爲「聯合作戰目標計畫參謀部」[69]（Joint Strategic Target Planning Staff）的編制中，裡頭的男男女女只有一項任務，就是把個別的目標方案全都整合進一個單一的目標平台上。約翰．魯伯與同事們在一九六〇年十二月那場奧弗特空軍基地（Offutt Air Force Base）地下掩體會議中所得知的，就是這個整合計畫。這項祕密計畫一旦啟動，將會導致世界另一端至少六億人的死亡。

這個全面核子戰爭計畫[70]顯示了美軍將如何傾其全力對莫斯科發動先發制人的第一擊。同時，你會從中看到國防科學家是如何仔細計算出有兩億七千五百萬人會死於第一個小時，乃至於起碼另外三億兩千五百萬人會在後續的大約六個月內死於放射性落塵的傷害。這些罹難者約有半數會來自於蘇聯的鄰國——這些國家

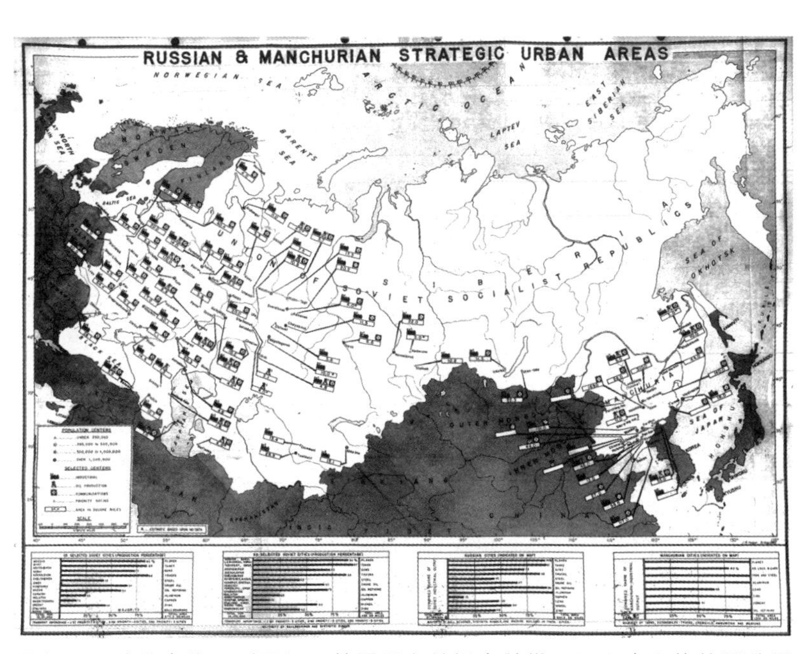


**圖七**　二戰結束後不到兩週，美國軍方就提出儲備四百六十六枚核彈的要求，這是它第一次有系統地估算能摧毀蘇聯與滿洲目標所需的核彈數量（美國國家檔案館）

並沒有與美國交戰，但也會被捲進戰火。其中包括多達三億的中國人。

一九六〇年，全球人口數是三十億人。這意謂著五角大廈花錢讓一千三百人去擬定一個計畫，而計畫的內容是要用先發制人的核攻擊去一口氣殲滅地表上五分之一的人口。值得一提的是，這個數字還沒有算進幾乎必然會被俄羅斯以眼還眼反擊殺死的大約一億美國人，甚至也還沒有算進南北美洲會因爲放射性落塵而死於後續約莫六個月內的大約一億人，乃至於會被大面積火災衍生的異常氣候[71]餓死的天曉得多少人。

在開場簡報告一段落後，第二項機密計畫接續登場，魯伯在其二〇〇八年的回憶錄中寫道，那是「由另外一名講者所發表的對華（中國）攻擊計畫」。這第二份報告也同樣有爬梯、指示棒與透明塑膠片共組的噱頭。「最終（這名講者）講到了一張掛圖，上頭特別提到了落塵會造成的死亡。」

二號簡報者指著圖上的一張圖表。「表中顯示落塵致死人數[72]隨著時間發展（會達到）……三億人，中國人口的一半，」魯伯在回憶錄中寫道。

一段時間後，會議宣告休會。

隔天早上，約翰．魯伯參加了又一場新的議程，這次的規模小一些。與會者有他、國防部長、參謀長聯席會議的全員、陸海空三軍的部長，外加海軍陸戰隊的司令。魯伯記得參謀長聯席會議的主席李曼．雷姆尼澤（Lyman Lemnitzer）「對全場表示他們表現得很好，尤其是這項工作十分困難，所以他們都應該獲得嘉獎。」魯伯回憶起陸軍參謀長喬治・戴克（George Decker）也表達了類似的恭賀之意。而他也還記得海軍作戰部長阿利・伯克「把他正字標記的菸斗從嘴巴取出，重複了相同的訊息——辛苦了，幹得好，值得嘉許。」最後一個發言的是空軍的湯瑪斯・懷特將軍，他「用他那總是帶有某種權威感的沙啞嗓音擠出了那天早上眾人傳誦的一系列陳腔濫調」。

沒有誰仗義執言，沒有人對由美國政府主導的預防性核武第一擊將無差別濫殺六億人之事，表達一點抗議，魯伯寫道。在場的一個個參謀長都像啞巴一樣。國防部長像啞巴一樣。約翰・魯伯也像啞巴一樣。最後，終於有個人開口了。[73] 這個人是大衛・M・舒普將軍，他是在二戰中表現傑出獲頒榮譽勳章的陸戰隊隊員，當時他則是海軍陸戰隊的司令。

「舒普是個戴無框眼鏡的矮個兒，你說他是美國中部鄉下的學校教師也不會有人懷疑，」魯伯回憶說。他記得舒普用一種冷靜且平穩的聲音發言，提出了現場對核戰計畫僅有的反對意見。舒普說：「我只能說，如果有個計畫的內容包括要殺害三億中國人，而中國甚至還不是交戰的其中一方，那這肯定不會是個好計畫。這不是我們美國人做事的方法。」會議室陷入了沉默，魯伯寫道，「現場所有人全僵在那兒。」

沒有人附議舒普的看法。[74]

沒有人發出任何聲音。

根據魯伯的描述，所有人只是一一撇開了視線。

事隔幾十年，魯伯才承認美國這宗他曾參與討論的核戰計畫讓他聯想到納粹的種族屠殺。在他的回憶錄中，他提到發生在早前世界大戰中的某件事。當時，一群第三帝國的官員在德國一個名爲萬湖（Wannsee）的小鎮開會，會場是一棟湖畔別墅。就在那裡，這群號稱理性的官員花了九十分鐘的時間，擅自議定了[75]如何在一場他們正占上風的戰爭中——第二次世界大戰——推進種族滅絕計畫，並希望以此確保他們取得全面勝利。爲了他們的勝利，這些第三帝國的官員們一致同意數百萬人必須死。

數百萬人。

最末，當約翰．魯伯年屆九旬之時，他娓娓道出在他的認知中，萬湖會議與奧弗特會議之間的關鍵相似點。「我想起一九四二年一月的萬湖會議，」魯伯如此寫道，「當時那兒聚集了一群德國官僚。這群人在會議中旋風式地通過了一項計畫，內容是要將在歐洲的猶太人趕盡殺絕，而且還力求提升殺人技術的效率。在那之前，他們的大規模滅絕手段不外乎在廂型車裡注入廢氣、把一堆人湊攏在一起槍斃，或是一把火把穀倉或猶太會所燒了，會中的他們希望在這個基礎上精益求精。」行將就木之際，魯伯決定對世界說出他在一九六〇年沒能說出的心聲。「我感覺自己好像正在目睹一個類似的黑暗深淵，墮入了黑暗之心的深處，[76]一個由紀律嚴明、一絲不苟、精力充沛的無意識群體思維所控制的幽暗冥界，其目標是要消滅生活在近三分之一地表上半數的人類。」

納粹的「最終解決方案」呼籲滅絕歐洲所有數百萬的猶太人以及其他數百萬納粹視爲非人類的人。約翰・魯伯和他的同事們共同簽核的那個全面核子戰爭計畫——單一統合作戰計畫——則要求大規模消滅大約六億的俄羅斯人、中國人、波蘭人、捷克人、奧地利人、南斯拉夫人、匈牙利人、羅馬尼亞人、阿爾巴尼亞人、保加利亞人、拉脫維亞人、愛沙尼亞人、立陶宛人、芬蘭人、瑞典人、印度人、阿富汗人、日本人，還有其他經由美國國防科學家計算出的會被無辜波及者。

「最終解決方案」已經頒布。單一統合作戰計畫則從未出現過——至少到目前爲止還沒有。但一個性質類似且尚未解密的計畫，今天依然存在。只不過計畫的名字在這些年來已經改變。最初的「單一統合作戰計畫」而今被稱爲「作戰計畫」（Operational Plan），縮寫是OPLAN。核資訊專案（Nuclear Information Project）專案主任漢斯・克里斯滕森和資深研究員麥特・科爾達（Matt Korda）與美國科學家聯盟（Federation of American Scientists）合作，將目前的作戰計畫定名爲OPLAN 8010-12。該計畫包括「『宛若一個家族的各個子計畫』，[77] 目標針對的是四個已確定的對手：俄羅斯、中國、北韓與伊朗」。

美國今天的核武儲備數量要少於一九六〇年，但其部署中的核子武器仍有一千七百七十枚，且大多都是處在隨時可以發射的狀態，而這還不包含那幾千枚後備的核武。所以加總起來，美國今天仍有五千枚以上的核彈頭。[78]俄羅斯現有一千六百七十四枚核武在部署中，大部分處於可發射狀態，且同樣另有幾千枚後備，所以加總起來，其核武儲備總數與美國已不相上下。[79]

這種大規模滅絕計畫的效應，正是本書所要談的。

「核子戰爭不會有贏家，也絕對不能開打。」美國總統朗諾・雷根（Ronald Reagan）與蘇聯共黨總書記米海爾・戈巴契夫（Mikhail Gorbachev）曾在一九八五年的聯合聲明中，對世界提出這樣的警語。

時隔數十年的二〇二二年，美國總統喬・拜登（Joe Biden）警告美國人「（核子）末世決戰[80]的可能性」達到了令人驚駭的新高點。

所以我們來到了這裡。在邊緣搖晃徘徊——也許比以往任何時候離核戰末日都更近。

# BE PREPARED FOR A NUCLEAR EXPLOSION

**Nuclear explosions can cause significant damage and casualties from blast, heat, and radiation but you can keep your family safe by knowing what to do and being prepared if it occurs.**

**A nuclear weapon is a device that uses a nuclear reaction to create an explosion.**

**Nuclear devices range from a small portable device carried by an individual to a weapon carried by a missile.**

**A nuclear explosion may occur with a few minutes warning or without warning.**

**Bright FLASH** can cause temporary blindness for less than a minute.

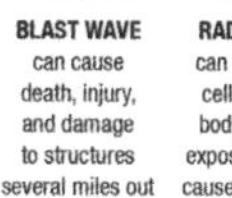

**BLAST WAVE** can cause death, injury, and damage to structures several miles out from the blast.

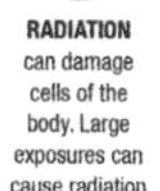

**RADIATION** can damage cells of the body. Large exposures can cause radiation sickness.

**FIRE AND HEAT** can cause death, burn injuries, and damage to structures several miles out.

**ELECTROMAGNETIC PULSE (EMP)** can damage electronics several miles out from the detonation and cause temporary disruptions further out.

**FALLOUT** is radioactive, visible dirt and debris raining down that can cause sickness to those who are outside.

Fallout is most dangerous in the first few hours after the detonation when it is giving off the highest levels of radiation. It takes time for fallout to arrive back to ground level, often more than 15 minutes for areas outside of the immediate blast damage zones. This is enough time for you to be able to prevent significant radiation exposure by following these simple steps:

## GET INSIDE

**Get inside the nearest building** to avoid radiation. Brick or concrete are best.

**Remove contaminated clothing and wipe off or wash unprotected skin** if you were outside after the fallout arrived.

**Go to the basement or middle of the building.** Stay away from the outer walls and roof.

## STAY INSIDE

**Stay inside for 24 hours unless local authorities provide other instructions.**

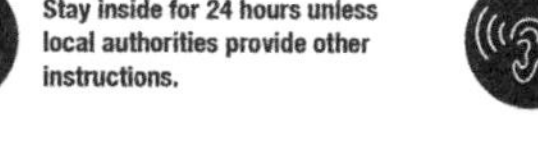

**Family should stay where they are inside.** Reunite later to avoid exposure to dangerous radiation.

**Keep your pets inside.**

## STAY TUNED

**Tune into any media available for official information such as when it is safe to exit and where you should go.**

**Battery operated and hand crank radios will function after a nuclear detonation.**

**Cell phone, text messaging, television, and internet services may be disrupted or unavailable.**

**圖八**　「為核爆做好準備」（美國聯邦應急管理署）

PART

# 2

# 第一個二十四分鐘

## 發射後的零點四秒

**北韓，平城市**

核戰的起始，是雷達螢幕上的一個光點。

時間是北韓的清晨四點零三分，黎明前的黑暗。在距離首都平壤大約二十英里處，那看似荒蕪的地面上，一團巨大的火雲在離地僅僅幾英尺高的地方爆發。那是從北韓最強大的洲際彈道飛彈尾端噴出的炙熱火箭廢氣，讓飛彈得以從停在塵土中的二十二輪發射車上脫離。被分析師們稱為「怪物」的「火星十七」[81]（Hwasong-17）型彈道飛彈開始升空了。

盤旋在離地面兩萬兩千三百英里處，彷彿漂浮在太空中的是屬於美國國防部衛星系統的

**圖九**　SBIRS「天基紅外線預警系統」衛星（美國國防部，洛克希德馬丁公司）

一個汽車大小的感測器。作爲美國「天基紅外線系統」（Space-Based Infrared System，縮寫SBIRS，小名西伯斯[82]〔sibbers〕）的一部分，它隔著重重的雲層，偵測到了飛彈火箭排出的熱廢氣中的火焰。這一切都發生在飛彈火箭點火後的零點幾秒內。

SBIRS是美國的一個衛星群，這群衛星共同組成了上述的天基紅外線預警系統，這些衛星移動的方式，狀似在太空中盤桓——高度約是地球到月球距離的十分之一。這群在地球同步軌道上的衛星，以與地球自轉完全相同的速度環繞地球一周，看起來就像懸浮在空中一樣。

**SBIRS警報：彈道飛彈發射，警戒！**

## ■發射後的一到三秒

**科羅拉多州，航太資料中心**

來自太空的原始數據，會向下流入航太資料中心（Aerospace Data Facility; ADF）。航太資料中心位在科羅拉多州奧羅拉（Aurora）的巴克利太空軍基地（Buckley Space

Force Base），是美國國家偵察局（National Reconnaissance Office; NRO）的一個任務地面站。[83]這個地面站與其在維吉尼亞州貝爾沃堡（Fort Belvoir）和新墨西哥州白沙（White Sands）的兩個姐妹站的存在，都直到二〇〇八年才解密。美國國家偵察局所掌握的情報在美國國安體系中是最受嚴密保護的。[84]該單位的座右銘是用拉丁文寫成的——**不斷超越**（Supra et Ultra）。

機密，定義了關於該機構的一切。

這公署所經手的哪怕任何一點資料，都受到迷宮般層層戒備的高度機密協定保護，且其中許多協定都經過加密。這裡的資料通常被標記為「ECI」，即Exceptionally Controlled Information，意思是「特別管制資料」。

國家偵察局的成員們都受過高度專業訓

**圖十**　巴克利太空軍基地雷達罩（美國太空軍，技術上士J．T．阿姆斯壯〔J. T. Armstrong〕攝）

練，畢竟他們的工作沒有容錯的空間。航太資訊中心負責國防部偵察衛星的命令與管控，[85]他們會去分析、通報、傳遞關於核子威脅將至的訊息。

警報聲響起。

**彈道飛彈發射，警戒！**隨即引起所有人的注意。

共同位於這個中心內的是數百名美國國家安全局人員，他們於是開始向三個核指揮中心發送加密的緊急訊息，這三個核指揮中心分處三個不同的指揮掩體內，且每個掩體都在三處不同的地方設防。

- 科羅拉多州，夏延山複合基地，飛彈預警中心
- 華盛頓特區，五角大廈，國家軍事指揮中心
- 內布拉斯加州，奧弗特空軍基地，全球作戰中心

在科羅拉多州的這個國家偵察局任務地面站，是美國所有軍事衛星的主要國內下行鏈路設施。「但其他地方不是沒有，」[86]美國空軍太空司令部（美國太空軍前身）前首席科學家道格・畢森（Doug Beason）表示。這包括一個名為DEFSMAC的機構，全稱是Defense Special Missile and Aeronautics Center，即國防特種飛彈暨航空中心。這是一個位於馬里蘭州

喬治・G・米德堡（Fort George G. Meade）國安局總部內的機密單位。核戰中將發生的一切皆取決於這些地面站的分析師對當下狀況的判讀。

在這個場景下，意謂著核戰正在發生。

## ■四秒

### 太空

北韓上空的天基紅外線系統地球同步衛星大概是一輛洛杉磯公車的大小，兩側有兩面二十英尺長的太陽（能）翼。SBIRS衛星上的各個感測器都有其獨立執行任務的能力，這意謂著它們既能廣泛掃描大片領土，又能同時鎖定某個特定的關注區域。這些感測器功能強大，可以從兩百英里外看見一根點燃的火柴。[87]

天基紅外線系統是美國二十一世紀版的保羅・里維爾，*只不過該系統所警示的不是徒步或騎馬而來的英軍，而是搭載了核彈頭的洲際彈道飛彈，是那無堅不摧、勢不可擋、威脅人類文明的ICBM。**

美國衛星系統所配備的感測器會在北韓上空執行它們的機載訊號處理功能，[88]然後將巨量的預警感測資料向下串流到地表上。

試想：世上第一顆人造衛星是一九五七年由俄國人發射，那是一顆海灘球大小，名爲史普尼克（Sputnik）的「太空船」，上頭搭載有無線電天線與銀鋅電池。如今，幾十年過去，地球軌道上已經有超過九千枚[89]高動力微處理器衛星環繞，有的提供人際連結需要的電信功能，有的協助導航，有的預測天氣，還有些用在電視訊號以娛樂大眾。

SBIRS衛星做的不是這些，它的專責是站哨，時時保持警惕，一天二十四小時，一週七天，一年三百六十五天持續監控，等著看有沒有某個核子威脅冒出那初始的爆炸性火花。

預示著無可挽回的行動的火花。

＊ Paul Revere，美國獨立戰爭時期的波士頓愛國者。他協助組建過對英軍的情報與警報系統，並曾在重要戰役前快馬警告獨立陣營，讓民兵知道英軍即將來襲。

＊＊ 洲際彈道飛彈的英文縮寫。

## ■五秒

### 科羅拉多州，航太資料中心

在科羅拉多州的航太資料中心裡，若干世界級的高速電腦正在以流星劃過的高速檢視著SBIRS衛星感測器傳來的原始數據。具體而言，這些電腦正忙著測量剛發射的彈道飛彈熾熱的羽狀火焰尺寸。從火箭熾熱的高溫廢氣可以判別出發射的是短程彈道飛彈或洲際彈道飛彈，這兩者的羽狀火焰在亮度與尺寸上有著非常明顯的差異——這兩點都可以從太空中進行精確的測量。

彈道飛彈的發射並不罕見，並以前所未見的速度增多。在二〇二一年，美國太空軍追蹤到全球共計一千九百六十八次的飛彈發射，[90]然而這個數字在「二〇二二年成長了超過三・五倍」，美國太空系統司令部（Space Systems Command）上校布萊恩・德納洛說。截至二〇二三年九月，俄羅斯仍維持著試射彈道飛彈前，先知會美國的做法。[91]

沒人想要意外觸發核戰。

作為通則，像發射洲際彈道飛彈這種非同小可的導彈測試，各國都會在事前披露——透過外交管道、祕密管道或某種管道，通常是向鄰國通告。[92]總之，沒有哪國會悶不吭聲地就幹了。

除了北韓。

從二〇二二年一月到二〇二三年五月之間，北韓測試發射了超過一百枚飛彈，[93]其中包括可擊中美國本土的核彈頭。

重點是，沒有任何一發在事前對外公布。[94]

「他們（北韓）想要保持奇襲的效果，」情報分析師小喬瑟夫・柏穆德茲表示。「以強化他們是一個強大國家的政治宣傳。」

這就是何以美國國防部會把衛星「停泊」在北韓上空。其目的就是要檢視洲際彈道飛彈在發射後的幾分之一秒開始，所排放出的廢氣狀況。

在科羅拉多，羽狀火焰的測量結果證實了分析師們的看法：確實有一枚洲際彈道飛彈從北韓發射，且其軌跡不尋常到令人震驚。那枚飛彈並沒有朝太空飛去，所以不會是爲了發射人造衛星；而飛彈也沒有依循進行火力展示時常見的軌跡朝日本海發射。

美國龐大預警系統的所有關鍵元件，此刻都開始對飛彈的軌跡與其他相對關係進行分析，並整合數據流。爲的是更準確地勾勒出這次事件的確切性質。

這究竟是一次挑釁的飛彈測試？還是一次核武攻擊行動？是實際出手？還是虛晃一招？

一瞬間，由美國情報、監視與偵察資產所組成的龐大全球網絡隨即開始提供各式各樣的情資。SIGINT（訊號情報）、IMINT（影像情報）、TECHINT（技術情報）、GEOINT（地理空間情報）、MASINT（測量與特徵情報）、CYBINT（網路情報）、COMINT（通訊情報）、HUMINT（人類情報）與OSINT（公開來源情報）——凡此種種的所有情報會湧入系統，以便對被偵測到的事件做出準確的描繪。

每個毫秒此時此刻都十分關鍵。每個位元組的情報都可能左右一切。

## ■六秒

**五角大廈，國家軍事指揮中心**

在五角大廈下方[95]的國家軍事指揮中心，是核戰中的主要指揮與管控機關。

它可以是——也可能不是——其中一個被瞄準的目標。

在這個場景中，時間是初春的三月三十日，華府當地的下午三點零三分。距洲際彈道飛彈發射後已經過了六秒鐘。國家軍事指揮中心內的電腦演算法已經開始根據已有的數據預測飛彈的洲際彈道，但還無法確切判讀局部目標區域。

這枚飛彈是朝美國而來嗎？是的話，它是射向夏威夷？還是射向美國本土？

任何一天、任何一個時刻，都有數百名人員[96]在五角大廈下方這個防禦嚴密的核掩體中工作，且每個人都在履行與國家軍事指揮中心所承擔的三項主要任務[97]相關的職責，確保美國的國家安全：

- 監測全球各地的軍事活動與事件
- 監視全世界的核子武器活動
- 保持在必要時應對各種具體危機的能力——包括執行OPLAN（原SIOP）的能力

**圖十一** 五角大廈（美國空軍上士布里塔尼・A・翊斯〔Brittany A. Chase〕攝）

現在，洲際彈道飛彈從北韓發射之事獲確認後不過區區數秒，所有人的目光都已聚焦在指揮中心牆上，一面電影院大小的電子螢幕上。所有人都緊盯著在螢幕上不祥地移動著的一個點：[98]一枚搭載了核武的火星十七型彈道飛彈的化身。

當**J-3**行動處*的軍官們湧入國家軍事指揮中心時，**J-2**情報局的副處長正努力設法讓某位北韓官員上線。其他在房間裡發號施令的參謀長聯席會議軍官還包括：

- 負責情報、監視與偵察行動（合稱ＩＳＲ）的**J-32**副處長（兩星上將／旗官）**
- 負責核子與國土國防行動的**J-36**副處長（一星上將／旗官）
- 負責全球行動的**J-39**副處長（一星上將／旗官）

自九一一事件以來，還是首次有這麼多高階軍官與他們的幕僚進入如此緊繃的高度戒備狀態。

「我很難捕捉跟解釋戰爭的那種迷霧感與摩擦感，」[99]約翰．布朗德曼（**John Brunderman**）上校談到他在九一一恐攻期間，待在五角大廈掩體裡的經驗。那是一個「形同由美國在世界各地所有的指揮所堆疊成的金字塔塔尖」的指揮所，一個確保「ＳＩＯＰ執行上的連結性、全球局勢監控、危機管理」都能順利進行的機密設施。然而，在戰爭的迷霧中，不確定性總是如影隨形。「當你在找尋不正常的東西時，」布朗德曼上校提出警告，「很多事情在你眼裡看起來就都會顯得不正常。」

## 十五秒

**科羅拉多州，巴克利太空軍基地**

在科羅拉多，飛官們奔向了在停機

* 參謀長聯席會議下有各司其職的各個處，代號由J1、J2、J3依序往下排，如J2就是負責情報工作，而J3是處理作戰事宜。

** 旗官是傳統上有自己旗幟的軍官，主要指能獨立指揮作戰的將官。

**圖十二** 巴克利太空軍基地（美國太空軍）

坪上待命，準備好隨時升空的戰鬥機。從飛彈發射起算到現在，時間已經過了十五秒，洲際彈道飛彈業已移動了足以提供衛星感測器做出更精確判斷其彈道的距離。

前景是災難性的。

這是無法令人理解的最壞狀況。

火星十七型飛彈正朝著美國本土而來。

巴克利太空軍基地是太空三角洲四號站[100]（Space Delta 4）的所在地，這是一個飛彈預警裝置，負責運作在太空中的防禦衛星，以及遍布世界各地的陸基預警雷達。

太空三角洲四號站的職責是透過加密的鏈結，向三處司令部通報戰略預警信息。

- NORAD——北美防空司令部
- NORTHCOM——美國北方司令部
- STRATCOM——美國戰略司令部

這三個司令部都各有一個預警中心，在位於距離太空軍基地約八十英里的道路上，夏延山複合基地裡——美國一個具傳奇色彩的核掩體，建於冷戰時期的一座花崗岩山體中。

太空三角洲四號站的每個人都繃緊了神經，高度關注著一枚具攻擊性、看似正朝美國而來的洲際彈道飛彈。該飛彈之所以令人恐懼，是因爲它是不可阻擋的，且攜帶了核彈頭。

洲際彈道飛彈一旦發射，便覆水難收。

放眼北美防空司令部、美國北方司令部以及美國戰略司令部，所有人都在等待某個超視距地面雷達系統的確認，是否眞有一枚搭載了核彈頭的飛彈，正朝著美國來襲。

當務之急就是做第二次確認。

考量到飛彈的軌跡，第一個能「看到」飛彈從視距外來襲的雷達站，將會是位於阿拉斯加的克里爾太空軍雷達站（Clear Space Force Station），那兒有最先進的機器緊盯著太平洋，隨時警戒有無對美國本土的威脅降臨。

還需要大概八分鐘，阿拉斯加的雷達才會看到進逼的飛彈。對於在三個司令部的一衆分析師來說，伴隨著核彈逼近的時鐘滴答聲，聲聲都是極爲煎熬的威脅。

## ■二十秒

### 阿拉斯加州，克里爾太空軍雷達站

阿拉斯加的克里爾太空軍雷達站出於戰略目的，選址在費爾班克斯（Fairbanks；阿拉斯加第二大城，也是其內陸第一大城）郊區，是一個偏遠的軍事設施。在那裡，三月下旬的平均氣溫會在華氏十幾度徘徊。此時，大部分的積雪都已經融化了。

基地中央矗立著一座五層樓高的搜索、追蹤與識別雷達，稱爲遠程識別雷達。這座身形巨大的地面哨兵，是其所屬已有幾十年歷史的預警雷達系統中的最新組成部分，它的任務是[101]監視從太平洋戰區攻擊美國的飛彈，並在察覺情況有異時，向**北美防空司令部**、**美國北方司令部**與**美國戰略司令部**發出警告。

雷達結構內部，有兩台直徑六十英尺的巨型天線會全年暨全日無休地掃描天際，搜查有無任何飛彈襲擊的蛛絲馬跡。該雷達系統提供了「一雙格外敏銳的眼睛，[102]可以描

**圖十三**　阿拉斯加克里爾太空軍雷達站，遠程識別雷達（美國飛彈防禦署）

繪出任何朝我們而來的威脅畫面」，北美防空司令部的A・C・羅波（A. C. Roper）中將如此表示。

在飛彈發射二十秒後，被派駐在費爾班克斯郊外太空預警中隊（Space Warning Squadron）的極地飛行員與國民兵，就收到了來自太空三角洲四號的通知，稱有一枚洲際彈道飛彈來襲。但他們什麼也沒看到，至少還沒有看到。再多的先進技術也無法讓地面雷達看到地平線另一頭的情況，那在物理上是不可能成立的。

因此，操控這些系統的人們只能等待。

在洲際彈道飛彈進入可視距離前，這套龐大的雷達系統對來擊的飛彈全然不見。待雷達能看到時，飛彈已處於「中途階段」（Midcourse Phase）——這時候，飛彈鼻錐罩中的核酬載與其意欲襲擊的美國目標間，將進入一個岌岌可危的距離。

來自地面雷達站的數據流，正饋送到北美大陸數千英里外的各指揮所。進入位於科羅拉多夏延山內部的機密地下飛彈預警中心。

目前，遠程識別雷達仍看似平靜。

## ■三十秒

**科羅拉多州，夏延山複合基地**

在科羅拉多中部，一座三峰火成岩山體的兩千英尺下方，警報聲此起彼伏，燈光閃爍不已，每台電腦都在生成一條機密訊息，以警示可怕的**核彈發射警報**。

離飛彈發射已經過去了三十秒。

天基紅外線衛星系統此刻已掌握了足夠的軌跡數據，[103]確定洲際飛彈正向著美國東岸的某目標飛去。

夏延山複合基地[104]裡的每個人都收到了威脅通知。每個人都震驚於眼前正在發生的事。來自全球各地太空與地面雷達站的感測器數據，淹沒

**圖十四**　夏延山複合基地裡的聯合作戰中心，二〇二三年（北美防空司令部，湯瑪斯・保羅〔Thomas Paul〕提供）

了飛彈預警中心的工作人員，催促他們開始執行任務。所有人都在忙著爲即將來襲的飛彈定調。每個人眼裡都看到了同樣的東西。

一枚，形單影隻飛來的洲際彈道飛彈。

所有人都在想著同一件事情。

**沒道理啊！就一枚核子飛彈。**

如果北韓眞的用洲際彈道飛彈攻擊美國，這將被視爲是先發制人的核子第一擊。如果總統一聲令下，美軍的回應將會是鋪天蓋地、無條件的核武反擊。

北韓將屍骨無存。

「這種青天霹靂式的攻擊（會被定調）是突襲、偷襲，」前國防部長威廉．佩里表示。這種軍事戰術非常古老，老得跟戰爭一樣老。但在這個核子武器的時代，任何國家想突襲美國，都是有勇無謀的愚蠢行爲。所有嚇阻戰略的前提是，沒有哪一個國家敢對擁核的超級強國發動青天霹靂式攻擊，若誰膽敢這麼做，下場幾乎可以確定是全面徹底的毀滅。

突襲[105]可以改變歷史。

但突襲的設計必須是以斬首爲目的。如同要殺蛇就要切斷蛇頭。爲此，你需要讓武器傾巢而出，不會只發射一枚洲際彈道飛彈。至少面對像美國這種部署了一千七百七十枚核武，且其中大部分都處於待命發射狀態的國家。

「只用一枚飛彈來攻擊美國，道理上完全說不通，」前國防部長佩里補充說。而這種不合常理的現象「會需要補上額外的資訊，（才好）去跟總統匯報。」

在紅燈狂閃與警報聲狂響的夏延山複合基地裡，現場的每個人都按照他們受過的訓練在行動著。雙腳、十指、眼球、直覺——人類運用了所有的能力與他們的機器夥伴合作無間，宛如在跳一支雙人芭蕾。他們將感測器的數據揀選分類，轉化為行動參考的情資。夏延山的飛彈預警中心是全球飛彈發射資料的集散地。這裡的工作人員會定奪是否要將收到的資訊歸類為對北美洲、乃至於對美國構成危險的信息。

「我們是負責把各種資訊整合起來的腦幹，」[106]夏延山基地的副司令史提芬．羅斯（Steven Rose）說，「我們將這些訊息的關聯性整理出來，使其具有意義，然後輸送給大腦——北美防空司令部、美國北方司令部、美國戰略司令部的指揮官都在接收資訊的名單之列。」作為腦幹，夏延山複合基地會解讀數據以供指揮官和海軍上將參考，由他們決定何時以及是否跟總統連線。為三軍統帥準備核攻擊評估報告的職責，使得夏延山複合基地成為「神經系統中，最關鍵也最脆弱的環節，」羅斯警告說。

就其實體的物理結構而言，該基地可以承受一百萬噸[107]熱核彈的直接攻擊。而這裡所謂的脆弱性，指的是理論上的孱弱。此時此刻的夏延山，沒有任何判斷錯誤的餘地。容不得任何一點閃失。

這個國家、這顆星球，以及居住其上的所有人類居民的命運，都繫在他們手上。

## ■ 六十秒

**內布拉斯加州，美國戰略司令部總部**

六十秒過去。在內布拉斯加奧弗特空軍基地下方，座落著縮寫為STRATCOM的美國戰略司令部——這座占地九十一萬六千平方英尺的複合設施是一個由掩體、指揮中心、醫療院所、食堂、集中式的寢室、發電站、隧道與其他設施所組成的綜合體。

這座耗資十三億美元打造的核指揮中心埋在幾層樓高的地面下，其設計足以抵擋一百萬噸熱核彈的直接攻擊。那裡的工作編制超過三千五百人，[108]這三千五百多人現在全都專心致志在一件事上，那就是即將到來的核子威脅。

**咿咿咿！咿咿咿！咿咿咿！**

所有機密級的警報系統無一不響。

「為了讓指揮官知道該動起來了，他們大概有不下十種不同的辦法，」[109]前美國戰略司令部指揮官約翰・E・海滕（John E. Hyten）將軍表示。

彈道飛彈來襲，警戒！

各種電子警報系統在同一時間響起，尖叫聲、哭嚎聲、閃爍和震動，裡應外合。只要你人是在美國戰略司令部總部工作，你就不可能不知道有一枚洲際彈道飛彈正在朝美國襲來的路上。

在當下這個局面中，最舉足輕重的人是美國戰略司令部的指揮官——也就是STRATCOM的司令——因爲他是全美負責核子作戰[110]的最高階軍事指揮官。超過十五萬名士兵、水兵、飛行員、海軍陸戰隊員、護衛隊與民兵全都得聽命於這位司令的調遣。在核指揮控制體系裡，美國戰略司令部的指揮官負責對總統提出建議，然後執行總統的直接指令。

這兩個人之間不存在任何人。沒有國防部長，沒有參謀長聯席會議主席，也沒有副總統。

身爲美國戰略司令部指揮官肩負一項舉世無雙的職責。[111]

退役將領喬治・李・巴特勒（George Lee Butler）曾於一九九一到一九九四年間，統領過美國的核子軍力，他如此總結自己的職責：[112]「萬一我們的預警系統偵測到美國將遭受攻擊……我的責任就是要告知總統我們正遭受攻擊，說明攻擊的性質；要讓總統了解來襲的武器類型、數量及其目標；要讓他知道依照我們的核戰計畫，他面前有哪些選項；要從總統處取得待執行的命令；並盡速將總統的命令傳達給作戰部隊，以確保他們及時採取行動、存活下來，並將武器發射出去。」

在核武危機爆發六十秒後，這個場景中的美國戰略司令部指揮官會離開他的指揮艙，衝進一部他專屬的私人電梯。短短幾秒鐘內，他就會進入到指揮中心的核掩體裡，即「全球作戰中心」（Global Operations Center）。

「我們的戰略部隊已在待命隨時準備做出反應，這點應該要讓每個人都知道，」美國戰略司令部指揮官海滕將軍在二〇一八年，就是這麼告訴有線電視新聞網（CNN）。「他們此時此刻已經準備就緒——在地底、在海裡、在空中——我們隨時準備好應對各種威脅。美國在全世界的所有敵人，包括金正恩在內，都必須要知道這一點。」

電梯門開了。

「如果有人膽敢對我們發射核武，[113]我們就會發射回去，」海滕將軍說。「他們再發射第二枚，我們就還他們第二枚。他們發射兩枚，我們就回敬兩枚。」

海滕說，這就是所謂的「戰事升級階梯」。

在這個場景下，美國戰略司令部指揮官會趕赴位於地下的「戰鬥甲板」，[114]那是一個一千平方英尺的混凝土牆房間。

他的目光會聚焦在一面幾乎覆蓋了整面牆的巨大電子螢幕上，那是相當於電影院螢幕大小的顯示器。

三只電子鐘顯示著三個不同的時間序列，但都是以秒爲單位，在來襲飛彈衝向美國的同時，進行著倒數。三個時間序列分別對應以下三件事：

- 紅色衝擊：敵方飛彈擊中目標前，所剩餘的秒數
- 藍色衝擊：美國核反擊擊中敵方前，所剩餘的秒數
- 安全逃脫：指揮官可撤離掩體並安全逃脫前，所剩餘的秒數

此刻，在掩體內，戰鬥甲板上的人員正在向指揮官進行著久經演訓而有條不紊、沒有一句廢話的簡報。隨著紅色衝擊與安全逃脫的秒數愈剩愈少，怎麼讓藍色衝擊的倒數讀秒動起來就成了當務之急：美國必須反擊。

在房間的後方，一塊隔音屏障從天花板降下。

它被鎖定到位。

戰鬥甲板上的男女工作人員擁有美國核指揮與控制體系中最高級別的安全許可。他們日復一日地演練飛彈發射程序，但即將討論的信息太過敏感，除了一小部分戰略司令部軍官外，任何人都無法聽到。

現在，召集起來的核心小組開始討論飛彈發射計畫。

## ■ 一分鐘三十秒

### 科羅拉多州，北美防空司令部總部，彼得森太空軍基地

在距離夏延山東北方（直線距離）九英里多一點的科羅拉多北美防空司令部總部，幫辦、軍官與副官們沿著彼得森太空軍基地的走廊跑進北美防空司令部暨美國北方司令部的指揮中心。彼得森指揮中心看起來與夏延山的有些相似，只是更大。其設計旨在容納隨著新威脅出現而逐漸膨脹的人員編制。[115]

這裡是預警感測器數據的蒐集與統籌中心，有些數據是從在美國與世界各地的任務夥伴處流入這裡，也有些數據是從這裡流向在美國與世界各地的任務夥伴。核指揮與控制體系的架構是以冗餘概念爲基礎，亦即同樣的任務會交由多個單位執行，以防體系中有某個部件發生故障時無法執行任務。

在科羅拉多落磯山脈陰影下的機密設施內，北美防空司令部指揮官已準備好向國防部長與參謀長聯席會議主席傳達他的核攻擊評估，這兩人此時正身處華盛頓特區的五角大廈內。使用一種加密、抗電磁脈衝、抗干擾的衛星通訊[116]系統，即先進極高頻衛星（Advanced

Extremely High Frequency; AEHF），北美防空司令部指揮中心與其合作夥伴美國北方司令部的設施連結上。然而，國防部長與參謀長聯席會議主席尚未完全進入五角大廈下方的掩體內，得再等等。

## ■兩分鐘

**五角大廈，國家軍事指揮中心**

兩分鐘過去了。兩個男人的身影輕盈地穿過五角大廈，他們不是在慢跑，而是小跑步。他們穿過五角大廈的E環（最外圍的那圈建築）[117]那光可鑑人的亞麻地板。其中一人是國防部長，身著正式西裝、白襯衫、打領帶。另一位是參謀長聯席會議主席，他穿著軍服，配著亮晃晃的星星、軍齡條槓及勳表。

兩人忙不迭地跑下好幾段階梯，穿過火警逃生門，然後又是更多的階梯、更多的門，最後進入一條高度戒備、通往國家軍事指揮中心的隧道。那裡，美國戰略司令部與北美防空司令部的指揮官已經在衛星通訊上與視訊螢幕上恭候著總統的兩名最高階幕僚。如果說美國戰略司令部跟北美防空司令部是核子戰爭的大腦與腦幹，那麼五角大廈底下的國家軍事指揮中心則是使用核武的第三次世界大戰的心臟。

這個指揮所最初名爲戰情室（War Room），[118]一開始是在一九四八年設計給五角大廈使用的，旨在作爲下一次世界大戰的指揮調度所。從那之後到現在，它就一直全天候開設著，一週七天，一天二十四小時，一年三百六十五天——全年無休。

從洲際飛彈的發射被偵測到以來，已經過去了兩分鐘。國防部長與參謀長聯席會議主席在幾秒鐘後雙雙抵達現場。通過安全的衛星視訊，在科羅拉多的北美防空司令部指揮官開始發言。

他的評估簡明扼要。

**圖十五**　國防部的同仁們認為五角大廈中心看起來就像是某種靶心（國會圖書館，希奧多・霍李德扎克〔Theodor Horydczak〕攝）

追蹤數據已經證實了最糟糕的情況。

一枚洲際彈道飛彈正朝著美國東岸襲來。

## 歷史小教室（二）

### 洲際彈道飛彈

距離末世決戰：二十六分鐘四十秒。

洲際彈道飛彈是一種可以跨洲施放核武到目標處的長程武器，其存在的意義就是為了在地球另一端造成數百萬人死亡。時間拉回到一九六〇年，洲際彈道飛彈甫發明時，五角大廈的首席科學家，一個名叫赫伯·約克（Herb York）的男人，曾經想知道確切需要多少分鐘，才能讓一枚這種大規模滅絕火箭從蘇聯的發射台起飛並抵達美國的某座城市。約克聘請了一群名為「傑森科學顧問小組」[119]的國防科學家來縮小這個數字到至為精確的型態。

最終，赫伯得知的結果是從發射到毀滅，為時二十六分鐘又四十秒。

就是僅僅一千六百秒。如此而已。

這個祕密評估結果的其中一份藏在赫伯・約克的個人文件中，[120] 保存在聖地牙哥的蓋澤爾圖書館（Geisel Library）內。或許約克是不小心將資料留在了那兒，也或許他是有心讓世人知道戰爭規劃者與武器建造者幾十年來一直都知道卻從未如此冷酷地向世界揭露過的真相。那就是不論你怎麼做，都打贏不了核子戰爭。

因為這一切發生得太快了。

核戰的爆發和升級的速度，幾乎可以保證戰爭將以核浩劫告終。

「裝載核武的洲際彈道飛彈威脅著我們的滅絕，」約克寫道。「前景，誠然是黯淡的。」

傑森科學顧問小組的科學家們計算出一枚洲際彈道飛彈在空中飛行的二十六分鐘又四十秒，可以分成三個階段：

- 推進階段，大約五分鐘
- 中途階段，大約二十分鐘
- 終端階段，大約一・六分鐘（一百秒）

**圖十六**　彈道飛彈軌道分成三個飛行階段：推進階段、中途階段和終端階段（美國飛彈防禦署）

五分鐘長的推進階段包括飛彈在發射板上點燃火箭引擎，進入太空，到結束有動力的飛行。在有動力的飛行結束後，彈頭會獲得釋放，此時的典型高度在五百到七百英里之間。中途階段會維持二十分鐘，這包括被釋放的彈頭在太空中以弧形軌跡繞地球飛行的時間。最後的終端階段出奇的短，僅僅一．六分鐘。也就是一百秒。終端階段始於彈頭重新進入地球大氣層，並結束於核武在目標處引爆之際。[121]

在這個場景中進行攻擊任務的火星十七型，是一枚兩階段、使用液態燃料、可在公路上機動行進的洲際彈道飛彈。截至二〇二四年，其彈頭有什麼能力並沒有太多經過確認的資料，[122]所以我們不清楚它能攜帶一或多枚核彈頭，不清楚其酬載是不是熱核彈，也不清楚其核彈的

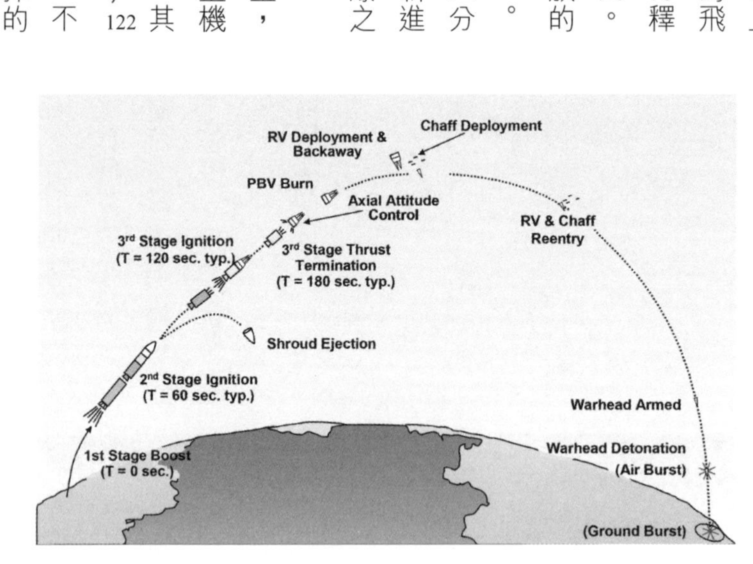


**圖十七**　洲際彈道飛彈從發射到引爆的飛行序列（美國空軍）

當量是多少。我們只知道它可以攻擊到美國本土的任何一個目標。

一九六〇年，傑森科學顧問小組替赫伯．約克做出從發射到擊中目標共計二十六分鐘四十秒的結論。當時，美國以外僅有的核子超級強權只有蘇聯。

今天，擁有核武的國家已經多達以下九國：[123]美國、俄羅斯、法國、中國、英國、巴基斯坦、印度、以色列，還有北韓。而考量北韓的地理位置，飛彈從朝鮮半島起飛到擊中美國東岸目標的時間框架會稍微長一些。麻省理工學院的榮譽教授希奧多．「泰德」．波斯托爾已經替我們完成了計算。

答案是三十三分鐘。

時間正在流逝。

在這個場景中，已經過去了兩分鐘。

洲際彈道飛彈一旦發射出去就覆水難收。

藏於赫伯．約克檔案庫的機密文件已經警告過這世界，要留意末世決戰，但我們還是來到了這一刻。

**洲際彈道飛彈對我們造成了滅絕的威脅，**[124]約克寫道。

一九六〇年如此，今天也是如此。

## ■兩分鐘三十秒

### 內布拉斯加州，美國戰略司令部

內布拉斯加州的美國戰略司令部總部座落於歐馬哈南方十英里不到、密蘇里河西邊兩英里處。那兒原本叫作克魯克堡（Fort Crook）。毀滅性的區域性天候包括龍捲風、颶風以及洪水。致命的龍捲風漏斗雲威脅著美國最重要的戰略核子總部，且愈來愈頻繁。二〇一七年，龍捲風襲擊了奧弗特空軍基地，有十架飛機[125]遭到毀損。

這裡的洪水是災難級的。二〇一九年，七百名奧弗特基地的空軍士兵堆了二十三萬五千包沙袋，被《空軍時報》

圖十八　淹水的柏油跑道，內布拉斯加州，美國戰略司令部總部，奧弗特空軍基地，攝於二〇一九年（美國戰略司令部）

（*Air Force Times*）稱爲「英勇有餘，但失敗告終的阻水行動」。[126]大約七億兩千萬加侖摻雜了汙水的洪水淹沒了基地，造成了一百三十七棟建築被毀，一百萬平方英尺的工作空間遭到摧殘，其中涵蓋十一萬八千平方英尺的敏感隔離資訊設施空間（Sensitive Compartmented Information Facility; SCIF），專用於處理機密資料。被淹沒的跑道則長達半英里。

奧弗特空軍基地的跑道是關鍵的核反擊基礎設施，尤其是在目前這個有洲際彈道核飛彈朝美國襲來的場景中，它的作用尤爲重要。這條跑道爲美國機載核子指揮所的一支迷你機隊提供服務，這些指揮所被稱爲「末日機群」（Doomsday Planes）。這些改裝過的波音飛機永遠處於待命狀態，隨時準備擔任核戰的空中指揮所。

「我們的軍隊非常[127]強大，極具殺傷力，」負責管理末日機群飛行員的萊恩・拉・蘭斯（Ryan La Rance）上尉表示，「但如果少了通訊，我們就發揮不了威力。」

在末日飛機上，美國戰略司令部的指揮官可以在核危機期間接收發射飛彈的命令，然後執行這些命令，[128]卽便美國在地面上的核指揮控制設施盡毀，也不影響對核戰的運籌帷幄。

這就是何以此刻的美國戰略司令部指揮官會全神貫注於「藍色衝擊」或「反擊」時鐘的運轉，然後讓自己離開美國戰略司令部的地下掩體，登上停機坪上某架閒置的末日飛機——引擎正怠速運轉，就等著指揮官的到來。

位於奧弗特空軍基地的美國戰略司令部全球作戰中心，被認爲是美國的所有敵方攻擊目標清單上的十大核目標之一。但其指揮官要離開掩體前，必得先跟總統談過才行。

來襲飛彈的追蹤數據已經確定，其落點會是在美國東岸某處，大概是紐約市或華盛頓特區。但要對被指定的攻擊目標有更精準的確認，時間上還需要兩到三分鐘。[129]

## ■兩分鐘又四十五秒

**五角大廈，國家軍事指揮中心**

在五角大廈底下的核指揮掩體裡，國防部長與參謀長聯席會議主席忙不迭地討論起北美防空司令部指揮官剛透過視訊告知他們的消息。一枚攻擊型的洲際彈道飛彈似乎正朝著美國的東岸而來。

國防部長主持起了局面。偕同其他指揮機構的首長一起，制定當總統問起時，他可能會回答的說詞。參予這次視訊通話的人員無論男女，都是將職業生涯奉獻給核指揮和控制的專業人士。假想的核戰就是他們的生活與呼吸。

一旦地面雷達確認了洲際彈道飛彈在朝著東岸而來，美國核戰戰略中，一個極度危險的下一步特徵就會凸顯出來。這個特徵圍繞著一項已有幾十年歷史的政策，[130]名爲「預警卽發射」（Launch on Warning）。

「一接收到核攻擊的預警，我們就會準備發射反擊，」前國防部長威廉·佩里告訴我們。「這就是我們的政策，[131]我們不會等。」

預警卽發射政策是美國爲什麼會——與以何種方式——將其部署的大部分核武庫保持在隨時可發射的狀態，它也稱爲「一觸卽發警戒狀態」（Hair-Trigger Alert）。

## 歷史小教室（三）

### 預警即發射

預警即發射政策意謂著只要預警電子感測器系統一警示有核攻擊降臨美國頭上，美國就會立刻發射其核武。換種説法就是，只要收到有攻擊來臨的通知，美國不會坐等在物理上蒙受核子攻擊之後，才去發射其自身的核武來反擊這個失去理性到對美國動手的敵人。

預警即發射「在美國核戰規劃中是屬於社會大眾鮮少聽聞過的關鍵配置」，[132]華府分析師威廉·布爾（William Burr）說。他任職的單位是喬治華盛頓大學的國家安全檔案館。

預警即發射——這項從冷戰高峰以來就存在的政策——也具有令人難以置信的高風險。「危險到不可饒恕的境地，」[133]總統幕僚保羅·尼策（Paul Nitze）在幾十年前就警告過我們。在「尖銳的危機中」採取預警即發射的做法，無異於引火自焚，尼策曾說。

在喬治·W·布希（George W. Bush；即小布希）於二〇〇〇年競選總統時，這名未來的總統曾信誓旦旦地說要在當選後，解決這個置美國於險境的政策問題。「讓這麼多武器保持在高度戒備的狀態，[134]可能會造成意外發射或未經授權發射的不可接受風險，」布希說。「高度戒備且一觸即發的狀態，(是）冷戰時期另一項沒有必要的孑遺。」

他當選後，什麼也沒變。

巴拉克·歐巴馬（Barack Obama）在他競選時，也呼應了相同的基本疑慮。「放（著）核武在可以一瞬間發射的狀態，是冷戰時期的危險殘跡，」歐巴馬宣稱。「這樣的政策將徒增災難性意外或誤判形勢的風險。」

但就像他的前任，歐巴馬總統什麼也沒改變。

拜登就任後，物理學家法蘭克·馮·希珀敦促[135]他要革除這個危險的政策。「拜登總統……應該要[136]為預警即發射的選項，乃至於為這所衍生的末世決戰風險，畫下句點，」馮·希珀在《原子科學家公報》（*Bulletin of the Atomic Scientists*）中寫道。

但就像他的幾位前任，拜登在這方面同樣毫無建樹可言。因此，事隔幾十年後，我們仍在原地踏步。預警即發射政策還是好端端地在那兒，持續生效中。

## ■ 三分鐘

**五角大廈，國家軍事指揮中心**

在五角大廈底下的掩體內，國防部長與參謀長聯席會議主席徵詢了參謀長聯席會議的副主席，在這個場景中，副主席是一位女性，她（一如同樣身爲女性將領的艾倫·帕利科夫斯基〔Ellen Pawlikowski〕）統領過位於科羅拉多的國家偵察局太空指揮處（NRO Space Command），以及位於加州的太空與飛彈系統中心（Space and Missile Systems Center）。這樣的歷練使她具備了獨特的資格足以去評估目前的狀況——她很清楚洲際彈道飛彈從平壤北邊的空地發射了三分鐘後，應該是什麼情況。

參謀長聯席會議副主席針對北韓洲際彈道飛彈發射台研究過夠多的軌跡資料——以往都

是按預設的軌道往開放水域裡射——所以她一看就知道飛彈這次走的不是原本的老路線。

這顆飛彈的軌道是直奔美國而來。

聰明、強悍，不愛咬文嚼字，副主席女士指著螢幕上那粒每一動都令人驚心動魄的小黑點，因爲那代表的正是北韓射出的洲際彈道飛彈。

她抽了一口氣，又吐了一口氣。

然後直接對國防部長開口。

**您恐怕得請總統上線了**，副主席說道。

## ■ 三分鐘十五秒

**華盛頓特區，白宮**

現在是美東時間下午三點零六分，在這個場景中，總統人正在白宮餐廳閱讀午間簡報，邊喝著咖啡，邊吃著午後小點。然而，他全都得擱下了。

**國家安全顧問**手裡握著電話衝進了餐廳。他告知總統是國防部長從五角大廈底下的國家軍事指揮中心來電——那兒距離白宮也就二．一英里遠。

總統把話筒貼到了耳際。

國防部長告訴總統：**北韓發射了飛彈要攻擊美國。**

這話乍聽之下只有一個念頭：怎麼可能。

國防部長對總統說：**北美防空司令部與美國戰略司令部已經證實了此項評估為真。我們正在等待來自地面雷達站從阿拉斯加發來的第二來源證實。**

總統轉頭看向國安顧問，他問這是不是某種測試。

國安顧問回稟總統說：不是。

**圖十九**　白宮（傑特．雅各布森〔Jett Jacobsen〕攝）

## ■ 三分鐘三十秒

### 五角大廈，國家軍事指揮中心

在五角大廈下方，國防部長看著飛彈在他面前偌大的螢幕上畫出一道軌跡。從發射起算，時間目前只過去了三分鐘又三十秒（兩百一十秒），這代表這枚洲際彈道飛彈仍處於推進階段。不用多久，代表飛彈的圖案就會穿過北韓的北境，進入到中國的領空。

國防部長的職責是要確保文職人員對軍隊的指揮，在這層意義上，該職位可算是一人之下萬人之上，僅次於兼任三軍統帥的美國總統。國防部

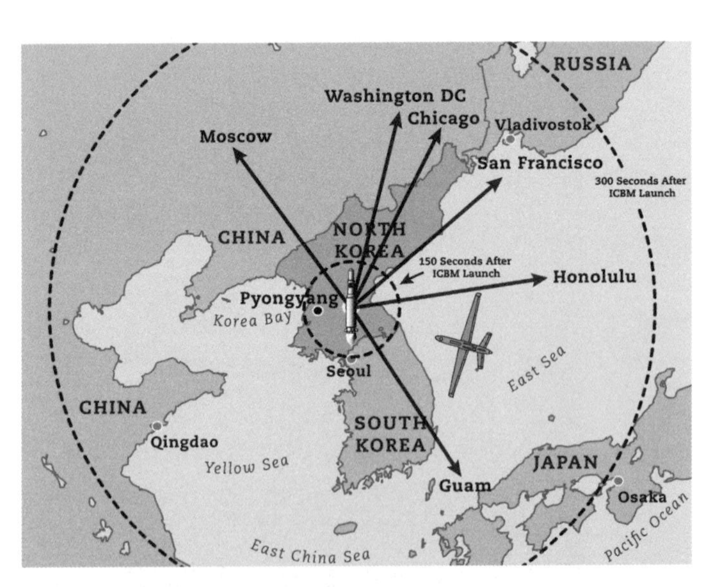


**圖二十**　針對在推進階段的火星洲際彈道飛彈，美國無人機的接戰範圍，策劃者為理查．賈爾文與希奧多．波斯托爾（製圖者為麥可．羅哈尼〔Michael Rohani〕）

長與美國總統在整個軍事指揮鏈中，是僅有的兩名文官。[137]

站在國防部長身邊的是參謀長聯席會議主席，美國軍階最高也最爲資深的軍官。參謀長聯席會議主席的職責是要以幕僚之姿提供建言給美國總統、國防部長、國家安全委員會委員，以及其他涉及軍事事務的官員。參謀長聯席會議主席之下還有一個副主席。

雖說參謀長聯席會議主席的級別高於美軍中所有其他官員，但他並不會——也不能[138]——指揮軍隊。這個職位的工作是要輔佐總統與國防部長，是要幫助這兩位長官做出最好的決策，讓他們能好好去判斷下一步該怎麼做才最爲理想，包括在核戰中。此時，身在國家軍事指揮中心裡的每個人都一心貫注在手頭上的任務，也都處於驚魂未定中；只不過訓練有素的他們不會輕易表現出來。

核子危機不是**某個**可能發生的最糟情況，核子危機就是**那個**最糟的情況。

人們說這場景讓人「不敢想像」，但是，不敢想像不等於不會演習。

關於即將要發生的事將如何撼動這個世界，幾乎已經超乎人類的理解範圍。核子戰爭在歷史上不曾有過先例。幾十年來，我們有驚無險過幾回。而在這個場景裡，我們終將難逃此劫。

總統現在面對的是一個不斷變小而且無法回頭的決策窗口。接下來必須發生的事對每一個此刻在衛星通訊上的人來說，都是演練過的，「除了總統本人之外」，前國防部長佩里告訴我們。這個場景下的總統，一如自約翰·費茲傑羅·甘迺迪（JFK）以來的幾乎每一任美國元首，都徹底在時候到了該如何發動核戰的細節上，欠缺足夠的知識。

總統不知道的是他一聽完簡報，了解眼前是什麼狀況後，他只有六分鐘的時間可思考跟決定要發射哪一種核武作為回應。

六分鐘。[139]

這怎麼可能？六分鐘拿來煮一壺可以分裝成十杯的咖啡還差不多。美國第四十任總統雷根曾在回憶錄中感嘆，「用六分鐘去決定[140]要如何回應雷達屏幕上的一個光點，並決定要或不要將末世決戰這頭怪獸給釋放出來！在這種狀況下，誰能理性得起來？」

我們即將了解到，核戰如何剝奪了人類的理智。

## ■四分鐘

**華盛頓特區，白宮**

總統站立在白宮的餐廳裡，他的布餐巾掉在了地板上。地球上有大概八十億人口。而在接下來的六分鐘裡，美國總統將被要求做出一個會在世界另一端造成幾千萬人死亡的決定

——從他授權算起，這幾千萬人將只剩下若干分鐘（不是若干小時）可活。

在預警即發射政策有效的狀況下，核子戰爭迫在眉睫，危如累卵的感覺籠罩著一切。「我們所知的文明[141]即將畫下句點，」前國防部長佩里向我們描述著這樣的瞬間。「這話並不誇張，」他說。

此時此刻的白宮裡，國家安全顧問就站在離總統只有幾英尺的地方，正試著用電話聯繫北韓的一名官員，猝不及防地被統理總統身邊貼身隨扈[142]的特別幹員給撞上。房間裡，所有準備要回應危機的人當中，平日演練最純熟的絕對包括擔任總統隨扈的這群特勤局幹員。日復一日，美國特勤局就是在做這些訓練。

**馬上進入緊急掩體**，負責指揮的特別幹員對著總統大喊。隨扈一個個在附近徘徊，且全都對著耳裡跟手上的通訊設備唸唸有詞，彷彿說好了一樣。

現場一下子感覺十分忙碌。兩名特勤幹員架起總統的胳肢窩，此時總統的手上還緊抓著手機。在衛星通訊上看著這一切的將軍和上將們或坐或站在他們各自的掩體裡，等待著總統隻字片語的任何指令。

**緊急計畫書不要忘了**，國安顧問說。

**別讓他跟手提包分開，***負責指揮的特別幹員說。**我們要帶他去戰情室。**

總統還沒有完全理解眼前的情況。核反擊必須以何種速度開展，他還沒意識到這一點。

「沒有人——即便是美國總統[143]——能對危機地區內或某個衝突中的所有狀況百分之百掌握，」更不用說在核子戰爭中了，強．沃夫斯塔這名歐巴馬時期的國家安全顧問表示。

「許多總統上任時[144]都對他們在核戰所要扮演的角色一無所知，」前國防部長佩里說。「有幾位甚至是不太想知道。」

曾經，在一九八二年的一場記者會上，雷根總統甚至錯誤地向大眾表示，「潛艇上的彈道飛彈可以取消」。[145]

在柏林圍牆倒塌，蘇聯也解體後，威廉．佩里在他擔任國防部長的經驗中發現，「許多人緊抓著[146]核戰已經不再是威脅的想法不放」。事實上，就在當下的他說，「沒有什麼比這更離譜的了。」

在核子戰爭中，對於適用協定與行動速度的各種混亂，將會導致任何人都無法預料的後果。這會把美國送回到國防部官員約翰．魯伯在一九六〇年警告過的黑暗之心。

也就是讓美國進入到他所謂的「薄暮中的地下世界，[147]統治那兒的是一個由紀律嚴明、一絲不苟、精力充沛的無意識群體思維所控制的幽暗冥界，其目標是要消滅生活在近三分之一地表上半數的人類。」

## 歷史小教室（四）

### ■洲際彈道飛彈的發射系統

在這個場景裡，正朝華府襲來的火星十七型飛彈是採公路機動式的設計，意思是飛彈是由一輛二十二輪的車輛載到發射點。這種專用車輛有一個特別的名字，叫「運輸豎起發射車」（transporter erector launcher; TEL）。飛彈本身的直立高度是八十五英尺。其鼻錐罩中載有一個彈頭母艙（warhead bus），其中可能包括也可能不包括啞彈（或假彈頭），旨在混淆即將試圖擊落它的美國飛彈防禦系統。

二〇二一年，國防分析師預測北韓有百分之五十的洲際彈道飛彈[148]可以成功擊中位於美國境內的目標。二〇二二年，日本國防部長公開確認了火星十七型的航程可以達到九千三百二十英里，完全足以發射到美國本土。[149]

火星十七型洲際彈道飛彈有相當的重量，所以沒辦法在北韓鄉間那些粗製濫造的廉價柏

＊即所謂的「核（美式）足球」（Nuclear football），外表是個黑色手提包，內裡的特殊通信工具能讓美國總統在任何狀況下授權發動核攻擊。

油路上運送。因此，唯一的選擇就是經由泥土路，前提是土質要夠結實，不能剛下過雨或雪。美國並沒有這種公路機動型的飛彈發射車。美國一共四百枚洲際彈道飛彈都置於全美各地的地下發射井中，主要是大多數美國公民無法接受裝載著核彈頭的公路機動飛彈發射車，在他們居住的鄉鎮或城市間穿梭，從他們家前面開過，或是從他們小孩念書的學校旁經過。

公路機動式火箭發射台（一九四四年前後，由納粹火箭科學家發明）讓北韓獲得了戰略上的優勢。相對於美國四百處洲際彈道飛彈發射井的精確位置在網路上都一清二

**圖二十一**　自從這款彈道飛彈在二〇一二年發射後，北韓的洲際彈道飛彈就不斷變得愈來愈強，威脅性也愈來愈大（五角大廈電視頻道播出的朝鮮中央通訊社畫面）

楚（網路普及前也有地圖），北韓的車輛機動式ＩＣＢＭ則是不間斷地在移動——所以美國國防部無法在核戰前或核戰中輕易地鎖定它們並將其摧毀。

在科羅拉多的巴克利太空軍基地，國家偵察局航太資料中心的分析師們檢視了飛彈從停在泥土空地的卡車車床上至升空前數分鐘和數小時的衛星影像[150]後，確認了這枚飛彈的身分——火星十七型。透過回頭看國家偵察局更早些時間的衛星影像，分析師可以看到火星十七型正沿著一條泥土路，被運送到平壤北邊二十英里處的發射地點。

雖然人們對火星十七型的彈頭能力所知甚少，但對其代號為RD-250的火箭引擎[151]卻相當熟知，包括它俄製的出身背景。二〇一七年十一月，北韓首次試射了一枚由這種引擎提供動力的洲際彈道飛彈，結果導致四名飛彈專家——美國科學家理查・賈爾文、麻省理工學院榮譽教授希奧多・「泰德」・波斯托爾，以及德國火箭工程師馬可斯・席勒（Markus Schiller）與羅伯・舒馬克（Robert Schmucker）——向外界發出警報。

「這款俄製引擎大概是在蘇聯解體後，從某處的儲存單位被偷走的，」波斯托爾告訴我們，「然後輾轉被賣給了北韓。」[152]

竊取現有的核武與核武輸送系統，是很多國家讓其剛萌芽的核武計畫突飛猛進的常規做法。拾人「核」慧能為有志於此道的國家省下時間跟金錢——因為撿現成的能讓他們規避掉複雜的研發計畫。時間拉回到一九四〇年代，克勞斯・福赫斯偷走了長崎原子彈的藍圖之後，將它交給了他在莫斯科的策反者。從那一刻起，史達林將核彈「國產化」就只是時間問題而已。在火星十七型的俄製RD-250火箭引擎加入戰局前，波斯托爾說北韓根本沒有能力讓飛彈摸到美國東岸的邊。但就是靠著這很可能是贓物的火箭引擎，北韓「在短短四個月內就快速推進了一項技術發展」，而這原本會耗掉這個隱士王國幾十年的時間才完成得了，波斯托爾說。

泰德·波斯托爾與理查·賈爾文在二〇一七年的一份報告中對同事提出了警語，要他們不可輕忽北韓的核武能力。波斯托爾是飛彈科技專家，也是海軍作戰部長的前幕僚，更是麻省理工學院的榮譽教授。理查·賈爾文作為全世界第一枚熱核彈的設計者，其對核武的了解相比地球上任何一個人都要有過之而無不及。自設計出氫彈後，[153]賈爾文就一直處於核武發展與相關國安問題的最前沿。他投注心力，開發出了世界上第一代間諜衛星，並被認為是美國國家偵察局的十大創局元老之一。

在兩人於二〇一七年聯名發表的論文中，賈爾文與波斯托爾主張北韓由於有其獨特的地理位置，所以想以傳統飛彈防禦去阻擋他們的洲際彈道飛彈幾乎是不可能的。北極周圍存在著許多盲點，兩人在論文中寫道——有鑒於此，他們提議要抵禦火星十七型最好的辦法，就是一天二十四小時全年無休地將代號「死神」（Reaper）的MQ-9武裝無人機（反恐戰爭時期打造的大機翼版本變體）飛到日本海上空，接近北韓岸邊之處。「隨時準備好將起飛二百四十到兩百九十秒的攻擊飛彈擊落，」波斯托爾說。[154]

這樣的時間框架至關重要，[155]因為僅僅幾秒鐘之後，洲際彈道飛彈就會完成動力飛行階段，並進入黑暗狀態。

進入黑暗狀態的意思是預警衛星無法再看到和追蹤它。

「衛星只能看見有熱度的火箭廢氣，」波斯托爾說。「火箭引擎一旦停止運作，它們就看不見火箭了。」

這是國家防禦洲際彈道飛彈時，一個無解的黑洞。波斯托爾與賈爾文提出了警告。

## ■四分鐘三十秒

**內布拉斯加州，美國戰略司令部總部**

美國戰略司令部的每一分子都緊盯著用來追蹤飛彈的螢幕。離火星十七型發射後已經過了四分半鐘。

洲際彈道飛彈已經來到了推進階段的最後幾秒鐘。一旦飛彈進入到中途階段，被攔截的可能性將變得微乎其微。想要把來襲的洲際彈道飛彈擊落，現在是最後的機會，但美國做不到，因爲其國防部手裡並沒有這樣的系統。

「這件事我們在華府逢人就說，但他們全都把我們的話當耳邊風，」波斯托爾表示。「我們提議[156]與俄羅斯聯手推動這項計畫，」賈爾文透露。「他們也有意阻止北韓發射核武，就跟我們一樣。」但波斯托爾與賈爾文的提議被置若罔聞。目前並無死神無人機在日本海上空巡邏，所以沒人可以將來襲的洲際彈道飛彈擊落。

兩百七十五秒過去。兩百八十五秒……兩百九十五秒……

火箭引擎燃盡。

推進階段告一段落。

火星十七型釋放了彈頭，彈頭持續上升。

中途階段就此展開。

造價數十億美元的ＳＢＩＲＳ預警衛星群再也看不到北韓洲際彈道飛彈剩下的部分，朝美國而奔的核彈頭已經不會出現在衛星的視野裡。此時的彈頭已與推進火箭分離，進入了彈道飛行階段，這種狀態下的彈頭對衛星感測器而言，幾乎就是隱形般的存在。它會繼續在高速軌道上滑行，直至來到地表上空某處的最高點。

## ■五分鐘

### 維吉尼亞州，貝爾沃堡
### 美國飛彈防禦署總部

在五角大廈南方十二英里處的維吉尼亞州貝爾沃堡，美國飛彈防禦署總部指揮中心的人員正急得像熱鍋上的螞蟻。美國人心中有種迷思是美國可以輕易射下任何來襲的洲際飛彈。上至美國總統、國會議員、國防部官員，下至軍工複合體裡的無數成員，每個人都會把這話掛在嘴上。事實根本不是這樣。

美國飛彈防禦署是負責將來襲的飛彈從半空中擊落的機構，其主打的陸基中段防禦系統（Ground-Based Midcourse Defense; GMD）是在北韓於二〇〇〇年代初期加速發展洲際彈道飛

**圖二十二**　維吉尼亞州貝爾沃堡，美國飛彈防禦署總部（美國陸軍）

彈計畫之後建立的。

作爲美國此一防禦系統核心的，是四十四枚攔截用飛彈，每枚攔截彈彈高五十四英尺，其設計是用一枚重達一百四十磅、名爲外大氣層動能殺傷攔截器（exoatmospheric kill vehicle; EKV）的投射物，設法擊中快速飛行中的核彈頭。來襲的北韓彈頭會以時速一萬四千英里左右飛行，而美方使用的殺傷攔截器飛行時速約兩萬英里，如果攔截成功，此行動就跟「用子彈去射子彈差不多。」[157]飛彈防禦署的發言人表示。

從二〇一〇到二〇一三年，這種早期攔截器已進行過多次測試，沒有任何一例成功。一例都沒有。

隔年美國政府問責署在報告中表示該系統並不具備眞正的作戰能力，因爲「其研發存在瑕疵」。問責署說，這類攔截器只能「以有限的方式一次攔截一顆簡單的威脅」。歷經了五年的時間，砸下了幾十億美元的納稅錢，這些追求一擊必殺的美國攔截器在總計二十次試射中失敗了九次，意思是火星十七型在抵達目標前被擊落的機率大概是百分之五十五，而已。

從早到晚，這四十四枚動能殺傷攔截器都在分屬美國本土兩地的發射井中待命，其中四十枚在阿拉斯加的格里利堡（Fort Greely），四枚在加州聖塔芭芭拉附近的凡德堡太空軍基地（Vandenberg Space Force Base）。

兩邊加起來就四十四枚。

就這些了。

攔截序列是一個十步驟的流程，[158] 截至目前爲止，其中三個步驟在這個場景中已經發生過了：

1. 敵人發射了攻擊型飛彈。
2. 天基紅外線預警衛星偵測到飛彈發射。
3. 陸基預警雷達追蹤到飛彈完成推進階段，進入了中途階段。

來襲的北韓飛彈現已釋放其所攜帶的彈頭與誘餌，後者是爲了混淆外大氣層動能殺傷攔截器上的感測系統，[159] 使該（透過感測器與機載電腦）感測系統無法判斷以何者爲目標進行追縱和攔截。區分單一彈頭與彈頭母艙中其他可能的彈頭和誘餌，對美國飛彈防禦署而言是一系列全新的挑戰。

重點是，美國面臨的這些挑戰，回應的時間不是以分鐘計，而是以秒計。由此，我們必須將注意力轉移到海上，因爲那兒有造價上百億美元，且屬於高度機密的海基X波段雷達站，縮寫爲SBX。

## ■六分鐘

**北太平洋，庫雷環礁以北**

在由珊瑚環繞的庫雷環礁北方二十英里處，漂浮在距離檀香山一千五百英里的北太平洋遼闊海面上，SBX雷達站的景色十分壯觀。作爲獨一無二、體育館大小，可在海上自我推動行進的雷達站，SBX重達五萬噸，需要一百九十萬加侖的汽油才能驅動，並且可以承受三十英尺高的巨浪襲擊。實際上，它的體積堪比一座美式足球場，距離太平洋面二十六層樓高，執行任務時需要八十六名組員共同操作，聲稱是全球最先進的相控陣列、電磁轉向X波段雷達系統。

SBX的原始平台是出自一家專產鑽油用離

**圖二十三**　海基X波段雷達站（SBX）（美國飛彈防禦署）

岸船隻的挪威公司，而後美國國防部向該公司購入了該平台，並對之進行了改建，在上面安裝了[160]全世界最昂貴的飛彈防禦雷達、艦橋、工作空間、各種控制室、生活空間、發電區域，以及直升機起降平台。

飛彈防禦署的高層將ＳＢＸ推銷給美國國會，[161]飛彈防禦署宣稱ＳＢＸ是同類系統中的最強者，有能力探查、追蹤並識別朝美國來襲的飛彈威脅。爲了解釋這系統有多麼強大，ＳＢＸ的倡議者在當時曾使用過一個很有記憶點的比喻，他們形容說，把ＳＢＸ放在美國東岸的乞沙比克灣（華府就在該灣沿岸），其雷達可以讓人從華府的某個觀察哨隔著兩千九百英里的距離，看見西岸舊金山的一個棒球大小的物體。[162]這是眞的，算是吧，問題是，這顆棒球必須是盤旋在舊金山上空八百七十英里處，[163]與華府的雷達處於一條直線上。在這樣的條件下，棒球才能被ＳＢＸ看見。

ＳＢＸ的目標是爲美國的攔截型飛彈提供敵方處於中途階段的核彈頭在大氣層中的精確位置數據。

ＳＢＸ得在極小的時間窗口內，以秒爲單位，完成這項任務。

大多數美國人從未聽聞過ＳＢＸ，也不清楚它的優勢或缺陷。麥可．柯貝特（Mike Corbett）是曾監督過這個計畫達三年之久的退役空軍上校，他早在二〇一七年就預言過該項目將會失敗。「你可能會花費龐大的金額，最後一無所獲，」柯貝特在二〇一五年這麼告訴

《洛杉磯時報》。「十億又十億美元被投注在這些（SBX）項目上，但看不到任何成果。」

批評者稱SBX雷達系統是[164]「五角大廈那個價值百億美元的裝飾品雷達」。

當大多數人都能親自體驗到SBX的一堆缺陷時，就爲時已晚了。

## ■ 七分鐘

**阿拉斯加州，格里利堡**
**美國陸軍太空與飛彈防禦司令部**

識別核彈頭與誘餌的不同，是SBX這海上雷達系統的獨門工作。畢竟幾十億美元的研發費與每年幾億美元的維持費用，都是納稅人的血汗錢。（美國國會預算處〔Congressional Budget Office〕近期的一份報告指出，五角大廈從二〇二〇到二〇二九年的飛彈防禦支出可能達到一千七百六十億美元。）[165]在這個從亞洲朝美國襲來的飛彈升空後七分鐘的關鍵時刻，美國的國防完全依賴於（攔截用飛彈內部的）外大氣層動能殺傷攔截器能與SBX雷達系統溝通無間。唯有兩者合作無間，攔截器才能確定該鎖定哪個目標並加以擊殺。

此時，在阿拉斯加的荒野，費爾班克斯東南方一百英里處，一組蚌殼狀[166]的發射井門一轟而開。一枚重達五萬磅、彈高達五十四英尺的攔截飛彈，從位於格里利堡的美國陸軍太空與飛彈防禦司令部點火升空，瞬間，爆炸聲轟然作響。

在戰爭史上，作戰的目標之一就是以防禦的盾迎擊進攻的刀刃。攔截飛彈系統所要扮演的就是那面盾牌，爲美國本土擋下有限的核武攻擊。這裡的關鍵詞是「有限」，因爲攔截飛彈的總數就是四十四枚，多了就沒有。截至二〇二四年初，俄羅斯部署了[167]共計一千六百七十四枚核武，大部分處於待命發射狀態。（中國的核武儲備超過五百枚；巴基斯坦與印度各有大約一百六十五枚；北韓有大約五十枚。）

靠著一共就四十四枚防禦用飛彈的庫存量，美國的攔截計畫基本上只是擺設。[168]

在由飛彈防禦署釋出的新聞照中，一枚升空到一半的攔截飛彈看起來既炫又強，羽狀的火焰與煙霧拖曳在爬升中的火箭箭體後方，背景則是紫色的天空。但在現實中，這枚飛彈絕對不是美國民衆的救星。

隨著攔截飛彈升至太空，其機載感測器會以一種名爲「遙測」（telemetry）的過程與在地面和海面上的雷達溝通，意思就是隔空進行數據的蒐集、測量與傳遞。攔截飛彈一旦完成自身的推進階段，其外大氣層動能殺傷攔截器就會從火箭箭體脫離，自行繼續上升。

這（據稱）就是美國的盾牌。這就是承諾能阻止攻擊飛彈擊中美國境內目標的軍備。

這就是我們唯一的盾牌。僅有的。

「至於『擊殺』的意思就是攔截器必須一頭撞上去，與飛行中的核彈頭同歸於盡，」理查．賈爾文特別加以澄清。

飛彈專家湯姆．卡拉科（Tom Karako）擬人化了這整個過程，[169]他解釋說，現在就是「動能殺傷攔截器（會）睜開眼睛，解開安全帶，開始上工的時候了」。但根據火星十七型彈頭的實際性能，其彈頭母艙中最多可包含五枚誘餌。

攔截器會成功還是失敗？

**圖二十四** 處於推進階段的美國攔截飛彈（美國飛彈防禦署）

## ■九分鐘

### 阿拉斯加州，克里爾太空軍雷達站

格里利堡攔截飛彈場西邊大約一百英里處，強大的遠程識別雷達正從克里爾太空軍雷達站裡看到北韓飛彈從地平線後冒出頭來的第一瞬間。美國國防部聲稱就彈道飛彈防禦而言，阿拉斯加是「世界上最具戰略意義的地方」，[170]並稱其遠程雷達擁有必備的「視野」，可察覺迫近的威脅。

九分鐘過去了。

在屬於機密的火力控制中心（Fire Direction Center，也稱射控中心）內部，一名空軍士兵接起了她辦公桌上的紅色電話。

**這裡是克里爾雷達站**，[171]她說。**現地報告無誤，目標數量為一**。

第二來源在恐懼的氛圍中證實了攻擊型洲際彈道飛彈確實正朝著美國東岸而去。

阿拉斯加的這一設施是自冷戰初期以來，就一直在監視防範核武攻擊的幾處早期地面預警雷達設施之一。其他類似設施分別位於：

- 加州，比爾空軍基地（Beale Air Force Base）
- 麻塞諸塞州，鱈魚角太空軍雷達站（Cape Cod Space Force Station）
- 北達科他州，卡瓦利爾太空軍雷達站（Cavalier Space Force Station）
- 格陵蘭，皮圖菲克太空基地（Pituffik Space Base），原圖勒空軍基地（Thule Air Base）
- 英國，皇家空軍費林戴爾斯雷達站（Fylingdales）

幾十年來，人們一直依靠這些小型金字塔般大小的地面雷達系統來掃描天空，以防彈道飛彈來襲。

犯錯是人之常情，但機器也會犯錯。這些系統也曾造成過幾次差一點引發災難的錯誤警報。有次是在一九五〇年代，預警雷達誤把一群天鵝判讀爲俄國的米格戰鬥機機隊正取道北極飛往美國。一九六〇年十月，位於格陵蘭圖勒的地面雷達站有電腦誤將挪威上空升起的月亮判讀爲一千枚攻擊型洲際彈道飛彈來襲的雷達回波。*一九七九年，一卷模擬測試的磁帶[172]被誤插入一台北美防空司令部的電腦裡，欺騙了分析師們，使得他們以爲美國遭受到俄國以核子洲際彈道飛彈與核子彈道飛彈潛艇的攻擊。

前國防部長佩里表示，當一個人的大腦[173]嘗試消化美國實際上正遭受核攻擊的可怕假設時，他的大腦會變得非常瘋狂。北美防空司令部的測試磁帶烏龍事件就發生在佩里的眼皮底下（他時任主掌研究與工程事務的國防部副部長），在短短幾分鐘內，他已經準備通知當時的美國總統吉米・卡特（Jimmy Carter）可怕的時刻來臨了，身爲總統，你必須發動核反擊。

預警通知反倒成了幽靈攻擊的通知。

「電腦上顯示的是一次實際攻擊的模擬狀況，」佩里記憶猶新。「它看起來非常非常逼眞。」眞實到他眞心相信那是事實。

然而，時間回到一九七九，佩里最終並沒有盡忠職守地在半夜將卡統總統叫醒，因爲北美防空司令部當晚負責監控核攻擊的值班主官「進一步（深入）研究後得出結論，這是一個錯誤，」佩里解釋說。在讓人嚇破膽的幾分鐘裡，威廉・佩里是眞心相信核戰即將爆發。「那一夜我永生難忘，」[174]年屆九旬的他告訴我們。他補充說，「現在，我們比冷戰時期更接近核戰，哪怕是擦槍走火的意外」。這裡所描述的場景「不是在製造恐懼」，佩里證實說；相反地，它應該被理解爲「完全有可能發生」。

進入二十一世紀，各個衛星系統已經取代了地面系統，成爲美國在遭到核子突襲時的

＊格陵蘭隔著海的對面就是挪威。

「搖鈴者」。世界各地的地面雷達站之所以還存在，是要對核指揮控制體系看似已經知道的事情，提供第二來源的證實。

火力控制中心在這個場景中剛通報的，既不是模擬的電腦磁帶，也不是一群飛過的天鵝，更不是從海的另一頭升起的月亮。

核彈眞的來了。

## ■ 九分鐘又十秒

**阿拉斯加州，格里利堡**
**美國陸軍太空與飛彈防禦司令部**

格里利堡的美國陸軍太空與飛彈防禦司令部與在安德森（Anderson）的克里爾太空軍雷達站，兩者相隔大約一百英里的直線距離。在這個飛彈防禦的緊繃瞬間，兩個基地裡的所有人全專注在同一件事上：如何用攔截飛彈把來襲的洲際飛彈打下來。

在數百英里外的太空中，攔截飛彈完成了動力飛行。[175]

它的推進器已經燒罄並掉落。

飛彈鼻錐罩中的外大氣層動能殺傷攔截器被釋放，並開始透過使用感測器、機載電腦和設計用於將其引導到目標的火箭引擎，搜索火星十七型的核彈頭。

攔截過程的最後一步已經啟動。

殺傷攔截器越過太空，時速大約一萬五千英里。它睜開紅外線「眼睛」，試著定位目標。試著在一片漆黑的太空背景中，找到彈頭溫暖表面所發出的訊號。一旦殺傷攔截器掌握了它認知中彈頭的位置，緊接著的一項更艱鉅的挑戰就是要將它摧毀。必須在彈頭急速飛過太空的過程中擊毀它，殺傷攔截器必須倚靠自身的推進動能，完成一次極其精確的物理性撞擊。這種攔截不涉及任何爆裂物。與先前提到的「用子彈去射子彈」的說法類似。然而，這當中存在重大的問題。攔截器計畫的歷史告訴我們，即便是在高度按劇本演出的試射裡，這些攔截器也失敗了一次又一次。[176]在飛彈防禦的語境裡，這可以被理解爲災難性的成功率。二〇一七年時，試射的成功率驟降到百分之四十都不到的谷底。也許是讓所謂的「設計缺陷」搞得有點尷尬，飛彈防禦署宣布要將殺傷攔截器計畫「戰略性暫停」，[177]這期間，飛彈防禦署會轉而聚焦在一個被稱爲「下一代」的新系統上。但截至二〇二四年，儘管那些不可接受的缺陷仍舊存在，所有四十四枚攔截飛彈依舊處於待命發射狀態。

時鐘依然滴答滴答在走。

用外大氣層動能殺傷攔截器去進行攔截的系統完成了嘗試。[178]結果，失敗了。

緊接著，第二枚殺傷攔截器從第二枚攔截飛彈裡出發搜索目標，但還是以失敗收場。此時的陸基攔截器並沒有以「打、看、打」的作法獲得使用（就是打一枚，看一下，再打下一枚），而是一枚接著一枚發射，因爲眞的沒有時間了。

這個序列隨即又嘗試了第三次，然後，是第四次的攔截。

四枚攔截飛彈都沒有能阻止北韓洲際彈道飛彈的來襲。用一位評論家、前國防部助理部長兼美國首席武器評估師菲利普・柯伊爾[179]（Philip Coyle）的話來說，「失之毫釐，無異於差之千里。」

骰子已經丟了出去。

時候已到，總統該行動了。

## ■十分鐘

### 華盛頓特區，白宮

總統原本走在西廂底下，正要從白宮某餐廳前往一處指揮中心的路上。突然有人將他重新導向了總統緊急行動中心（Presidential Emergency Operations Center），這個位於東廂下方，比較堅實的設施。這個縮寫為ＰＥＯＣ、在英文裡發音成「皮阿克」的掩體設計並完工於二戰期間，如果敵軍攻破美國的防空系統，並用攻擊性武器轟炸華府特區，這裡將作為羅斯福總統的藏身之處。

總統緊急行動中心聲名大噪於發生九一一恐怖攻擊後的那幾週裡，因為國安機器意識到美國遭受恐怖攻擊後，特勤局幹員在危急存亡之際，就是把時任副總統的迪克・錢尼（Dick Cheney）帶到那裡。正是在這個堅固的作戰行動中心內，錢尼副總統得以凌駕於常規的國家指揮架構之上，[180]逕行掌控美國的軍事資產，包括戰鬥機在內。

指示美國在核戰中做出該做的決定，需要經過一系列的手續與協定，而前美國戰略司令部指揮官羅伯・凱勒將軍告訴我們，這些手續與協定都詳列於一份保密等級「很高、很高、很高」[181]的機密文件裡。但美國作爲一個民主國家，自然也會釋出一部分資訊——包括指揮架構與核武庫存現狀——讓社會大衆知道。從非機密的《二〇二〇核子議題手冊》（*Nuclear Matters Handbook 2020*）這本國防部參考手冊中，我們可以辨明很多事情。

軍事指揮層級遵循著嚴格的規定，每個人都必須確實執行從指揮鏈上層接獲的命令，命令的傳遞是由上而下。若將其繪製成圖表，軍事指揮鏈會貌似一座權力的金字塔。大部分人處於底層，總統作爲三軍統帥則位居頂端。

美國總統——儘管這看起來有些奇怪——擁有發射美國核武的唯一權力。

總統發射核武不需要任何人的同意。

國防部長不需要，參謀長聯席會議主席不需要，國會也不需要。二〇二一年，美國國會

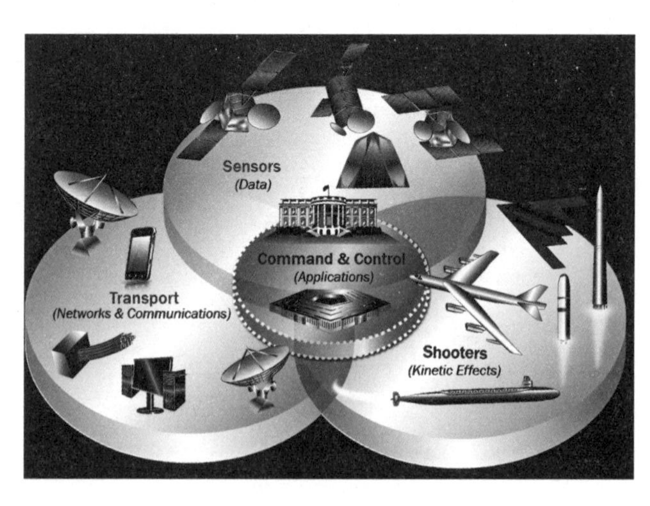


**圖二十五**　各軍事部門、核軍力指揮官、諸防禦署共同將「在危機中授權使用核武」的手段提供給了美國總統（美國國防部）

研究處（Congressional Research Service）發表了一份審查報告，其中確認了發射核武的權力是總統的，也只屬於總統。「這項權力是他作爲三軍統帥的內秉屬性，」[182]國會研究處這樣認爲。美國總統「並不需要他的軍事幕僚或美國國會附議來下令發射核武。」

隨著紅色衝擊的時鐘一分一秒地朝核彈擊中美國本土目標倒數，總統發射核反擊的時機已到。這代表反擊倒數的藍色衝擊時鐘也將開始運轉。

偶爾會有人辯論起美國是否眞有所謂的預警卽發射政策。這些人質疑的是三軍統帥是否眞的在美國只是受到核武威脅但還沒有眞正被擊中前，就有發射核武反擊的義務。前國防部長佩里出面證實。

「我們有預警卽發射政策，」他說。就這樣，沒第二句話。

在這個場景中，總統幕僚忙著趨前爲他簡報反擊的選項。

好讓藍色衝擊時鐘開始倒數。

隨著簡報的進行，六分鐘的審議時限開始逼近。總統只有六分鐘的時間權衡利弊，[183]然後就要拍板決定使用哪種核子武器，並指示美國戰略司令部攻擊敵方的哪些目標。按前發射控制官與核武專家布魯斯・布萊爾博士（Dr. Bruce Blair）的說法，「六分鐘的商議與決策時限相當荒謬。」其荒謬處在於，沒有什麼可以讓一個人爲此做好準備。這時間實在太短，但我們的現況就是如此。

在總統緊急行動中心裡，站在總統身旁的是一名侍從武官，即口語說的副官。這名副官負責幫總統攜帶緊急提包，手提皮包材質中含有鋁金屬，也有人稱它爲「足球」（Football）。這個手提皮包會處處跟隨著總統。有一回，美國總統柯林頓出訪敘利亞，敘利亞總統哈菲茲・阿爾—阿薩德（Hafez al-Assad）的隨從們試圖阻擋柯林頓的副官與他搭同一部電梯。「我們不能讓這種事發生，也沒有讓這種事發生，」前美國特勤局局長路易斯・梅爾萊提（Lewis Merletti）告訴我們。[184] 梅爾萊提是當時負責柯林頓總統瑣事的特別幹員，後來成爲美國特勤局局長。「足球必須與總統形影不離，」梅爾萊提挑明了說。「沒有例外。」

足球裡面是美國政府裡機密程度（可說）最高的單一文件組，名爲「總統緊急行動文件」（Presidential Emergency Action Documents）。縮寫爲PEADs的這些文件，是核攻擊等緊急場景一發生，就可以立即由總統實施生效的行政命令與相關訊息。

「它們是被設計來[185]『實施總統特別權力以回應特殊狀況』的，」紐約大學布倫南司法中心（Brennan Center for Justice）報告說。「PEADs是機密中的『祕密』，迄今尚未有總統緊急行動文件被解密過，也沒有內容被洩漏過。」

總統的這種特別權力究竟從何而來？足球的早年歷史長期籠罩著一層謎團，洛斯阿拉莫斯國家實驗室特別爲本書解密了足球的起源故事。

## 歷史小教室（五）

### 總統的足球

一九五九年十二月的某天，來自原子能聯合委員會（Joint Committee on Atomic Energy）的一小群官員拜訪了北大西洋公約組織位於歐洲的基地，前往檢視他們共管的核彈協定內容。北大西洋公約組織在那兒的飛行員駕駛的是代號「共和國」（Republic）的F-84F戰鬥機。而「反射動作行動」（Operation Reflex Action）處於生效狀態中，這意謂著在發布核戰開始後的十五分鐘內，機組人員就準備好對蘇聯境內的預定目標進行攻擊。

那個訪問團的其中一名成員是哈洛·阿格紐（Harold Agnew），一位有著獨特歷史背景的科學家。阿格紐是獲派以科學觀察家身分參與廣島轟炸任務的三名物理學者之一。他當時帶上了一台電影攝影機，並拍下了現存原子彈轟炸廣島僅有的空中角度影片。而在一九五九年的此刻，阿格紐人在洛斯阿拉莫斯國家實驗室監督熱核彈的試爆；他後來一路晉升為實驗室主任。

在北大西洋公約組織訪問期間，阿格紐注意到一件讓他憂心忡忡的事。「我觀察到四架F-84F戰鬥機[186]……停在跑道的一頭，每一架都攜帶著兩枚MK-7（核子）重力炸彈，」他在二〇二三年解密的一份文件裡如此寫道。他的意思是「實際上在監管這些MK-7核彈的，只是某個非常年輕的美國二等兵，用的是一雙警醒的眼睛、手裡的M1步槍，還有槍裡的八發子彈而已。」阿格紐告訴同僚說：「防止未經授權使用原子彈的唯一屏障，就是這孤零零的一名美國大兵，而他身邊可是圍繞著一大群外國領土上的外國軍隊，甚至幾千名的蘇聯軍隊也就在若干英里外而已。」

回到美國後，阿格紐聯繫了在桑迪亞國家實驗室（Sandia National Laboratories）的一名專案工程師唐・寇特（Don Cotter），並詢問「我們能不能在（炸彈的）點火迴路上安插一個電子『鎖』，好避免隨便一個路人就能啟動MK-7。」獲得指示的寇特隨即投入研究。他組裝了一個示範用的裝置，而這個結合了鎖與密碼開關的裝置是這麼運作的：「（一則）三位數的密碼[187]會被輸入，然後某個開關會撬開，綠燈熄滅，紅燈亮起，並顯示發射迴路已經啟動。」

阿格紐與寇特前往華府演示了這種上鎖裝置——首先是對原子能聯合委員會，再來是總統的頂級科學幕僚們，最後是總統本人。「我們將它呈給甘迺迪總統後，他下了生產令，」阿格紐記得。

軍方反對這麼做。或者應該說作為當時的核子武器負責人的阿弗列・D・史塔博德（Alfred D. Starbird）將軍，反對這個提案。葛倫・麥可達夫（與阿格紐）合著了關於此事如今已解密的報告，而他總結了史塔博德將軍白紙黑字對這個裝置所抱持的疑慮。[188]「一名美籍或外籍的飛行員身在世界的一隅，他要怎麼在被數量占絕對優勢的蘇聯軍隊踩平之前，取得美國總統的密碼來啟動核武？」對於美軍而言，鎖定裝置問題就像是掀開了潘朵拉的盒子。「重力炸彈要是被鎖上密碼，」麥可達夫解釋說，「那包括飛彈彈頭、原子爆破彈藥、*魚雷、族繁不及備載的各種核武器，是不是都要一起這麼做呢？」[189]總統認為有需要。

而針對這項需求所應運而生的答案，就是足球，總統的緊急提包。在阿格紐和寇特與甘迺迪總統會面時，原始的ＳＩＯＰ——將全美的核武器交由總統而非軍方控制的單一統合作戰計畫——已進入最終發展階段。而阿格紐與寇特這個名為「允許行動連結」（Permissive Action Link; PAL）的新裝置也順勢成為了ＳＩＯＰ這個新控制系統的一環。隨著足球的發明，發射核武的命令——乃至於以物理方式將核武啟動的能力——全都集於總統一人。畢竟他是三軍統帥。「以上就是總統獲得足球的過程，」[190]阿格紐說。

* atomic demolition munitions，縮寫爲ADM，也稱核地雷，可理解爲一種小型核彈。

## ■十分鐘又三十秒

**華盛頓特區，白宮**

總統盯著足球。這只緊急提包裡是一組被稱爲「黑皮書」（Black Book）的文件，其內容是美國總統必須從中做出選擇——以藉此啟動核戰爭——的核攻擊選項清單。從一份已經解密（但嚴重遭到刪減）的文件〈給尼克森政府的SIOP簡報〉[191]（SIOP Briefing for [the] Nixon Administration）中，我們得知了「黑皮書」曾在長達數十年的歲月中被稱爲「決定手冊」（Decisions Handbook），且足球黑皮書中的其他一些內容細節也被洩漏了出來。這些細節包括：[192]

- 該使用哪些核武器
- 該攻擊哪些目標
- 預估會導致的傷亡人數

在這個場景裡，總統看到可以供他使用的核武器陣容後，著實嚇了一跳。讓他更爲震驚的是，裡頭提及一項眞正恐怖的政策，叫作「一觸卽發的警戒狀態」。[193]「一觸卽發的警戒狀態」與「預警卽發射」是相輔相成的政策。旨在讓面對核嚇阻仍冥頑不靈、硬是要對同爲核武國家的美國發動斬首攻擊的狡猾敵人被徹底消滅。美國會讓自身的核武火藥庫保持在所謂「一觸卽發」的警戒狀態，說白點就是隨時可以發射的狀態。

這意謂著美國總統有能力隨時發射一枚、[194]十枚、一百枚核武，甚至讓美國的全數核武傾巢而出都行，一切端看他的選擇，而這個隨時的意思是一天的二十四小時裡、一週的七天裡、一年三百六十五天中的任何時間。也就是說時間不是問題，美國總統只需要遵照足球裡的指示進行卽可。

而這就讓我們不得不談到美國的核三位一體：總統有權透過地面、空中和海上發射核武的三聯體（平台）。具體而言，美國的核三位一體包括：[195]

- 地面：四百枚洲際彈道飛彈，每枚都裝載一枚核彈頭。
- 空中：六十六架可攜帶核武的轟炸機（B-52戰略轟炸機與B-2匿蹤轟炸機），每架次都可以攜帶多枚核彈頭。
- 海上：十四艘核潛艇，每艘都搭載有多枚潛射彈道飛彈（SLBMs），而每枚潛射彈道飛彈都配備複數枚核彈頭。

•（北約在歐洲基地的一百枚戰術核彈在本質上並不被視爲美國核三位一體的一部分。）

總統做決定的時候已到。在這個場景裡，美國即將發射其自二戰以來的第一枚核武。副官打開了他面前的足球。總統的目光落在了**黑皮書**上。

美國戰略司令部指揮官：**長官**。

排資論輩，只有核指揮控制體系裡最高階的少數美國官員才看過黑皮書的內容。而把他們看到了什麼寫出來的人——牽涉到的目標、該使用什麼樣的核武器（千噸級還是百萬噸級）、會因此導致的巨額死亡人數——更是少之又少。約翰．魯伯是其中一人，因爲〈五角大廈報告〉*而聲名大噪的丹尼爾．艾爾斯伯格（Daniel Ellsberg）是另外一例。泰德．波斯托爾與強．沃夫斯塔也屬於看過黑皮書內容的族群，但他們從來沒有對外分享過自己的見聞。黑皮書中詳述的內容是一個祕密，而且是大多數人會帶進墳墓裡的祕密，會如此三緘其口，可能與魯伯臨終前跟我們分享的那些原因一樣。

柯林頓總統的副官是名叫羅伯．「巴茲」．帕特森（Robert "Buzz" Patterson）的上校，他曾經將黑皮書比喻成「連鎖家庭餐廳丹尼斯的早餐菜單」。[196]他會做出這種連結，是因爲從預先決定好的核攻擊清單上選出報復的目標．就跟上館子點餐時搭配菜色一樣簡單，「A區選一個，B區選兩個。」

洛斯阿拉莫斯實驗室歷史學者與核武工程師葛倫·麥可達夫博士從來沒有親眼見過黑皮書，但他們認識許多見過黑皮書的人。「會叫作黑皮書，是因爲那當中有太多跟死亡相關的內容，」[197]麥可達夫說。

一連串的聲音在向總統喊話，每個人都在爭奪他的注意力。總統只得拉大嗓門，對所有人喊：**都給我安靜**。

## ■十一分鐘

### 五角大廈，國家軍事指揮中心

在五角大廈底下的國家軍事指揮中心內，國防部長與參謀長聯席會議主席透過衛星視訊

＊ Pentagon Papers，即〈美國—越南關係，一九四五到一九六七年：國防部研究〉，也就是國防部對美國捲入越南政治與軍事事務的祕密評估報告。一九七一年，該報告由蘭德公司職員丹尼爾·艾爾斯伯格洩漏出去，並經《紐約時報》與《華盛頓郵報》刊登於頭版，引起輿論大譁。

面對著美國總統。時間是下午三點十四分，聯邦雇員仍在工作。這對國防部長與參謀長聯席會議主席來說，是一個好壞參半的局面。

好的是，總統在核子危機中最重要的兩名幕僚現在都（隔空）在他的身旁輔佐他，隨時可以有問必答。壞的是，這兩人現在都站在北韓飛彈最可能瞄準的兩個目標之一的下方。要是他們繼續留在原地，而北韓飛彈又命中了華府，他們都將喪命。

總統把注意力投向了參謀長聯席會議主席。

**告訴我怎麼做**。

這反應再自然不過。只要理智還在，沒有哪個人會出於自願想發射核武。

聯席會議主席對總統說他身爲參謀，是隸屬於授權核武發射的「通訊鏈」，而不是「指揮鏈」。參謀長聯席會議主席能給的是建議，而非命令。

**給我意見**，總統下了命令。時間過了幾秒。

聯席會議主席於是爲總統簡報了幾件事情：美國迄今已發展出來的「狀態意識」、*反擊的選項，以及接下來必須發生的事。「有一份實際的腳本，總統會被一步步引導通過，」前總統特別助理強．沃夫塔爾告訴我們。「那是白紙黑字寫下的，國家軍事指揮中心的主官會負責從頭到尾帶他看一遍。」留給總統下令反擊的時間，只剩下幾分鐘了，聯席會議主席說。但在總統可以發射核武前，他必須先將美軍的狀態調動爲「二級戰備」（Defense

Readiness Condition 1），簡稱DEFCON 1：最高等級的戰備，三軍能立即反應，並準備進行核戰。美軍的戰備狀態從來沒有被調高到DEFCON 1，至少沒有讓社會大衆知道過。一九六二年的古巴飛彈危機期間，美軍曾經進入過DEFCON 2，也就是二級戰備，[198]意思是涉及核武的戰爭狀態似乎已迫在眉睫。

**好，沒問題，就進入一級戰備**，總統說。然後，對著此時眼神已經像頭野獸、近乎抓狂的國防部長，他大聲說出了自己的心思。也是衆人想問又沒敢問的話：**這是認真的嗎？**

聯席會議主席：**是**。

總統：**我的天啊**。

國防部長的口氣戒慎恐懼：**我們還在等更多的資訊進來**。

**現在該怎麼辦？**總統一時拿不定主意。

在這個節骨眼上，幕僚的建言與所給的選項可能產生危險的分歧。

**慢著**，在這個場景中的國防部長開了口，接著建議總統先去與他在俄羅斯及中國的對口官員交換意見。

---

* situational awareness，一種起源於美國空軍的思維模式，後來也獲得航空與消防等高風險領域採行作爲危機應對之用，並發展出各式各樣的細節內涵，簡單講就是：清楚意識到周遭發生的變化。

國防部長：**我們必須多蒐集些資訊，總統先生。**

蒐集資訊可以降低人類犯下災難性錯誤的機率。

總統的國安顧問仍聚精會神在忙著。北韓的電話一直打不通。現在，他想用電話聯繫上的對象轉爲莫斯科。

透過內布拉斯加掩體中的衛星通訊，美國戰略司令部指揮官不同意國防部長的意見。

**敵人正在用核武攻擊我們的本土，長官**，他說。還特別強調了核武二個字。

總統徵詢起傷亡援助官*的意見。

**我們可以預見數十萬人的傷亡，光華府的部分**，傷亡援助官說。

聯席會議主席糾正了援助官說出的數字：**傷亡不會少於一百萬，總統先生。我是說長官。**

美國戰略司令部指揮官：**預警即發射的做法，足以讓我們改變敵方的決策演算，長官。**

**我們應該以斬首為目標展開報復**，主席說——他這會兒的態度就是俗話說的「逼宮」，[199] 即由陸空暨海軍將領們對總統施壓，要他在美國仍處於被攻擊的疑雲中時，就啟用核武。

但國防部長把立場踩得很緊：不，**總統先生。我們非等不可。**

國防部長進一步闡釋了自己的發言，爲此，他說出了所有人都在擔心，但都不敢說出口的事。

國防部長：現在發射核武，幾乎保證了戰事將一發不可收拾。

## ■十二分鐘

**內布拉斯加州，美國戰略司令部總部**

在奧弗特空軍基地底下的掩體內，[200]站立著美國戰略司令部的指揮官，而他在視訊中所面對的是美國總統與其副官。

是時候就核武的選擇進行討論並拍板了。

總統副官在白宮掩體中打開了足球，同時間，在美國戰略司令部的掩體內，即所謂的「戰鬥甲板」中，也進行著類似的動作。在戰鬥甲板這個核子作戰中心內的一個黑色保險箱

* casualty officer，軍中負責對傷亡官兵暨家屬提供慰問和援助的官員。

裡，放著一本跟總統那本一模一樣[201]的核子「決定手冊」，也就是所謂的「黑皮書」。

「總統那顆足球內的（黑皮書）跟我們這裡的黑皮書，分別是正、複本，」美國戰略司令部的前戰場監控指揮官卡洛琳．博德上校[202]（Carolyn Bird）這麼對CNN說。她補充說這兩本書「有同樣的編排方式與同樣的內容，這是爲了讓雙方在討論核武選項時，不會有資料上的誤差。」

**核武選項。**

行動的時候到了。

站在美國戰略司令部指揮官身邊的，是核攻擊顧問，[203]其「日常」的職責就是研究黑皮書的內容。克里斯多福．吉蘭（Kristopher Geelan）中校曾一度擔任過這個職務。爲了解釋這份工作的可怕複雜性，吉蘭只能盡量使用語言去觸及它的皮毛。

「我在美國戰略司令部擔任核攻擊顧問的責任，」吉蘭對CBS的新聞雜誌節目《六十分鐘》（*60 Minutes*）表示，「就是要成爲核子決定手冊的專家，並對美國所有核子武力的戰備狀態瞭若指掌。」

「美國所有核子武力」指的是組成核三位一體的海陸空核武。那四百枚洲際彈道飛彈、六十六架核攻擊轟炸機，以及十四艘核攻擊潛艇。

在美國戰略司令部掩體內，站在核攻擊顧問身邊的是天氣官，[204]其職責是針對美國反擊後的核子落塵（可能）會造成多少人死亡對總統提出簡報。這是一份陰森至極的工作。你得掌握數學與會計技巧，然後以此去計算並回報各種因爲準確所以駭人、且數字很大的預估死亡人數。在透過約翰．魯伯輾轉來到我們手上的一九六〇年對莫斯科核攻擊計畫書中，核子落塵造成的死亡人數預估，光是在中國就涵蓋了「其半數的人口」。[205]用今天的數字去算，中國半數的人口是七億起跳。七億多中國民眾將死於俄羅斯遭逢核攻擊後的輻射中毒。

美國戰略司令部指揮官對總統簡報起了他關於預警即發射的選項有哪些，也就是在黑皮書裡被依序呈現爲阿爾法（a）、貝塔（b）與查理（c）的那些。[206]這些選項的誕生是基於美國戰略司令部對萬一嚇阻失效時，他們會「給出果斷回應」[207]的承諾。按照飛彈發射官[208]布魯斯．布萊爾（已於二〇二〇年過世）所言，位於北韓的目標大約有八十個，分別屬於「北韓之核戰維繫產業」與「北韓領導層」在內的各種類別。

總統雙眼凝視著黑皮書。

美國戰略司令部指揮官瞅著紅色衝擊時鐘，核爆的引信正一秒秒在縮短。

美國戰略司令部指揮官：**總統先生，我們在等您的命令。**

參謀長聯席會議主席：**我建議的核攻擊選項是查理。**

國安顧問：**怎麼會有人該死地蠢到發動核戰？**

美國戰略司令部指揮官一心想讓藍色衝擊時鐘啟動倒數：**重點在軍事目標，長官。**

國防部長爲了跟在莫斯科的對口（也就是俄羅斯國防部長）通上電話，急得像熱鍋上的螞蟻。

**我們只有瘋了，才會不跟莫斯科打聲招呼就發射核武**，國防部長警告。

美國戰略司令部指揮官：**總統先生，長官！**

國防部長：**別衝動，再等一下**。又補了一句：**誰去打電話給中國？**

聯席會議主席：**我們就等您一聲令下，長官**。

國安顧問：**北韓圍著平壤有一圈核子設施，而平壤是將近三百萬平民的家**。

總統閱讀著黑皮書，思索著他的選項。他考慮的重點正是查理，一如參謀長聯席會議主席所建議。

聯席會議主席闡明了北韓的多個軍事目標：[209] 平壤、龍辰、永寶里、上岸里、通昌里、新里、舞水端里、平山、新浦、博川、順川與豐溪里。

國安顧問的副手接通了與中國的電話。

**北韓的通昌里飛彈發射複合基地不到四十英里外就是中國的邊境城市丹東，人口兩百二十萬人**，某人說。

美國戰略司令部對總統說：**請部署六架轟炸機到朝鮮半島上空，並號令全球各地的潛艦就定位**。

核子天氣官對國防部長說：查理選項的落塵死亡估計是四十萬到四百萬中國民眾。

國防部長說：**莫斯科還是沒接通**。

國安顧問：**豐溪里大約兩百英里外有俄羅斯的符拉迪沃斯托克**，*人口六十萬。符拉迪沃斯托克是俄羅斯太平洋艦隊的母港，幾十艘水面艦艇都駐紮在那兒。[210]

紅色衝擊時鐘顯示只剩下二十一分鐘，核彈就將摧毀華盛頓特區。

**我們聯繫不上克里姆林宮**，國防部長說——對方還在讓我們等。這並不是不可能。二〇二二年十一月，有枚俄羅斯飛彈被誤傳擊中了位在波蘭的北約領土，當時的參謀長聯席會議主席馬克・麥利將軍（Mark Milley）就超過二十四小時聯繫不上其俄羅斯的對口。「我的幕僚始終無法[211]讓我與格拉西莫夫將軍（Valery Gerasimov；俄國參謀總長）通上話，」麥利在事件一天半後的記者會上坦承。

國家軍事指揮中心裡，處於各個角落的一名名副官，都在瘋狂地撥打著[212]美俄去衝突專線的號碼。這支電話顧名思義，就是一個設立來避免兩大核武超級強權出現軍事誤解的溝通用連結。

* Vladivostok；即海參崴。

國安顧問手上握著電話：**中國說用有毒的輻射殺害中國公民是戰爭行為。**

通訊中的所有人都在搶話說。

某人長長地發出了一聲：**噓**——。

美國印太司令部的指揮官第一次開了口：**我們有兩萬八千五百名官兵在南韓，長官。**在美軍中服役的男女正暴露於風險中，而且威脅到他們的不只是美國核反擊平壤會造成的致命輻射風險，還有北韓可能進行的「反」反擊的風險。

所有人的目光都聚集在了總統身上。

美國戰略司令部的指揮官在等待著命令，而那代表著他麾下十五萬名士兵都在等待總統的決斷。只要總統沒從黑皮書中做出核攻擊的選擇，就沒有人可以、也沒有人會採取行動。

**我們在等，長官，**美國戰略司令部的指揮官重複了一遍。

總統猶豫著。

他在黑皮書裡翻過了一頁，雙眼像飛鏢一樣在數字間、字母間、字句間射來射去。**讓轟炸機升空，**他一邊閱讀一邊開了口。美國的核武轟炸機是核三位一體中，唯一可以懸崖勒馬的發射平台。

聯席會議主席與國防部長異口同聲：**派出轟炸機，馬上。**緊急起飛的警報聲響起。但所有人都敏銳地意識到這當中牽涉到的時機問題，美軍轟炸機平日並不會搭載核武器，裝彈需要時間。

總統：**我們怎麼能確定這不是某種電子模擬？**

美國戰略司令部指揮官：多個預警系統都證實了北韓的飛彈發射。

總統：**這會不會是想騙我誤射核武的幌子。**

威廉・佩里在一九七九年親身見過VHS模擬錄影帶事件，難道在二十一世紀被復刻重演。

聯席會議主席：**我們非常確定這個真實性，**長官。

美國戰略司令部指揮官：**我們需要讓藍色衝擊時鐘開始倒數。**

聯席會議主席：馬上。

每一雙眼睛都在盯著洲際彈道飛彈的化身飛越螢幕上的北極。

**我們確定那飛彈裡面有核彈頭嗎？**總統問起。

很合理的問題。來自國防部長的答案是：**我們不知道。**

總統：**什麼？**

美國戰略司令部指揮官：**在洲際彈道飛彈爆炸之前，我們無從確認其彈頭裡裝的是什麼。**

總統：**要是裡面沒有核彈頭怎麼辦？**

你能想像因爲一場烏龍而發動核戰嗎？

聯席會議主席：既然敢對美國發射洲際彈道飛彈，那就代表對方已經有被反擊的覺悟。

總統：但萬一……？

美國戰略司令部指揮官：就算不是核彈頭，也會是化學武器或生物武器。

總統：所以，我們不知道實情？

國防部長：不知道。

美國戰略司令部指揮官：長官，您的黃金代碼。

聯席會議主席：長官，現在。

總統把手伸進皮夾，取出了他依規定必須隨身攜帶的護貝核發射代碼卡，在國家安全領域裡，那被稱爲「餅乾」（The Biscuit）。手裡握著皮夾的他抽出了卡片。當他正在這麼做時，總統緊急行動中心的地窖門飛也似地開啟。

十名手握SR-16瓦斯驅動氣冷卡賓槍與AR-15攻擊步槍的人員，衝進了室內。

他們衝向了總統，從腋下架住他，他的雙腳隨卽騰空。

## 十二分鐘又三十秒

### 關島，安德森空軍基地

與華府相隔八千英里，在密克羅尼西亞的美國屬地關島上，有座安德森空軍基地，那兒，此刻有兩架B-2匿蹤轟炸機正準備滑出機棚，進入跑道。這回可不是試飛。

B-2是一款造價二十億美元，全長一百七十二英尺的飛翼布局轟炸機，其武器艙可攜帶至多十六枚核彈。以六百二十八英里的時速來說，B-2可以免加油飛行六千英里。以密蘇里州懷特曼空軍基地（Whiteman Air Force Base）爲駐地的機隊有二十架B-2，此外，有個別的B-2被部署到世界各地的其他基地，包括冰島、[213]北大西洋

圖二十六　B-2核武轟炸機（美國空軍士官長羅斯・斯卡夫〔Russ Scalf〕提供）

的亞速群島與印度洋的迪亞哥賈西亞島，都看得到B-2轟炸機的身影。從關島起飛，B-2需要大概三小時才能進入對平壤的攻擊距離內。

在核戰裡，三個小時可以發生太多事情。

B-2使用匿蹤技術在雷達上隱身，藉此突破敵人的空防。它是美國唯一一款可以做到這一點的長程核武飛行器。每架B-2上都有兩名組員，一名是坐在左邊的飛行員，另一名則是右手邊的指揮官。B-2攜帶的是B61十二型熱核重力炸彈，又名核子掩體殺手（bunker buster），因爲它具備透地組件，特別適合用來摧毀在地底深處的目標。

像是眼前被懷疑藏匿於某掩體的北韓最高領導人。

「B61十二型核彈最大的優勢就在於，它集重力炸彈應對所有瞄準目標情況的能力於一身，」核武專家漢斯·克里斯滕森表示。[214]「不論是極低當量、低落塵的『清潔』戰術使用，還是對地下目標進行更骯髒的攻擊，都難不倒B61十二型核彈。」

B-2匿蹤轟炸機是史上造價最昂貴，卻也是本領最大的軍機。然而五角大廈裡的將軍們心裡有數卻不說破的事是，裝彈需要時間。若再加上必要的飛行時間，在這種情況下，當B-2轟炸機接近平壤時，在引爆之前，[215]一場全面核子戰爭早就已經開打了。

那同時意謂著，屆時當這些身價二十億美元的匿蹤飛機需要加油時，將無處可加油，也沒有地方可著陸。

## ■十三分鐘

### 維吉尼亞州，氣象山

聯邦應急管理署署長原本搭著公務車，行進在二六七號高速公路上，正欲前往華府的杜勒斯國際機場搭機，就在此時，他的司機接到了國土安全部的通知，要他把車靠邊停，等待聯邦應急管理署的一支搜救隊前去接應。該搜救隊距離署長的所在地只有幾分鐘的車程，他們將在路邊直接將他接走。

白宮正在啟動「那個計畫」。[216]

身爲聯邦應急管理署的署長，他會按協定被直升機載送到氣象山緊急作戰中心（Mount Weather Emergency Operations Center）。於冷戰初期首次實施的核子危機協定中，公路接送只不過是當中的一項內容。在一九五〇年代，艾森豪總統創建美國的高速公路系統時，就考慮到了這種雙重用途。他打造美國最初的「國家州際暨國防公路系統」（National System of Interstate and Defense Highways）時，是以「德國一流的高速公路系統」[217]爲藍本，他在總統回憶錄裡寫道。美國的高速公路不僅能配合核戰時的大規模城市疏散，同時其寬廣而平坦的州際公路車道還可以用來作爲轟炸機起降的跑道，再者就是其中央分隔島或路沿的草地，也都可以讓直升機降落。二十世紀中期，美國的許多交通運輸系統都是採這種設計。

聯邦應急管理署是受命爲核戰做好準備的政府實體，其經手的「特殊存取計畫」（special access programs; SAPs）屬於高度機密，並且隱藏或掩蓋了一個眞相。這個眞相就是，沒有任何聯邦機構的宗旨是在幫助美國公民在核戰中生存。聯邦應急管理署的工作重心是如何在眞的遇到核攻擊時，拯救特定的政府官員。這是聯邦應急管理署根據機密資訊所制定的機密計畫的一部分，該計畫稱爲「運作存續計畫」[218]（Continuity of Operations Plan），縮寫爲COOP。

也就是政府所說的「那個計畫」。

這很容易讓人誤以爲是「政府存續計畫」（Continuity of Government），聯邦應急管理署的前署長克雷格・傅蓋特澄清說。[219]「政府存續計畫是政府存續計畫，運作存續計畫是運作存續計畫，」傅蓋特解釋。「政府存續計畫是代理總統與政府首長們依據憲法所進行的承接。運作存續計畫是由各政府機關確定『必要的功能』清單，並能夠在非常糟的那一天設法重組（重建）這些『必要的功能』。」至於爲什麼要稱作「非常糟的那一天」，傅蓋特說，「這是核戰的委婉說法。」

「那個計畫」一旦啟動，聯邦應急管理署的職責就可以總結成一個很基本、也很毛骨悚然的概念。

「你能讓政府保持足夠的完整嗎？」[220]傅蓋特反問道。「運作存續計畫是圍繞各種發生機率低、一旦發生後果高的事件而建立的，」他對我們表示。「它也是圍繞著一個無論局面有多糟糕，包括核戰全面爆發，政府也要設法以一種合法的方式繼續運作下去的想法。我們（在聯邦應急管理署）鎖定的目標就是這樣。」

獨立於運作存續計畫之外的，還有一個名為「人口保全計畫」（Population Protection Planning）。這牽涉到聯邦應急管理署要先組織一支「第一反應者」的力量，在颶風、洪水或地震等緊急危機後提供美國公民援助。但核戰是聯邦應急管理署所稱的「青天霹靂」式攻擊。「如果遇到青天霹靂式的攻擊，」傅蓋特說，「人口保全計畫就會是完全不同的事，遇到青天霹靂攻擊，人口保全計畫會形同虛設，因為人類都將死盡。」

在這種場景下，聯邦應急管理署首長的司機會按指示把車靠邊停，等待搜救隊來接應。聯邦應急管理署搜救隊的直升機降落在了草坪上。聯邦應急管理署署長上了飛機並隨之起飛，他的座駕就在路邊怠速。民眾側目了一會兒，但也就只有一會兒，畢竟政府交通工具出現在華府或其周遭，他們也多少習慣了。有人拍下照片，發布到社群媒體，隨即回到了自己的生活日常。在路人短暫的引頸張望後，交通回歸正常。

此刻在飛往氣象山的途中，聯邦應急管理署署長加入了衛星通訊。非比尋常的挑戰正等在前方，這點他很清楚。遇上核子攻擊，「從我們偵測到某種（涉及核武的）異狀開始，」傅蓋特表示，「所有的事情都會與倒數有關。以時間框架而言……在核子攻擊中……我會抓大概十五分鐘，」傅蓋特說。所以問題就變成「你的手腳能有多迅速？你能多快讓系統運轉起來？要知道在事情瞬息萬變的時候，人一不小心就會謬判情勢而犯下錯誤。」

在當下的場景中，一個如傅蓋特熟知內情的聯邦應急管理署署長，已經大概能猜到這就是世界末日。

從這一刻起，聯邦應急管理署署長的工作重心變成了「那個計畫」，其他的一切都可以忽略。「你必須接受一項事實就是在核攻擊發生後，你只能眼睜睜看著（大部分）人死去，」傅蓋特如此警告。他說，要是有人在他這個職位卻仍糾結於青天霹靂核攻擊即將發生的現實上，「那你會如癱瘓般動彈不得，」他有感而發。「那幾乎就像是你必須把自己跟可怕的人道災難劃清界線。幹我們這一行，就是要處理發生機率低、一旦發生後果高的事件。我是說，我們的存在，是爲了小行星撞地球這類事件做事前規劃。」

聯邦應急管理署署長爲最壞的狀況做好了心理準備。而排除眞的有小行星撞地球，人類最大的災難莫過於核攻擊。

傅蓋特分析了起來，「在攻擊發生後，你第一個要問的問題是，還剩下什麼跟還剩下誰？」然後你必須全神貫注去思考的就是：「你怎麼讓它們與他們活下去？」

從這裡開始，局面會開始快速惡化。在核攻擊過後的幾小時或幾天之內，「一切眞的會變得只爲了生存，」傅蓋特如此預料。「那不會是爲了回復正常生活。這與傳統的反應無關。這是關於：我們（聯邦應急管理署）可以做些什麼讓大多數人在初始攻擊中倖存下來？」而老實說，他表示，「聯邦政府頂多只能告訴民眾……那些還有辦法收聽廣播的民眾……他們該做些什麼事來**自救**。」

那些事像是：「儲水、多補充電解質、待在室內、不要忘記你的道德感。」

然後**自求多福**。

## 十四分鐘

**華盛頓特區，白宮**

方才全副武裝進入總統緊急行動中心的那些人是CAT，也就是隸屬美國特勤局的準軍事單位「反襲擊隊」（Counter Assault Team）。把他們召來這裡的是統理總統隨扈人員的特別幹員，英文名稱是Special Agent in Charge，簡稱SAC，正因此，這位幹員有個俗稱叫「袋子」（the sack）。身爲總統的「袋子」，除了掌管隨扈，他還可以調動由三個人組成的緊急CAT小組，名爲「元素」（Element）。元素小組之所以現身行動中心，是爲了將總統移往華府外的安全處所。

反襲擊隊的元素小組比平日晚現身，因爲袋子指示他們先繞去白宮的總部辦公室，把那裡所有的降落傘都帶來行動中心。特勤局口中的夜鷹一號（Nighthawk One），也就是海軍陸戰隊一號（Marine One，陸戰隊的美國總統專用直升機）上，並沒有配備降落傘，而袋子幹員的工作，就是要洞燭機先。

反襲擊隊元素小組到達時，SAC正在電話上呼叫「膝蓋骨」（KNEECAP），請他們更新狀態，「膝蓋骨」是特勤隊的代號，指的是搭載「波特斯」（POTUS）的末日飛機，而POTUS是縮寫，全文是President of the United States，也就是美國總統。

元素小組箭步奔向總統。一身黑衣、頭盔、夜視鏡，彈藥與安全通訊一應俱全，反襲擊隊員們攫住總統的雙臂，硬是拉著他起身。他們不是來這兒參與討論或辯論，他們是來這兒移送波特斯的。

十九分鐘內，核武就會擊中華府。總統必須搭上直升機，在四分鐘內撤離白宮園區，否則，夜鷹一號就會陷入核彈引爆時，距離地面零點過近的危險。各式死亡威脅逼近，包括被衝擊波從空中擊落，以及被隨之而來時速達數百英里的強風從空中吹落。然而，最令袋子幹員憂心忡忡的是ＥＭＰ，即核電磁脈衝可能造成的災難性效應。這種快速的三相脈衝電流爆發時，足以摧毀陸戰隊一號的電子系統，導致直升機墜毀。

反襲擊隊元素小組帶來的降落傘，是爲了在必要時可以帶著波特斯一起跳傘，以防直升機駕駛無法在紅色衝擊時鐘歸零前，帶他們離開危險區。

袋子：**請到南邊草坪。我們現在要移動你，長官！**

透過視訊，美國戰略司令部指揮官挑戰起這項遷移行動。

美國戰略司令部指揮官：**我們需要先取得發射命令，總統先生。**

聯席會議主席附議：**我建議查理選項，長官。戰略司令部需要黃金代碼。**

袋子：**我們現在要移動波特斯。**

美國戰略司令部指揮官：**我們需要先取得波特斯的發射命令。**

聯席會議主席：**請下令發出ＥＡＭ，長官。**

ＥＡＭ代表Emergency Action Messages，意思是「緊急行動訊息」，也就是以代碼寫成，可以發到世界各地給戰場指揮官的發射命令。

國安顧問：**我們如果不想發動第三次世界大戰，唯一的辦法就是等等看我們會不會真的被擊中。**

聯席會議主席表達了異議：**您有責任發動攻擊，長官。**

國防部長對袋子幹員說：**把波特斯帶走。帶他去R地點。**

**我們要移動波特斯了**，負責白宮隨扈任務的袋子幹員說。

總統副官合上了足球。他鎖上了提包並開始移動，期間，他始終與總統保持著一隻手臂的距離，如同他所受的訓練。

## ■十五分鐘

### 五角大廈，國家軍事指揮中心

在五角大廈的國家軍事指揮中心裡，國防部長高度專注在一個排序僅次於發射核武的事情上，那就是政府存續計畫。作爲軍事指揮鏈中唯二的文人官員之一，國防部長非常關注[221]在美國遭受核攻擊之後，保持聯邦政府的運作這件事。

核彈一旦擊中華府，整個美國將陷入混亂。這時，要是沒有一個能運作的政府，法治就會蕩然無存。民主將被篡奪或被無政府狀態所取代。道德建設將會消失。謀殺、混亂和瘋狂的行爲會變得無所不在。用前蘇聯領導人尼基塔．赫魯雪夫（Nikita Khrushchev）的話說就是，「活下來的會覺得生不如死。」[222]

政府的存續如果實施得宜，總統與他的幕僚便得以進入備用的指揮所，並從那裡指揮美軍打一場全面性的核子戰爭，而這個備用指揮所，就會像是美國國防部設在華府以外的備用國家軍事指揮中心（Alternate National Military Command Center），俗稱黑鴉岩山複合基地（Raven Rock Mountain Complex），或云「R地點」（R Site）。[223]這個地下指揮中心位於白宮西北方七十英里處，鄰近賓夕法尼亞州的藍脊峰（Blue Ridge Summit）。這裡被認爲是緊鄰白宮最安全的[224]地下掩體。

現在，隨著安全逃脫時鐘的倒數只剩下幾分鐘，國防部長也考慮起了要疏散到R地點。他轉身看向他的副幕僚長。**直升機坪上有魚鷹旋翼機嗎**？他問。

## ■十六分鐘

**內布拉斯加州，美國戰略司令部，戰鬥甲板**

美國戰略司令部指揮官正處於憤怒中。他透過衛星通訊緊盯著白宮總統緊急行動中心，他看見了一衆顧問與副官，以及一干正副官員，就是沒看到波特斯——美國總統——的身影。美國總統怎麼可以在一級戰備狀態下，讓戰略司令部的指揮官找不到人？特勤局這種行爲簡直是膽大包天。

**我需要波特斯！**戰略司令部指揮官對著視訊螢幕怒吼。

沒有總統親授的發射代碼，戰略司令部指揮官就無計可施。他只能等。

就在人們以爲事態不會變得更糟之際，美國國家偵察局位於科羅拉多的航太資料中心傳來了新的訊息。

SBIRS的感測器偵測到一枚潛射彈道飛彈推進火箭的熱廢氣。這第二枚攻擊飛彈突破了大洋表面，[225]位置大概在加州外海三百五十英里處。唯一能夠比從美國對面發射的洲際彈道飛彈更快接近並順利擊中目標——就這個例子來說就是美國本土——的核子飛彈，就是由水下潛艦發射的彈道飛彈。SLBM，令人聞風喪膽的潛射彈道飛彈。

**喔，我的天啊**，掩體裡有人冒出這麼一句。

## ■十七分鐘

### 加州，比爾空軍基地

十七分鐘前，一枚可攜帶核彈頭的洲際彈道飛彈在北韓平壤塵土飛揚的空地上起飛，直撲美國東岸而來。現在，在高地（球）軌道上的一枚預警衛星追蹤到了第二枚彈道飛彈，它正處於推進階段，並朝著美國西岸的加州而去。

沒有太多資料可以判斷這第二枚飛彈的主人是誰，或者該說發射這枚飛彈的潛艦主人是誰——至少現在還沒有辦法卽時判斷出來。但是所有人怎麼想都是北韓。衛星無法看到海底。潛艦有海洋作爲掩護，必要時才會浮起到接近海面處發射飛彈，隨後又消失無蹤。

在加州尤巴市（Yuba City）外的比爾空軍基地，分析師們測得、追蹤並確認了這第二個事件是一枚以超高音速在疾行的彈道飛彈。

分別處於科羅拉多州、內布拉斯加州與華盛頓特區的陸空與海軍將領們，已經失去了表情管理。他們中的許多人都在心裡想著，甚至大聲說出同樣令人震驚的事實。

**一枚飛彈有可能是誤會，但兩枚就無從辯解了。**

嚇阻真的失敗了。

**核戰開打了。就是現在。**

他們大多數人都心裡有數，**這就是世界末日的起點。**

一枚攻擊飛彈的來襲可以是一場可怕的意外，一個破格的異常事件。但兩枚攻擊飛彈，且分別來自兩個不同的發射地點，就已經把事件提升到了協同核攻擊的門檻邊緣了。

對此，美國只能有一種反應。以斬首爲目標，對發動先制核攻擊的敵國進行反擊。把北韓變成現代版迦太基的時候到了。在他們的土地上撒鹽的時候到了。*

戰略司令部指揮官再次在通訊上問：**波特斯在哪裡？！**

聯席會議主席：**我們需要代碼！**

但是總統還在緊急行動中心外的樓梯間持續移動中。

在太空中，先進的極高頻通訊衛星群正按設計在運行著，但總統的黑皮書仍安放在足球內，在總統副官的手中晃來晃去。

## ■ 十七分鐘又三十秒

**華盛頓特區，白宮**

總統跑上一組階梯。在他身後，通往總統緊急行動中心的地窖門[226]關上並鎖住。總統的一些顧問被留在了行動中心。關於這種情況，這些幕僚都已經讀過簡報，[227]並平靜地接受了正在發生的一切。如同卡特總統與雷根總統據說曾下過的決定那樣，這些幕僚將隨著大船一起沉入海底。

反襲擊隊的元素小組成員領著總統走下又一處廊道，穿過了兩組防爆門。

接著他們又往上穿過一個樓梯間，之後又是一個。

接著是一條走廊。最後他們穿過了另一組門。

---

＊羅馬帝國在第三次布匿戰爭尾聲攻破迦太基後（布匿是迦太基的別名），曾撒鹽在其土地上，用意是詛咒其再不能起。

他們來到了白宮外頭。這兒空氣新鮮，傑克森木蘭樹上冒著嫩芽，*直升機轉動的旋翼在低鳴。海軍陸戰隊一號已準備好起飛。反襲擊隊隊員跟著小跑步的總統，一起穿過了白宮的南草坪。只不過那兒並非綠草如茵，只有溼冷的土地。

## ■ 十八分鐘

**五角大廈，國家軍事指揮中心**

在五角大廈底下的國家軍事指揮中心裡，國防部長決定了他應該怎麼做。一枚洲際彈道飛彈正朝著美國直奔，即將使得華盛頓特區變得寸草不生。

朝美國西岸而去的第二枚彈道飛彈將在幾分鐘後被引爆於加州或內華達州的某處。國防部長知道要是留在原地，他將沒命。即便堅固的牆壁與天花板可以讓他撐過初始的爆炸，變成熔爐的國家軍事指揮中心也會將他活活燒死。

坐過這個位子的威廉．佩里跟我們分享了一名國防部長在這種狀況下，可能會考慮些什麼事。畢竟，在這個時間點上，國防部長還有時間為了自救而離開。

「以這個例子而言，如果是（核）彈落在華府，那內閣就有可能會被斬首[228]而某個臨時政府（就會）被推上台，」佩里說。「核攻擊的一個立即性後果就是民主政治會徹底消失，軍事統治會取而代之。」佩里認為，軍事統治一旦被施加在今日的美國身上，「想要再令其把政權交出幾乎是癡人說夢」。

內閣是總統最主要的幕僚機構。其組成自副總統以下包括十五個行政部門的首長，再加上白宮幕僚長、美國駐聯合國大使、國家情報總監等若干官員，而他們幾乎所有人都在華府擁有辦公室。時間是下午三點二十一分。聯邦雇員一個個都還在努力工作，這意謂著再過幾分鐘，總統全數的主要幕僚都會喪命。

鑒於總統的許多內閣成員也都在美國總統的繼任順位上（萬一總統有閃失，權力該由誰繼承的排序），國防部長此時最應該做的事就是立刻離開五角大廈。按威廉·佩里所言，國防部長的當務之急是移動到黑鴉岩——而且要快。

「我會與參謀長聯席會議主席討論一下，」他說。

---

* 美國第七任總統安德魯·傑克森（Andrew Jackson）在一八二八年當選美國總統，但他入主白宮後沒多久，愛妻便亡故，於是傑克森便在白宮的南草坪重下了一棵妻子生前最愛的木蘭樹。該樹因為染病，已經在二〇一七年經評估後砍伐，惟白宮留下未染病的健康樹苗並種回了原址。該樹所在的地點，也正是海軍陸戰隊一號直升機起降的位置。

主席會說：**我們其中一個需要留下來，另外一個得走。**

「客觀地說，我最明智的做法應該是要試著自救，」佩里解釋，「因爲我最終可能會成爲這個國家的領袖。」在美國總統的繼任順位上，國防部長排名第六。這個順序的前十二名分別是：

1. 副總統
2. 衆議院議長
3. 參議院署理議長
4. 國務卿
5. 財政部長
6. 國防部長
7. 司法部長
8. 內政部長
9. 農業部長
10. 商務部長
11. 勞工部長

## 12. 衛生及公共服務部長

「不論是對我或對參謀長聯席會議主席而言，聰明之舉[229]都會是離開，」佩里澄清說。「搭上直升機，離開指揮中心。」

如果核彈擊中華府，那總統繼任順位中的前五名——在此場景中全都身在華府——將幾乎確定會全數罹難。參謀長聯席會議主席將九成九會留在五角大廈內。「我身爲國防部長的立場，」[230]佩里接著說，「是我與聯席會議副主席……應該處於某個安全的指揮所內，」而不是在五角大廈中。

我們應該要在某個安全的處所，像是R地點。

國防部長的副幕僚長透過通訊，正與五角大廈的陸軍直升機場（Army Heliport）進行通話，那兒是一個五角形的直升機停機坪，位在五角大廈的北側。爲了抵達該處，國防部長必須全力衝刺，彷彿他還是青少年時那樣有爆發力。

**到停車場等我們**，副幕僚長告知陸軍直升機場的指揮處，此舉可以爲國防部長省下寶貴的時間。

**快走**，聯席會議主席對國防部長說。**你也是**，主席吩咐起副主席。

針對五角大廈的核子斬首攻擊將顛覆美國的國家指揮權[231]（National Command Authority）

——即總統行使權力和進行作戰指揮與控制的方式。聯席會議主席深知這一點，爲此，他做了前述迪克．錢尼做過的事。在足球重新開啟、總統恢復通訊之前，他將凌駕在各種協定之上[232]並負責戰略決策。

參謀長聯席會議主席告訴美國戰略司令部指揮官說：總統可能會想用潛艦部隊來進行核反擊。

潛艦在核三位一體中，是生存能力最強的一支，理由是當電子通訊系統在短時間內失靈後，核潛艇仍可以利用在冷戰時期完成開發、演練與精熟的超低頻與低頻無線電波技術，接收美國戰略司令部發來的發射命令。這些水面下的無線電系統不同於其他在大氣層中運作的系統，主要是後者很容易遭到電磁脈衝的摧毀，而水面下的無線電不會。這是第一個理由。潛艦生存能力強的第二個理由是，它們不容易被敵軍定位。

**圖二十七**　魚鷹旋翼機飛離五角大廈（美國海軍陸戰隊，準下士布萊恩．R．多姆薩爾斯基〔Brian R. Domzalski〕攝）

「在太空中找個葡萄柚大小的物體都比在海裡找到潛艦容易，」[233]曾任美國（核）潛艦部隊指揮官的前海軍中將邁可・J・康納告訴我們。反過來說，「任何東西只要固定不動，都會成爲被摧毀的目標。」

按照預警卽發射政策之規定，斬首北韓領導班子是當務之急，唯有如此，才能阻止北韓繼續對美發射飛彈。美國潛艦部隊是將飛彈射向這些目標的最快途徑。爲了準備好回應總統應該會有的需求，俄亥俄級核潛艦內布拉斯加號（USS Nebraska）攜帶著核武器，在海中就定位：遠離美國沿岸，來到了天寧島以北的廣袤太平洋中。國防部長與參謀長聯席會議副主席競相離開五角大廈。

核戰卽將爆發。

## 歷史小教室（六）

### ■戰略核潛艦

作為一種武器系統，載有核武的核動力潛艦是許多人的夢魘。若論對人類文明存續的威脅性，其危險不下於朝地球飛來的小行星。這些潛艦有很多別名：轟擊者、死亡之船、惡夢機器、末日女傭。神龍見首不見尾的它們可以自由來去，而且渾身都是致命武器。美軍共計十四艘的俄亥俄級核潛艇，每艘都可以在一分半鐘內把高達八十枚核彈頭[234]從船體內清空，然後消失無蹤。

俄羅斯也保持著規模大致相當的潛艦艦隊。

這些讓人又敬又畏的潛艦是工程上的傑作。其自持的生態系統可以自行創造出電力、氧氣與飲用水，且幾乎可以無限期地潛伏在水面下，或是直到船員的糧食耗盡。因為有本事不被偵察衛星看到，所以潛艦可以在海中肆無忌憚地游移。就靠著這一手被偵測性為零的絕技，它們可以免疫於第一波攻擊，除非是被迫浮出水面或回到母港，否則潛艦完全（或幾乎）不會受到攻擊。

長達兩個足球場大小，每一艘俄亥俄州級潛艦都有能力發射二十枚[235]縮寫為ＳＬＢＭ、令人聞風喪膽的潛射彈道飛彈。長四十四英尺、直徑八十三英寸，且發射時重達十三萬磅的每一枚潛射彈道飛彈，其鼻錐罩中皆裝載有多枚核彈頭。[236]

任一艘這類潛艦上的火力都差不多可以毀掉一個國家。

核潛艦的攻擊能力與陸基洲際彈道飛彈有著顯著差異。在海面下無法被偵測的能力讓它們可以無聲無息地接近某國的極近海域，發射第一波核攻擊，藉此將發射與衝擊的時間差從大約三十分鐘縮短到幾乎可以忽略不計。潛艦發射核子飛彈的方式很獨特。它們既可以進行跨洲的長程發射，也可以利用低飛軌道完成短程的攻擊。比方說，潛伏在美國西岸外海的俄羅斯潛艦就可以對美國五十個州的目標進行近乎同步[237]的攻擊。這是因為其鼻錐罩中的多顆彈頭可以對數百英里外的個別目標[238]進行獨立的部署。這一點就是預警即發射政策能成立的主要推手，也是美國核三位一體——跟俄羅斯的核三位一體一樣——保持一觸即發警戒的理由。

同時，這也解釋了何以美國總統只有六分鐘的窗口去考慮並決定核反擊的事宜。

「如果華府被俄羅斯潛艦從距我們海岸線一千公里（六百二十一英里）的地方發動攻擊，[239]那麼飛彈的滯空時間從發射到衝擊發生，不會超過七分鐘，」泰德·波斯托爾警告說。「總統會沒有時間逃離，某個『指定繼承人』將必須接下核指揮權。」

時間拉回到一九八二年，波斯托爾以美國海軍作戰部長顧問的身分，奉命前往五角大廈以俄羅斯攻擊潛艦的速度與威力為題，進行一場機密性的簡報。他使用了手寫的投影片。「早期的個人電腦並沒有任何繪圖的能力，」波斯托爾說。

在當時，對五角大廈官員進行簡報的常規做法是由獲得安全許可的專家繳交投影片給國防部底下的製圖局（Office of the Draftsman），由該單位製作出制式的簡報資料。泰德·波斯托爾是這條規則的一個例外。他的意見獲得高度重視，[240]由此，當局一旦需要他的意見，那就是十萬火急。當年，一張被正式列為機密且標題為「近同步發射」的投影片，幾十年後的今天看起來有些孩子氣，畢竟其處理的是末世決戰後果這類主題。

但你可不要小看這張已經幾十歲了的投影片，波斯托爾說，因為「它點出了一艘蘇聯潛艦（可以）以大概五秒的間隔發射完所有的飛彈，前後大概就是八十秒的功夫。」[241]而且每枚飛彈都含有多顆彈頭在鼻錐罩中。「這種從發射到擊中，耗時短到就算美國有自己的攻擊潛艦尾隨該蘇聯潛艦，也來不及在對方清空飛彈前用魚雷擊沉對方。」

波斯托爾的手繪圖凸顯了那時——一如現在——我們對於核攻擊潛艇其實都毫無防禦能力。然而在一九八二年，這張獨特的投影片成功撼動了那些負責發動潛艦戰爭的決策者。「這項事實震驚了海軍作戰部長吉姆．瓦特金斯（Jim Watkins），」波斯

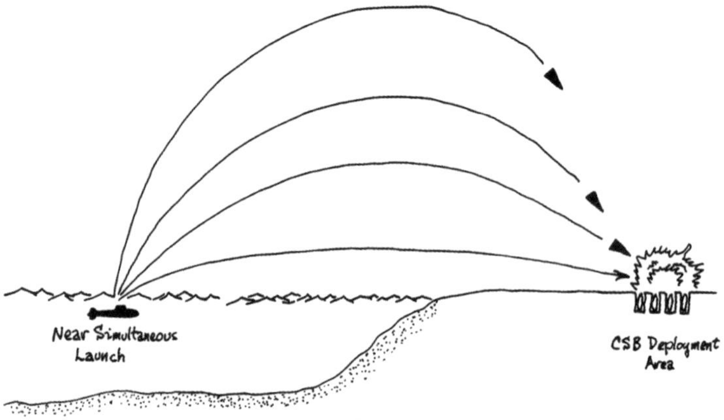

**圖二十八**　希奧多．波斯托爾的五角大廈簡報投影片，一九八二年（希奧多．波斯托爾提供）

托爾記得。「他沒想到這是可以辦得到的。」這很瘋狂，波斯托爾表示，因為「瓦特金斯（自身）就是潛艦部隊出身，所以他肯定參與過他指揮的潛艦跟蹤蘇聯彈道飛彈潛艦的行動。」

潛艦之所以可以勝任末日女傭的任務，關鍵在於其發射核武的速度。用國防分析師賽巴斯琛・羅賓（Sebastien Roblin）的話說就是，「彈道飛彈潛艦保證了核報復手段無人能擋——而這理應要能嚇阻[242]任何腦子正常的敵人，讓他們不敢嘗試發動首波攻擊，甚至完全不敢動用核武。」

只不過歷史歷歷在目，並非所有敵人都是理智的。

「世上就是會有像拿破崙這種人，」熱核彈設計師理查・賈爾文警告說。[243]「這類領導人的心態可以歸結為Après moi, le déluge。」*

**待我歸天，管他洪水滔天**。

討論起核戰的規則，賈爾文與前國防部長佩里皆坦承，只要一個夠虛無的狂人加上核子火藥庫的組合，就足以啟動一場不會有贏家的核戰爭。而在這個場景裡，北韓就有著這樣

* 據傳出自法王路易十五之口，代表一種虛無主義，豁出去了的心態。

的一個領導人，其家族已經成功統治了該國幾十年，期間，他們又是實施了極權風格的戒嚴統治，又是以滴水不漏的監控杜絕民眾的任何一點異議。

在北韓，任何出格的行為——說領導人的不是，在領導人的肖像上留下哪怕一粒灰塵，[244]牛仔褲太貼身——都可以讓你落得被逮捕、刑求、監禁、弄死的下場。電視與廣播上，盡是為國家喉舌的政治宣傳。邊境被關閉到毫無縫隙。普通人對這個隱士王國之外的人都在過著什麼樣的日子，幾乎一無所知。「我以前從沒看過世界地圖，」知名脫北者朴研美[245]在喬．羅根（Joe Rogan）的podcast節目上說。「作為一名亞洲人，我以前根本不知道自己的亞洲人身分。（北韓）政權告訴我，我是金日成的族人。（他們說）金日成降世那天，世間才有了曆法。」

北韓這個國家的大部分地景，都是崎嶇的山地。僅百分之十七的土地可以支撐基本的耕種。作物據說是用人類的糞便施肥。營養不良是家常便飯。[246]出了首都平壤，民眾會去抓蚱蜢等昆蟲來吃。牲畜被認為是國家的財產。私自擁有牛隻是犯法的行為。二〇一七年，一名營養不良的北韓邊境衛兵完成了戲劇化的脫逃，且整個過程都被鏡頭拍了下來。事後，醫生在他腸道裡揪出多條十寸長的寄生蟲。[247]一窮二白的北韓民眾經過政府的剝奪，感覺已經沒有任何比喻上——或實質上——的力量可言。美國太空總署曾釋出過一張朝鮮半島的夜間衛星照片（拍攝者是國際太空站第三十八次遠征任務〔Expedition 38〕的一名組員），結果顯示城市的萬家燈火點亮了半島的南半部，而半島的北半部卻是一片漆黑。在搭配該衛星照的標題中，美國太空總署寫道，「對比隔壁的南韓與中國，北韓幾乎是徹底的黑暗，[248]暗到一眼看過去，你會以為那是把黃海跟日本海連起來的一片水域。」就在北韓民眾捱餓受苦的同時，其一脈相承的領導班子為自己打造了狡兔三窟的坑道跟地堡進行指揮管控，為的是讓自己在核戰的前中後都能繼續掌權，畢竟只要待在地下碉堡內，他們就可以避免自己被美國的核攻擊斬首。

如同若干其他國家，北韓也在冷戰時期從事過核分裂技術的發展。一九九〇年代，北韓開始研製核武。到了一九九四年，美國中央情報局告訴柯林頓總統，北韓可能已經生產出了一或兩枚核彈頭。柯林頓派了他的國防部長威廉·佩里去北韓，希望能說服金正日放棄該計畫來換取經濟利益，但無功而返。二〇〇二年，北韓承認他們長年在發展核武。二〇〇三年，他們的第一座核反應爐開始生產武器級的鈾。二〇〇六年，他們進行了核彈試爆。二〇〇九年，他們在第二次試爆中取得了成功。到了二〇一六年，北韓擁有了他們自己的熱核彈。二〇一七年，他們打造出一枚「全世界都打得到」[249]的洲際彈道飛彈。

為了與其核武火藥庫相輔相成，北韓養著一支規模大到不尋常的水下艦隊，當中足足有八十艘潛艦。[250]這個數字若是精確無誤，那就代表北韓擁有全球前幾大的潛艦部隊（美國海軍的報告稱北韓有七十一艘潛艦）。北韓的這些潛艦老舊且笨重。「不用說是核動力，根本差遠了，」波斯托爾說。但至少其中一艘可能載有一枚潛射彈道飛彈。我們會知道這點，是因為在二〇一九年的十月，北韓從某處水下平台[251]進行了一次成功的試射，而那模擬的就是潛艦的飛彈發射。兩年後，北韓朝日本外海的公開海域發射了疑似真正的潛射彈道飛彈。「全世界最強大的武器，」北韓國營的朝鮮中央通訊社如此宣稱。

而一枚潛射彈道飛彈就是一個瘋狂的領導人所需要的。

諸專家對於北韓潛艦能否真的摸到美國的近海發射飛彈，確實意見不一（賈爾文說這不太可能），但泰德．波斯托爾堅稱北韓絕對有這能力。「那樣的行動不會簡單，」他說，「但也絕不是不可能。做過一些分析後，我不會排除這樣的可能性。」

波斯托爾的估算是這樣的。

北韓在這個場景中的柴電潛艦是一款改良過的一九五〇年代羅密歐級[252]攻擊潛艦。「這些柴電潛艦在海洋裡很難被發現，」他承認，「除非是在它們充電的時候。這時候它們就會顯露出弱點。」柴電潛艦的動力來自柴油馬達。柴油馬達會驅動發電機，然後發電機會為電池充電。「潛艦想要隱身時，」波斯托爾談到，「就會以全電（池）模式在水底下運行。此時作為一個電力驅動的系統，潛艦會非常安靜。」最終，電池的電量會見底，充電勢在必行。為此，柴油引擎會需要空氣。為了解釋其運作方式，波斯托爾決定以北韓潛艦官兵的視角發言。[253]

「所以，我的做法會是讓潛艦浮起到接近水面處，然後把一種稱為通氣管的裝置升至海面上。基本上，那就是一根管子——通常在頂端會有一個蓋子用以擋住海浪。我會盡可能讓通氣管超出海面的部分愈短愈好。你不會想讓管子突出來太多。現代雷達系統對於冒出於海面上的通氣管，其視覺還是相當敏銳的。」

這種潛艦必須移動得非常緩慢。「慢到大約只有五節的航速。」這是因為柴電潛艦所消耗的大部分電池動力，都被用在了所謂的「旅館負載」（hotel load）上。「這指的是為人持續供暖與讓風扇持續製氧所需要的電力負載。」波斯托爾推測，在這樣一台原始落後、欠缺先進電池的潛艦上，你大概可以用五節的速度持續潛航約七十二到九十六小時，然後你就得上浮並用通氣管換氣了。」而為了讓我們對加快航速會造成的電力耗損有一個概念，波斯托爾說：「要是以二十五節的航速前進，你的電力撐不過一小時，所以你不得不慢。但身為北韓的潛艦官兵，你就辛苦了。」波斯托爾想像著，也計算著。「所以假設我可以用五節的航速一次潛航一百小時，中間都不浮起來——用通氣管進行充電——那就代表我可以在兩次浮起來之間移動大約五百海里，當中，我只需要小心保持安靜即可。」有難度但不是做不到。「如果我是北韓的潛艦官兵，我會用通氣管換氣兩個小時，然後確保不被人看到，而這一點倒是不難做到，畢竟海洋的面積非常之大。所以假設目標航程是五或六千海里，那所需時間就是兩個月左右。這期間你會需要大量的食物，並做好有去無回的心理準備，但你既然身為北韓子弟，為國捐軀也是剛好而已。」

波斯托爾也研究出了路線。「想對美國構成威脅，你就會試著緊貼阿拉斯加的南岸，」他表示，為此，他還引用了這所牽涉到的水下地理。「你會希望保持在大陸棚之上，那兒屬於淺水區，[254]但還沒有淺到潛艦不能利用。這麼做是因為你要是進入深水區，敵人就有很高的機率找到你，要知道潛艦使用通氣管的聲音若發生在深水區，它可能被偵測到的距離遠達數百英里。」

潛艦的可偵測性並不單純取決於它們「吵不吵」，波斯托爾直指。「真正的關鍵是它們運行在什麼樣的環境中，以及在這個環境裡發生了什麼」——這種概念名為「回波效應」（echo effect），而波斯托爾不僅花了大把時間思考這個概念，而且還把思考結果解釋給了五角大廈的官員聽。「當潛艦位於淺海時，你幾乎是聽不見它的，這點就算你有極先進的聲學系統也無濟於事。」先進的聲納系統如「聲波監聽系統」（Sound Surveillance System; SOSUS）是由美國海軍在冷戰時期開發出來，用以追蹤蘇聯潛艦並制定其反潛戰爭戰略的工具。經年累月，這個系統又百尺竿頭地持續進步。也正是因為如此，美國海軍才得以在二〇二三年六月聽到可能是泰坦號*於水下內爆的聲音。但SOSUS主要是對深海有用，而不是淺海。淺海的潛艦之所以幾乎無法偵測到，牽涉到從洋面與海底反射回來的訊號複雜性——名為「回聲室效應」（echo-chamber effect）。在淺海，波斯托爾說，「回聲太多了。你連個屁都聽不到，也『看』不到。」

在這個場景中，北韓的羅密歐級柴電潛艦橫越了大洋，期間，他們沿阿拉斯加沿岸緊貼大陸棚，接著朝南而去。「然後，突然之間，你發現自己來到了美利堅的外海，讓美國本土進入了短程彈道飛彈的射程之內。」

這就是我們此刻眼前的場景。這就是北韓海軍把彈道飛彈潛艦部署到美國西岸，讓美國本土進入其攻擊範圍內的過程。而此刻，在火星十七型洲際彈道飛彈發射了十八分鐘後，一枚可攜帶核彈頭的潛射短程彈道飛彈已經躍出水面。

這枚飛彈結束了動力推進，進入了中途階段。追蹤資料顯示，該飛彈正朝著加州的中南部而去，那兒估計有著兩千五百萬條生命。

* 泰坦號是一具小型碳纖維潛水艇，隸屬於一家私人公司海洋之門，該公司主要提供海洋深潛的探險活動。二〇二三年六月十八日，泰坦號在加拿大紐芬蘭與拉布拉多省附近的北大西洋失蹤，當時該潛水器正載著五名遊客前往鐵達尼號殘骸。

## ■ 十九分鐘

### 科羅拉多州，航太資料中心

在科羅拉多的航太資料中心，美國國家偵察局、國家安全局與美國太空軍的分析師們一同看著資料。他們都明白，現在有第二枚彈道飛彈朝著美國襲來。這第二枚以六馬赫（即六倍音速或時速四千六百英里）飛在準彈道軌跡上的飛彈，似乎是朝著南加州或內華達州而去。飛彈目前離美國沿岸已不到三百英里。

這是一枚KN-23。作爲北韓的一種短程彈道飛彈，KN-23近似分析師在二〇二一年十月於新浦外海看到，從水面下平台成功發射[255]的那枚。那枚KN-23的意圖[256]按照諸多分析師當時的看法，是要將核武送往南韓的一個目標。而現在，同樣的一枚飛彈正朝著南加州而去，移動速度是六倍音速。

KN-23的彈長約二十五英尺，[257]設計有飛翼。其作戰半徑落在兩百八十與四百三十英里之間，端看酬載多寡而定。KN-23可以在鼻錐罩內攜帶一千一百磅的彈頭。但不論其所攜核彈的當量是多少，KN-23的目標都會遭受百分之百災難性的攻擊。核彈可以攻擊的目標，其實是有限制的。提供這層保護的是日內瓦公約的第十五條規定，日內瓦公約作爲一組條約與協定的合稱，構成了國際人道法的核心，也樹立了武裝衝突的行爲規範。但一如世界即將看見，核戰的世界裡沒有法律可言。嚇阻的預設前提是核戰永遠不應該發生。

航太資料中心向內布拉斯加、科羅拉多與華盛頓特區的軍事指揮中心都發出警示。隨著美國三軍進入一級戰備的狀態下，全美暨全球共計十一個作戰司令部（含美國戰略司令部與美國北方司令部）的全體人員，都準備好了迎接迫在眉睫的核戰爭。這第二枚攻擊飛彈的確認，將提升美國反擊行動中使用的武力程度。

由於第二枚飛彈的遠地點（離地最高點）較低、飛行時間較短，加上有飛翼提供的額外機動性，美國國防部面對的是一場不折不扣的惡夢。KN-23飛彈有能力迴避掉美國傳統的飛彈防禦，且從發射到擊中目標的距離不到四百英里，航速高達六馬赫，這意謂著它的滯空時間不到三分鐘。

## ■ 二十分鐘

### 內布拉斯加州，美國戰略司令部總部

在內布拉斯加州的美國戰略司令部，戰鬥甲板上的執勤人員們收到了科羅拉多州航太資料中心傳來的感測器資料，第二枚飛彈的發射真實性與飛行時間都獲得了確認。就它的羽狀火焰的形狀與飛彈軌道去判斷，這第二枚攻擊彈道飛彈正飛往南加州或內華達州的下半部。可能的具體標的包括：

- 中國湖，加州因約克恩（Inyokern）附近的海軍航空武器站
- 歐文堡，莫哈韋沙漠（Mojave Desert）中的陸軍屯駐地
- 科羅納多海軍基地（Naval Base Coronado），聖地牙哥外的太平洋艦隊母港
- 內利斯空軍基地（Nellis Air Force Base），內華達州南部的空軍設施

衛星通訊上，所有指揮官都在等候總統下令，但總統還在被反襲擊隊隊員疏散到海軍陸戰隊一號直升機的路程中。隨著追蹤資料不斷傳進來，核指揮控制體系的運算系統也得

以對飛彈的目標進行更精確的計算與預判。飛彈此際看似飛向凡德堡太空軍基地，位置大概在聖塔芭芭拉西北五十英里處。唯機器分析從來不是百分之百，同時，這枚飛彈又配備飛翼可以隨時調整軌跡。[258]

幾秒鐘過去了。

事實證明，演算法的估算偏差了大概三十五英里。飛彈的目標實則是凡德堡太空軍基地以北的海岸邊。那是一處民間設施，位於沿海的一處斷崖，不遠處是加州的艾維拉海灘（Avila Beach）。

飛彈鎖定的，是迪阿波羅谷電廠（Diablo Canyon Power Plant）——一座核電廠，內有兩台一千多兆瓦的壓水式反應爐。

**圖二十九**　位於加州中部的迪阿波羅谷電廠（太平洋瓦斯電力公司）

## ■二十一分鐘

### 迪阿波羅谷核電廠
### 加州聖路易斯奧比斯波郡

來襲的短程彈道飛彈直奔迪阿波羅核電廠這個占地七百五十英畝，座落在太平洋海面上方八十五英尺處的設施。

正逢三月底，一個溫暖的日子，當地時間是中午十二點二十四分。眾所周知，電廠南面的大門警衛，[259]一般都在這個時間點去吃午餐，他們經常會在廠外找個曬得到太陽的地方。電廠的圍籬柱上有海鷗在休息。下方的海灘看得見鵜鶘的身影，那些大鳥用巨大的喉袋去捕捉獵物，捉到後，就囫圇吞下一整條魚。此刻接近低潮時分。海藻覆蓋著岩石。截至二〇二四年，迪阿波羅是加州僅存仍在運轉中的核電廠。包含在太陽下吃著午餐的大門警衛，那裡有大約一千兩百名員工與兩百名駐廠的承包商。沒有人預料得到，幾秒鐘後，自己就會被原地焚化。

爲了防禦短程彈道飛彈的攻擊，美國海軍研發出了自身的神盾計畫（Aegis），[260]這是一種安裝在海軍巡洋艦與驅逐艦上的反彈道飛彈系統。不同於有缺陷的攔截器方案，神盾系統的擊落率可以達到百分之八十五。但美國的神盾艦都派遣出去了。它們此刻都在大西洋、太平洋巡弋，乃至於波斯灣——捍衛著美國的北約與印太盟友。換句話說，它們都遠在數千英里外，[261]美國西岸完全不在自家艦載神盾系統的射程半徑內。

五角大廈還有另外一項陸基飛彈防禦計畫，名爲「終端高海拔區域防禦系統」（Terminal High Altitude Area Defense），縮寫爲THAAD，俗稱「薩德」系統——從安裝在平板卡車上的發射器發射反彈道飛彈。但是，如同海軍的神盾飛彈防禦系統，美國現有的薩德系統也全數部署在海外。[262]多年前，在北韓首次試射KN-23飛彈成功後，美國國會就討論過[263]要沿著美國本土西岸設置薩德系統，但截至二〇二四年，這個想法都還是紙上談兵。

在這當下，美國所有的飛彈防禦系統皆處於「遠水救不了近火」的情況中。SBIRS天基紅外線衛星群在其發射後不到一秒內，就偵測到了這枚潛射飛彈噴出的高熱火箭廢氣，而此刻，大約四分鐘過去了。推進與中途階段開始又結束了。鎖定迪阿波羅谷電廠而來的彈頭已經進入了終端階段。[264]

戰爭法裡有一條各國同意遵守的默契是絕不攻擊核電廠。延伸自日內瓦公約第二議定書第十五條的這項條約默契，被國際紅十字會稱爲「第四十二條規定」。[265]

涉及第四十二條規定的實務細節
含有危險力量的工程與設施

**第一節，附加第二議定書**

一九七七年附加第二議定書之第十五條規定：

核子發電站不可成爲攻擊目標；這些目標具有軍事目的時亦同。

然而，歷史已經讓我們看到，喪心病狂的統治者並不會遵守戰爭規範。有句出自希特勒常被引用的話是，「贏了，就不需要解釋。」

用核子飛彈直接攻擊核反應爐是壞到不能再壞的局面。就結果而言，少有核攻擊的實際狀況會比轟炸核反應爐更難收拾。核武器爆炸在空中、海上或陸地上，會因爲當量（爆炸規模）的差異與天候狀況（降雨或是刮風）的不同而製造出程度不一的輻射與落塵。被釋出在大氣層裡的核輻射會隨著時間流逝不斷擴散，最終上升到對流層隨著風勢流動。但以核子飛彈攻擊核反應爐幾乎確定會造成核心熔毀的結果，進而引發足以延續數千年的核子災變。[266]

即將發生在南加州的事件，被能源事務官員稱爲「惡魔劇本」（Devil's Scenario）。這個詞在日本福島第一核電廠於二〇一一年發生核災後，出現在由日本原子力委員會主席近藤駿介等人主導的祕密討論中。[267]在福島的案例中，六個反應爐皆受到九級地震與四十六英尺高海嘯的災難性衝擊，結果是核電廠遭受到嚴重的破壞，官員們爲此憂心忡忡。在閉門的緊急會議中，日本的內閣成員們承認了福島第一核電廠正處於爐心熔毀與氫氣起火的邊緣，爲此，他們必須盡快讓冷卻系統恢復運行，否則爐心一旦熔毀，一層放射性煙霧就會像條厚重的毯子般，在整個東日本覆蓋擴散，造成從福島到東京長約一百五十英里的土地在無盡的年歲裡，成爲人類禁地。

「那就是我心中的『惡魔劇本』，」[268]日本內閣官房長官枝野幸男後來解釋說。他還表示他很擔心，「按照常識，如果這情況眞的發生，那就等同東京的末日了。」他說的東京是指東京的每一寸土地。

但日本逃過了一劫。[269]福島第一核電廠的六個反應爐裡，有三個的爐心遭到重創，並因此釋出了放射性物質，但所幸這些爐心並沒有熔毀。惡魔劇本並未在現實中上演。「日本躲掉了一顆子彈，」《自然》（*Nature*）雜誌的戴克蘭．巴特勒（Declan Butler）寫道。在其二〇一四年一篇名爲《反思福島》（*Reflections on Fukushima*）的報導中，美國核能管理委員會警告說，發生在日本的事件，可以作爲全世界的「警世寓言」。[270]

所有的核電廠皆是以濃縮鈾所產生的熱能來發電。每隔五年，每座核電廠都會產生一批用過的乏核燃料棒，屆時，這些燃料棒會失去全部的容量，因此必須進行移除、儲存並保持冷卻的程序；這些燃料棒的高度放射性會維持[271]數千年之久（並繼續發熱）。在迪阿波羅谷核電廠，持續在廠內的冷卻池中保持冷卻的廢燃料元件超過兩千五百組（一組燃料元件內含若干根燃料棒），用來冷卻的水則取自太平洋。冷卻水的幫浦若是因爲意外或遭受攻擊而失靈，[272]災難性的燃料棒熔毀就會發生。

美國核能管理委員會每三年[273]會執行一次實兵對抗演習，讓安全警衛練習如何在面對直接攻擊時做出反應。演習內容包括桌遊，以及模擬以恐怖組織等敵對勢力作爲假想敵的戰鬥演習。但對核子飛彈來襲的應變演練則從來沒有。這是因爲不存在這樣的防禦，核電廠面對核子飛彈來襲就只能坐以待斃。第四十二條規定與嚇阻概念一樣，都只是一種心理機制。其理論假設是奠基在假定的未來行爲與後續後果上，都是預設嚇阻會有效——萬一嚇阻無效，那第四十二條規定就只是擺設而已。

電廠的五十八英里上空，來自潛射彈道飛彈的核彈頭重新進入了大氣層，時速已經突破四千英里。[274]

核彈的引爆系統距離啟動，還剩三十秒鐘。

核能管理委員會的一份報告發現，在像迪阿波羅谷電廠這樣的設施裡，一場中小型火災就可以導致三到四百萬人流離失所。[275]「我們討論的會是上兆美元的損失，」[276]普林斯頓大學名譽教授暨該校「科學與全球安全研究計畫」共同創辦人法蘭克·馮·希珀論及了這樣的一場災禍。但對迪阿波羅谷電廠的核攻擊可不會只造成一場小型甚至中型火災。那將是一場放射性爆表的火煉獄，是世界末日的開端。

還剩二十秒。

針對核反應爐進行的核攻擊無庸置疑會造成核熔毀，也就是前面提到過的核反應爐爐心熔毀。[277]在《紐約時報》發表於一九七一年的一篇文章中，前曼哈頓計畫物理學家拉爾夫·E·拉普（Ralph E. Lapp）描述了當核反應爐的爐心熔毀時，會是怎樣的一種狀況。參考引用自美國原子能委員會之爾根報告（Ergen Report）*的各種事實，拉普詳述了那個恐怖的光景：首先是一場爆炸，然後是火災，再來是失控亂噴且具放射性的殘磚斷瓦。但是，眞正的威脅來自於反應爐的爐心深處，拉普解釋說。[278]「熔毀的碎片會積累在反應爐壓力槽的底部……（一團）巨大且已熔化的放射性物質……會沉入地下並持續擴大體積長達兩年。」一團「高溫物質」——一顆內容物是放射性熔岩與悶燒火焰的液化「熾熱球體」——「可能會形成大約一百英尺的直徑，持續存在十年」。

四。三。二。一。

**KN-23的核彈頭引爆在其目標上。**

---

* 全稱爲「顧問工作小組對發電反應爐緊急冷卻之報告」（Report of Advisory Task Force on Power Reactor Emergency Cooling），發表於一九六七年。

整個迪阿波羅核電廠被吞噬在一道核子閃光中。現場冒出一顆巨大的火球。一次摧毀建築物的爆炸、一朵蕈狀雲和一場核熔毀。

惡魔劇本[279]真實上演。

## ■二十二分鐘

### 北達科他州，卡瓦利爾太空軍雷達站

北達科他州東部的卡瓦利爾太空軍雷達站座落在離美加邊境十五英里處的地方。一棟八樓高的混凝土建築物中，一個巨大的八角形雷達系統掃描著天際。憑藉卡瓦利爾在地球上的位置，其雷達在火星十七型洲際彈道飛彈從北邊進入中途階段時，看到了它發

**圖三十**　北達科他州，卡瓦利爾太空軍雷達站的雷達建築（美國太空軍）

射的攻擊彈頭。這大約發生在其發射二十二分鐘後。地面雷達的觀測資料將是太空軍在炸彈於華府上空引爆前，所記錄到的最後一筆超視距追蹤數據。

時間還剩下十到十一分鐘。現有的數據已足以將飛彈的目標鎖定在誤差半英里的範圍內。這枚飛彈的目標不是五角大廈，就是白宮。

這個場景裡所發生的，就是一次斬首事件。

## ■二十三分鐘

**華盛頓特區，白宮**

在華盛頓特區，總統被安全帶到了海軍陸戰隊一號上，直升機的旋翼轉動著，隨時準備升空。總統鑽進機身內已經好幾分鐘了，但直升機卻仍停留在原地。主管總統隨扈的特別幹員正對著總統的國安顧問大吼大叫，而國安顧問則站在直升機門口對著自己的手機嘶吼。特別幹員幾乎要動粗了。職責所在，他必須用自己的生命去保護總統。

特別幹員：**不能再等了！**

這兩個男人會吵得這麼兇，是爲了直升機上該有幾副降落傘。這點爭議浪費了寶貴的時間。反襲擊隊的元素小組三人有各自的、有給總統的、有給特別幹員的，還有給總統副官的降落傘；是特勤局白宮辦公室裡全部六副的降落傘。但海軍陸戰隊一號上有十四個人，這意謂著萬一墜機，其他人只能與直升機共存亡。

國安顧問停止爭執。他決定聽天由命，於是登上了直升機，將安全帶往身上一繫。已經在機上的幾個人來自總統行政辦公室——有時也被稱爲永久性政府[280]——包含國家網路總監與國家太空委員會執行祕書。白宮幕僚長、負責國土安全與反恐事務的總統助理，以及其他六名工作人員，正朝著第二架陸戰隊直升機奔去。這第二架直升機也已經準備好從草坪的更遠處起飛。海軍陸戰隊一號機隊經過強化配備有防彈盔甲，有反飛彈防禦能力，還有針對飛彈來襲的預警系統。隨著新服役的塞考斯基VH-92A直升機載著總統與其幕僚開始升空，反襲擊隊隊員在白宮草坪上前前後後警戒，深怕有什麼威脅出現。

問題是威脅並不來自地下，而是來自天上。

只差幾分鐘，核彈就要擊中華府。

海軍陸戰隊一號裡，隔著面前的衛星視訊畫面，不只一個人在對著總統大喊大叫。總統的家人、他的妻子、他們的孩子，全在紐約上州與他的姻親們待在一起。國防部長與參謀長聯席會議副主席正在前往R地點的路上。副總統的行蹤尚未獲得確認。直升機尾桁上的通訊氣泡裡，裝有一套天線與衛星碟盤組成的系統，總統可以透過該系統與美國戰略司令部保持聯繫。核指揮控制與通訊（Nuclear Command, Control, and Communications），簡稱ＮＣ３，是一個複雜的系統，這系統裡又有各種存在於地面、空中與太空中的系統。ＮＣ３的組成包括接收器、終端、還有衛星，目的是讓核三位一體始終處於總統的控制之下。[281]據說，海軍陸戰隊一號內的ＮＣ３系統經過強化，可以抵擋伴隨核爆閃光一同發生的電磁脈衝，唯無人真的知曉該系統在核戰中會經久耐用還是會垮掉。在二〇二一年分析其效能時，美國政府問責署並沒有公開[282]其建議，國防部對此也沒有發表評論。

坐在總統旁邊的副官打開了足球，[283]足球裡有黑皮書。隨著直升機離開白宮園區的空域，參謀長聯席會議主席率先開了口，同樣是經由通訊設備。

聯席會議主席：**我們被一枚核彈擊中了，在加州。**

**天啊，不是說我們還有幾分鐘嗎？**總統問道。

國家安全顧問：**是第二枚飛彈**。他結巴了起來。**是不同的飛彈**。

聯席會議主席：在南加州，被擊中的是一處核電廠。

美國戰略司令部指揮官：**我們預期五角大廈是下個目標，長官**。

國安顧問指向了海軍陸戰隊一號內部一面電子螢幕上的一個時鐘，上頭有倒數的秒數。

聯席會議主席：**發射命令，長官！**

總統從皮夾中拿出了護貝的代碼卡。

餅乾。上頭有黃金代碼。

聯席會議主席：**建議採用黑皮書上的選項查理，長官**。

距離聯席會議主席的死期只剩幾分鐘。

總統確認了選項查理。以預警即發射概念設計出的核反擊，爲的是回應北韓對美國進行的核攻擊。八十二個目標，[284]也就是所謂的「瞄準點」，當中包括北韓的核子跟大規模毀滅性武器設施、其領導班子，乃至於其他維繫戰爭用的設施。此一反擊會發射出五十枚義勇兵三型洲際彈道飛彈（Minuteman III ICBMs）與八枚三叉戟潛射彈道飛彈（SLBMs，每一枚三叉戟會在鼻錐罩中攜帶四顆核彈頭），所以總共會有八十二顆核彈頭被射向朝鮮半島北半部的八十二個目標。這數量看起來很大，但比起原版的單一統合作戰計畫對莫斯科提出的開場齊射火力要求，只是小巫見大巫。在這個場景中，這八十二枚蓄勢待發的核彈頭幾乎確定會要了幾百萬人的性命，甚至是幾千萬人，而這還只是朝鮮半島的部分。

海軍陸戰隊一號裡近似圖書館，一片靜默。[285]

只有總統以貌似尋常的語調，大聲宣讀出核彈的發射代碼。

## ■二十三分鐘又三十秒

**五角大廈，國家軍事指揮中心**

在五角大廈底下，作戰處副處長確認了一項事實：[286]剛剛下令要對北韓發動核反擊的人，就是美國總統無誤。用來進行確認的並不是什麼先進科技，也不是語音生物辨識，而是非常老掉牙的方式：一問一答的代碼——由人聲說出用北約音標書寫的兩個字母。

**狐狸**、**探戈**，作戰處副處長在這個場景中說著代表F與T的用語。這將是他此生對總統說出的最後兩個字。

在海軍陸戰隊一號裡，總統讀出了他的回覆。

**洋基**、**祖魯**，他說出了代表Y與Z的單字。

隨著直升機飛離白宮園區的空域，總統從海軍陸戰隊一號的窗口望出去，看著自己與城市的距離愈來愈遠。

世界末日已被他說出的兩個代碼字啟動。

## 二十四分鐘

### 懷俄明州，飛彈警示設施

距離華府有一千六百英里，懷俄明州的一處空地上，一片堅硬的積雪在午後的太陽下閃耀。那兒有鐵絲網圍欄，有動態偵測設備，還有一扇重達一百一十公噸的鋼筋混凝土[287]門板躺在地上。面向天空。

對路過的人來說，這裡是牛仔的故鄉，是牧場主的地界；對美國戰略司令部而言，這裡是洲際彈道飛彈發射井的家。全美共計四百枚陸基核子飛彈有三分之一駐於此處。對於不明就裡的普通人而言，這個場景裡的回聲一號[288]（Echo-01）發射設施就僅是一個不起眼的建築群：房子、穀倉、電塔、車庫。但在那扇防爆門下，隱藏在田野中的，其實是一個八十英尺深的飛彈發射井，當中的混凝土牆厚達四英尺。一個電梯井連接著發射組員的生活空

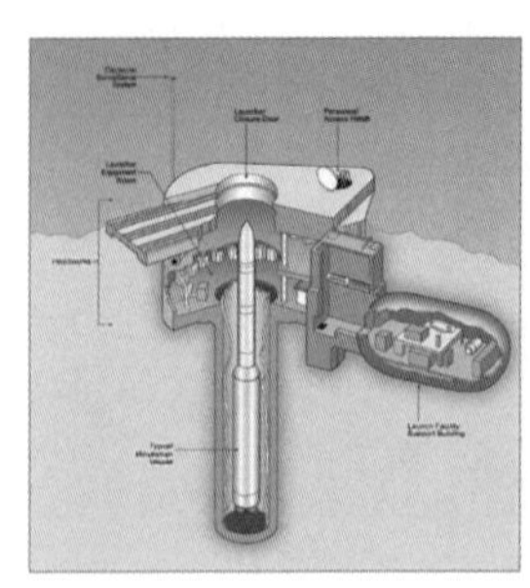

**圖三十一**　在地底下（左）與在地面上（右）的義勇兵三型洲際彈道飛彈發射設施（美國空軍）

間、一處發電站和一條通道，通道是讓一組兩人的組員在發射完畢後，有一條逃生之路。發射井下大部分的空間都給了一枚義勇兵三型飛彈——這是一款高六十英尺、重八萬磅，且在鼻錐罩內裝有一枚當量達三十萬噸、[289]此時此刻正在進行發射準備的熱核武器。

時鐘上顯示著當地時間是下午一點二十七分，號角的呼聲突然響起。分配到第九十飛彈聯隊的飛彈戰鬥組員與後勤人員，從懷俄明州各哨站的椅子上一躍而起，每個人都拿出了只有一級戰備才能激發出來的速度。這四百枚陸基洲際彈道飛彈被普遍認為是美國核三位一體中，最易受到攻擊的一環，畢竟它們的位置眾所周知，而且也不可能改變。正因為這一點，所以一旦需要進行核反擊，這些陸基飛彈也會是最早被打出去的其中一張牌——這對內行人來說，是「不用白不用」[290]的戰略概念。不盡快將這些洲際彈道飛彈發射出去，它們就會成為目標並被摧毀。

要從零開始發射一枚洲際彈道飛彈——包括從收到發射命令，到武器實際發射出去——所需時間要短於美國彈藥庫中任何一種其他的武器系統，包括在潛艦上的那些。「這些飛彈的Minuteman*之名可不是白叫的，」[291]前洲際彈道飛彈發射官布魯斯·布萊爾表示。「啟

* Minuteman實際上是美國獨立戰爭時期的一批民兵（義勇兵），而這個名字也確實源自於他們可以在一分鐘內集合出動。

動、瞄準與發射這些飛彈的過程（發生在）總共六十秒內。」

四百座像回聲一號這樣的洲際彈道飛彈發射井，[292]每一座都出於戰略考量安置在美國（密西西比河以西的）各地——蒙大拿、懷俄明、北達科他、內布拉斯加與科羅拉多。它們被建在私人牧場下方，在國家林地當中，在原住民的保留區或家庭式的農場裡。有些發射井設於小鎮外，還有些則在當地小型購物中心的路邊。若干發射設施地處偏遠到導彈人員要開好幾個小時的車才到得了，而且還是在天氣好的情況下才有這種速度。

飛彈警示設施回聲一號座落在占地廣達九千六百平方英里，懷俄明州的一個地下核子飛彈場內。「如果懷俄明州是一個獨立國家，」[293]記者丹．惠波（Dan Whipple）指出，那薛安（Cheyenne）外頭的F．E．華倫空軍基地（F. E. Warren Air Force Base；即第九十飛彈聯隊的駐地）「就會使它成爲世界上主要的核子強權之一。」

在回聲一號飛彈警示設施駐防、兩人一組的飛彈小組，天天在準備的就是這一天。在每天早上的下行電梯中，這兩名發射官會從魔鬼氈上取下他們的空軍布章，換上美國戰略司令部的。一旦核戰發生，他們會直接向美國戰略司令部的指揮官報到。[294]在長達七十年的歲月裡，這都只是聊備一格的預備動作。唯獨今天，是玩眞的。

此刻，隨著總統的發射令獲得確認，洲際彈道飛彈的發射程序也得以啟動。一個義勇兵發射控制中心可以控制十枚洲際彈道飛彈。在整個懷俄明州，飛彈井中的發射組員都會收到一組加密的命令；[295]據說，每道命令都有一百五十個字元長。

發射控制中心的五組組員，包括在回聲一號裡的那組，都打開了栓在飛彈發射井混凝土牆上，那些原本上鎖的保險箱。

發射官們會將最近更新的[296]彌封驗證系統（Sealed Authenticator System）代碼與剛剛從五角大廈國家軍事指揮中心緊急行動團隊[297]（Emergency Action Team）收到的代碼進行比對。

由此，每名發射官都會從保險箱中取出一把火控鑰匙——小小的、銀色的、金屬打造的鑰匙，上頭附有鑰匙圈與描述性的索引標籤。

接著，各組發射人員會輸入一個戰爭計畫代碼到一台發射電腦裡，將各枚洲際彈道飛彈的目標從（爲了安全起見而定在）公海上的預設地點，更換爲總統那本黑皮書中的預定攻擊計畫裡，屬於查理選項的目標。

五十個新目標的座標位置被輸了進去。

發射鑰匙在鎖孔裡一轉。

五十枚義勇兵三型飛彈，每一枚都在鼻錐罩中攜帶了當量三十萬噸的核彈頭且均完成了啟動，處於可引爆的狀態。

五十枚洲際彈道飛彈一共可輸送一千五百萬噸的爆炸當量。

放眼整個懷俄明州，五十扇一百一十噸重的混凝土發射井門轟然大開。

穿過煙雲和火光，五十枚搭載核彈頭的飛彈開始升空。一枚義勇軍飛彈從發射井中脫離並起飛，只需要三·四秒。[298]

一分鐘後，每一枚重達八萬磅的飛彈的第一階段推進器就會完成動力飛行並自行脫落。第二階段的推進火箭點燃，並隨著飛彈爬升的過程中掉落一部分。

在大概十二分鐘後，各枚飛彈都會加速到極高的速度，然後進入大約離地表五百至七百英里處的最終巡航高度。[299]

但在這五十枚洲際彈道飛彈的任何一枚達到此一最終速度與高度之前，一通電話會由一個住在與某發射設施同一條路上的懷俄明老鄉打出去。

這位懷俄明老鄉的眞實身分是俄羅斯臥底。

「到處都有間諜[300]在監視美國各地的核武發射設施，」外號巴德的中情局首任科學技術總處處長亞伯特·惠隆博士在辭世前告訴我們。

俄羅斯老間諜拿起了電話，打給了莫斯科。

**洲際彈道飛彈發射了**，他對著話筒說。

PART

# 3

# 第二個二十四分鐘

## ■二十四分鐘

### 加州，布瓊角，聖米蓋利托牧場

在加州中部沿岸，迪阿波羅谷電廠西北方四英里處，布瓊角附近的山頂上，一位牧場主人正照看著他的牲畜，雙腳突然被一枚三十萬噸當量的核彈爆炸衝擊波給衝擊到。

事前沒有一點聲響，沒有絲毫警訊。

有的只是一堵稠密的空氣牆，像台推土機似地撞上了他，風勢撕裂了他身上的衣物。不知道是命運的安排還是環境使然，牧場主人在事發時恰好背對著核爆，這爲他保住了視力。

他之所以還活著，多少得感謝地理因

**圖三十二** 加州迪阿波羅谷。一經引爆，一枚三十萬噸當量的核彈在短短百萬分之一秒內，就能釋出三百兆卡路里的能量（太平洋瓦斯電力公司）

素，得感謝他四周地表的型態與特色。一系列低矮的山陵與有坡度的懸崖地貌，在牧場主人與核彈引爆的地面零點之間形成了屏障。土石緩衝了核彈一部分致命的熱輻射——足以造成皮膚三度灼燒，並讓可燃物質起火的光與熱——但也就是一部分而已。「多山地形上的大型陸塊會在某些地方強化空氣爆炸的效應，而在其他地方削弱這樣的效應，」這是美國陸軍科學家從廣島與長崎的兩次核爆中得到的心得。這片面海的絕壁上沒有建築物，所以沒有東西在倒塌時把牧場主人壓死，也沒有玻璃窗會碎裂刺穿他。核彈引發的超高壓扯掉了他的衣服，將他甩到了地上。他歲數不是普通的大，但命也不是一般的硬。他站起身，轉過頭。[301]

看見了蕈狀雲。

牧場主人的曾祖父在一九〇〇年代初買下這片土地，當時福特汽車都還沒問世。盯著大地上空升起的蕈狀雲，他簡直無法相信自己的眼睛。牧場主人的牛隻——披著被熱輻射燒灼的皮毛——跑上了山頭。他獨自在那兒站著。一個赤身裸體的老人家。他生於一九四五年七月，也就是曼哈頓計畫科學家造出並試爆首顆原子彈的那年那月。那顆原子彈的代號是「三位一體」（Trinity），即聖父、聖子、聖靈的三位一體。

老牧場主人四下找起了他的衣物。他看見自己掉在泥土裡的智慧型手機，周遭的地貌同樣令其逃過了局部電磁脈衝的效應。他拾起了那非凡的小機器，開始用手機上的攝影功能拍攝影片。老牧場主人讀過歷史。他知道代號三位一體的核彈試爆地點是霍爾納達．戴爾．穆埃爾托沙漠（Jornada del Muerto desert），西班牙語的意思就是「死者的旅途」。

而今，他佇立在迪阿波羅谷裡，這座「惡魔的峽谷」當中，看著蕈狀雲愈來愈大。與核武相關的一切都充滿了邪惡與死亡的味道，他在書裡讀到過。而這點始終沒有變過。他的年紀讓他記得相互保證毀滅（Mutual Assured Destruction，縮寫ＭＡＤ），首次作爲救星被推銷給社會大眾時的情景；然而老人心知肚明，ＭＡＤ就是madness，瘋了的意思。他還記得那隻叫伯特的烏龜[302]（Burt the Turtle）在一九五一年的民防電影裡，教導民眾進行臥倒掩護的演習，也記得「陽光計畫」（Project Sunshine）這個原子能委員會主導的方案，旨在蒐集死人的骨頭與活幼童的乳齒，藉以偷偷檢測人體組織中的輻射暴露值水準。

牧場主人持續拍攝著。

他意識到了自己的死亡。毫無疑問，他現在正在接收致命水準的輻射，並清楚意識到自己會死於輻射中毒，一種可憎的死法。他上傳了更多的影片到臉書上。那是一朵灰棕色蕈狀雲，在介於舊金山與洛杉磯兩地中心點的核電廠上空升起的畫面。就在人口數名列前茅的兩個大城之間，就在全美人口數最多的加州。

這是惡魔劇本在眞實地點上演。

核彈造成的局部電磁脈衝，摧毀了[303]沿岸往北與往南的交流電電力系統，但牧場主人的手機電池裡還有電。手機透過掠過他頭頂的通訊衛星連上了網路。牧場主人的影片被發布到社群網站，並開始在數位世界裡到處傳播。世人不論身處法國巴黎或伊利諾州的皮奧利亞，還是在喀拉蚩或吉隆坡，都看到了蕈狀雲以近乎實時的速度出現在社群媒體上。

各種報導開始灌爆了網際網絡。

#核戰#末世決戰#世界末日。

## ■ 二十五分鐘

**加州，沙加緬度，資料中心**

全美數千萬人趕忙拿起手機登入社群媒體平台。如果網際網絡是道路，那手機應用程式就是目的地——而在這一刻，臉書、（原推特的）X、Instagram，乃至於其他各種每個人心目中值得信任的新聞app，都湧入了爆量的人潮——沒有人不想上網搞清楚加州岸邊到底發生了什麼事，愈快愈好。

眼見為憑。

他們都想親眼看到傳說中，由某個牧場主人所上傳的蕈狀雲影片。

X率先內爆。[304] 其位於沙加緬度的資料中心在這個時候斷電。備用供電系統先是介入，接著這些備用系統又後繼無力地跟著斷電。迪阿波羅谷電廠的毀滅，重創了加州的電網。網路的供不應求情況非常嚴重。電腦伺服器與負責處理資料的儲存系統開始一個個過載，然後關機，形成了一種骨牌效應。

八千萬個。然後是一億個。接下來是一億五千萬個X用戶同時上線。網站在流量不堪負荷下崩潰，全面當機。X網站現在永久地停機了。

## ■二十五分鐘又三十秒

### 加州，迪阿波羅谷

擊中迪阿波羅谷核電廠的三十萬噸當量核彈是採取地面爆炸方式。不同於空爆盡可能地殺死最多人的設計，地面爆炸造成的周邊死亡人數相對較少，但是會產生遠多於空爆的落塵量。落塵之所以叫作落塵，是因為它真的就是在爆炸結束後，衝擊波消退後，從天空中落下來的輻射塵。

想把一枚KN-23潛射彈道飛彈從水下艦艇的飛彈管中發射出，並擊中地面上的目標，這當中牽涉到的武器科技已經醞釀了幾十年。美國人與俄國人研究潛射飛彈科技的濫觴，是在一九五〇年代，[305]並且直到今日都還如火如荼地在進行。北韓在這個領域裡是相對新的玩家，但靠著新手特有的好運，他們向加州的核電廠發射潛射彈道飛彈，最終距離目標中心點只有幾個足球場長度的誤差。

核彈擊中大地，並在發電廠最南端的員工停車場下方引爆，距離懸崖邊緣一百英尺處。國防官員計算過無數種效應，包括飛彈擊中核子反應爐時會產生的各種結果。[306]但實際發生在此處的狀況卻幾乎無法測量。因爲在幾分之一秒的電光石火間，迪阿波羅谷核電廠裡的每個人便已灰飛煙滅，根本沒人能活著去測量任何細節。

美國所有的核電廠都是以能抵禦戰鬥機的直接撞擊爲標準來興建。在一九八八年，桑迪亞國家實驗室進行了一次核子反應爐安全殼的完整性測試，爲此，他們讓一架F-4鬼怪式戰鬥機（F-4 Phantom）飛著衝撞十二英尺厚，且工法近似的混凝土牆，那是一堵專門設計用來模擬反應爐安全殼的牆板。戰鬥機基本上屍骨無存，而牆壁只留下了一道二·三英寸的痕跡。只不過這架遙控飛機僅有每小時近五百英里的速度，且其備用燃料箱裡裝的是水而不是燃料。

用核彈去撞擊核反應爐的安全殼，完全是另外一種檔次的毀滅事件。三十萬噸當量的核彈引爆時，會在一百萬分之一秒內釋出三百兆卡路里[307]的能量，那是一種普通人根本無從理解起、大到離譜的力量。換算成炸藥，威力相當於六億磅TNT，而這同樣是個天文數字般的存在。（中等大小的土製管狀炸彈有著大約五磅[308]的爆炸威力。）

歷史學者琳恩・伊登以史丹佛大學榮譽學者暨核子武器專家的身分解釋，「由於核爆早期的火球溫度很高，所以其膨脹的速度也會非常快，且火球的極限直徑可超過一英里。」一英里寬的火球足以徹底摧毀占地七百五十英畝的整個迪阿波羅谷電廠。且由於此處方圓一英里範圍內有半數面積是海洋，因此整座核電廠現已坍落至海中。

火球內的一切都已蕩然無存。

爆炸坑內的一些物質會繼續沉積在部分坑緣上，其餘的則會被拋到空中，再以落塵的形式降回地面。卡爾・薩根早在一九八三年就提出過警告，[309]「高當量的地面核爆會將目標區域的地表蒸發、熔化和粉碎，並將大量的冷凝物與微塵推向對流層與平流層。」由於這顆火球蒸發掉的土方量實在很大，因此其蕈狀雲內所含有的放射性物質量也絕對是前所未有的多。[310]

在《核武的效應》（*The Effects of Nuclear Weapons*）一書中，美國陸軍的科學家並沒有咬文嚼字。「發生在地表上或地表附近的核爆，會導致放射性落塵造成的嚴重汙染……一個延續在一段時間內並逐漸發生的現象……落塵的發生甚至不受顆粒大小的影響，有些落塵雲是肉眼看不見的，因爲（其顆粒）直徑大概只有一百微米*……但也有些顆粒足足有彈珠的大小。」[311]

然而，美國陸軍的描繪並未能充分反應出此處發生的實際狀況。因爲美國陸軍的說法裡，並沒有提及會有庫存的放射性物質散布到大氣層中造成的災難性效應。這些庫存的放射性物質來自於迪阿波羅電廠兩個發電量均達一千一百個百萬瓦的反應爐核心，還有廠內整整兩千公噸的核廢料。[312]

幾秒鐘過去。在那一英里寬的核彈坑內所發生的事情，完全就是核子物理學者拉爾夫・E・拉普在一九七一年的爾根報告中所警告過的。殘存在雙反應爐核心內的物質持續燃燒，並繼續噴出往地球內部鑽動的放射性熔岩。迪阿波羅的除役專家小組之前也警告過，爐心溫度一旦達到華氏一千六百五十二度（攝氏九百度），「燃料棒就會在高熱的作用下自燃。」[313]

如今，果不其然。

兩千五百個乏燃料組件全數燃燒起來，化成了一鍋由有毒落塵構成的放射性熱湯。[314]幾分鐘前，電廠的露天乾式貯存場[315]上那五十八座混凝土貯存筒還直挺挺地矗立在那兒，看著

＊ 一微米等於百萬分之一公尺。

就像是巨大的西洋棋子，一個個被栓在七．五英尺厚的混凝土墊上。核彈的爆炸震碎了貯存筒的混凝土外殼，它們翻倒、落地，且被吹得支離破碎，現在，它們也開始釋放出大量的高放射性廢料。

在被核彈擊中前，迪阿波羅的反應爐一號機與二號機用其以百萬瓦爲單位的發電量，足以供電給全加州約百分之十的居民，[316]這在二〇二四年大約是三百九十萬人之譜。現在不再是了。

電廠需要電力才能運作。核爆摧毀了曾經讓迪阿波羅電廠正常運轉的交流電系統，而這些電力短期內是回不來了。

迪阿波羅那六台備用的柴用發電機已經徹底毀於火球之手，與儲油槽和備用電池系統一樣。駐廠的消防部門——兩部消防車、水庫與能抽海水來撲滅建築物火警的機器——也全都被燒成了灰燼。五百萬加侖的緊急用水在如煉獄的高溫中已經蒸散到不見蹤影。電廠的輔助用海水滅火高空作業平台、冷卻水吸入系統，以及各熱水排放區域，如今都已崩落至海中。

緊急應變的直升機組在短時間內是不會飛過來滅火的，因爲這跟一九八六年的車諾比核災時，俄羅斯派直升機過去滅火的情況完全不同。美國陸軍沒辦法讓直升機飛到電廠上空[317]投放沙子與（可吸收中子的）硼，以掩蓋兩座外露核反應爐心的殘骸。因爲現場湧出的高致命劑量輻射，在未來數週或數月內，飛機只要穿過碎片雲，就會導致飛行員當場死亡。

戈登．湯普森（Gordon Thompson）身爲資源暨安全研究所（Institute for Resource and Security Studies）所長，描述了廢棄燃料元件起火的後果。「這種火災無法當場進行撲滅，[318] 因爲極端的高放射性使得現場成爲人類的禁地。」湯普森研究核燃料貯存系統的起點可以回溯到一九七八年。他的計算顯示放射性元素從電廠的核燃料中被釋放到大氣層中的比重，最高可以達到百分之百。

「你們說的這類事件，會讓人不得不長期放棄面積相當於一個紐澤西州的土地。」法蘭克．馮．希珀告訴我們。然而，當我們舉出這個具體的場景時，他隨卽改口說：「兩個紐澤西州。」[319]

洛斯阿拉莫斯實驗室的核子工程師葛倫．麥可達夫博士描繪了一幅更加晦暗的光景。「狀況還要再糟上很多，很多，」他警告說。「乏燃料棒具有放射性。一旦被核彈擊中，它們會碎裂成無數的分身。」[320]

麥可達夫博士告訴我們，這意謂著「乏燃料棒的放射性顆粒會像種子一樣被種在落塵當中。你將會遇到這樣一種狀況，卽加州中部會永遠成爲無法使用的廢地。這片土地的汙染可能會一路延伸到內華達州，甚至波及科羅拉多。迪阿波羅谷將被判處死刑。永世不得翻身。

## ■二十六分鐘

**俄羅斯，莫斯科，國防管理中心**

在X離線前，設法看到並下載到牧場主人影片的眾人當中，有一批人的身分不是普通人。這些人在俄羅斯。他們正身處俄羅斯聯邦軍隊總參謀部，一眾高階將領的得力助手。這群位在莫斯科的年輕軍官，如今正緊盯著電子螢幕上反覆播放的蕈狀雲影片。事實上，此刻在莫斯科河結冰的岸邊，在俄羅斯國防管理中心裡頭，上到將軍下到工友的每一個人，都放下了他原本手上在處理的事，只一心急著要搞清楚宿敵美國那兒究竟出了什麼狀況。

美國西岸剛挨了一記核彈。

**圖三十三**　莫斯科國防管理中心（克里姆林宮官網：www.Kremlin.ru）

這太震撼了。這太慘烈了。但最重要的是，這太可怕了。嚇阻說穿了是一種心理現象，一種心境。如今嚇阻既已失效，那麼任何事都有可能發生——任何事。

這會兒是晚上十點二十九分。莫斯科時間。在國防管理中心這裡的值夜主官很快就爲總參謀部的資深將領們[321]召開了一場緊急的電話會議。原本就身在建物裡的立刻衝進了戰略核軍力控制中心，那是一座貌似大禮堂，堡壘型的控制指揮中心，俄羅斯版的華府五角大廈地下掩體。

在這個場景裡，俄羅斯完全沒有涉入方才發生在美國的事件。陸續登入電話會議的俄羅斯高階將領對此都心知肚明。他們是負責掌控俄國核子力量的人。至於俄國以外的其他人會採取什麼行動，則完全不在他們的控制範圍內。

嚇阻已經失靈。相互保證毀滅可以確保世界安全無虞不受核子武器危害的理論，已經不再成立。在這個危機的瞬間，由某個第三方流氓國家對美國發動的斬首事件，會如何影響俄羅斯核指揮控制體系所做成的決定呢？

前美國國防部長里昂·潘內達針對在這個時刻可能會有的情勢發展，提供了他印象中的看法。「老實說，我不認爲[322]在這種節骨眼上，相互保證毀滅所代表的化學作用會被當回事去思考。」潘內達擔心，「核子武器都飛上天了，我們恐怕沒有時間去思考『他媽的還有哪個國家也覺得受到威脅？』，他媽的還有哪個國家會打算做些什麼……現在不是時候。」危機時的心態可能是一件很危險的事。

位於莫斯科的國防管理中心是俄羅斯核指揮控制的一個神經中樞。距離克里姆林宮兩英里處的這裡，是俄羅斯高階將領對環球軍事行動運籌帷幄的地方，而這些行動也包括核子飛彈的發射。作爲指揮用的地堡設計藍圖，是以美國五角大廈底下的格局爲參考，只不過規模更加宏大。那兒有從地板延展到天花板的螢幕顯示即時的軍事行動，按照克里姆林宮的說法，那是一個比IMAX一百八十度數位圓頂劇場還大的電子系統。平板電腦將軍事觀察員與地下室的超級電腦[323]連接起來。克里姆林宮宣稱，憑藉其十六千兆浮點的運算速度與兩百三十六千兆位元組的儲存空間，這台超級電腦的效能有五角大廈那台的三倍快。正如俄羅斯國防部長謝爾蓋．紹伊古（Sergey Shoigu）告訴官方通訊社塔斯社的那樣，它「巨大」的算力[324]使它能夠運行戰爭遊戲，並以直逼人腦的能力去對核子衝突進行預測，它主要是採取一種「讓決策能力與（現實）世界的事件保持同步」的設計。克里姆林宮補充說，這台電腦有能力以接近即時的速度去分析其他國家的動靜，並據此建議俄羅斯總統應該以何種軍事行動去做出回應。

以美國爲目標的青天霹靂式核武攻擊，使得俄羅斯的核指揮控制體系陷入一片愁雲慘霧。值夜主官拿起了話筒，打給了作爲他頂頭上司的將軍。

他說，**請您馬上過來一趟！**

## ■ 二十七分鐘

### 太空中

在離地數千英里的太空中，一場基於科技的災難正在醞釀。一枚俄羅斯衛星在它高度橢圓的軌道的遠地點上，正監視著美國北境各州發射場中的義勇兵洲際彈道飛彈，結果該衛星接收到的訊號情報引發了一系列的警報。這些機密警報相當於俄羅斯版的：**彈道飛彈發射，注意！**

爲了從太空中進行飛彈發射的預警偵測，美國國防部靠的是SBIRS衛星系統，這種可以在不到一秒的剎那間，看到某枚洲際彈道飛彈噴出推進火箭熱氣的黑科技。爲了能與美國分庭抗禮，俄羅斯打造了屬於他們自己的衛星預警系統，代號苔原（Tundra），[325]這是一款號稱同樣能從太空中掃描全球

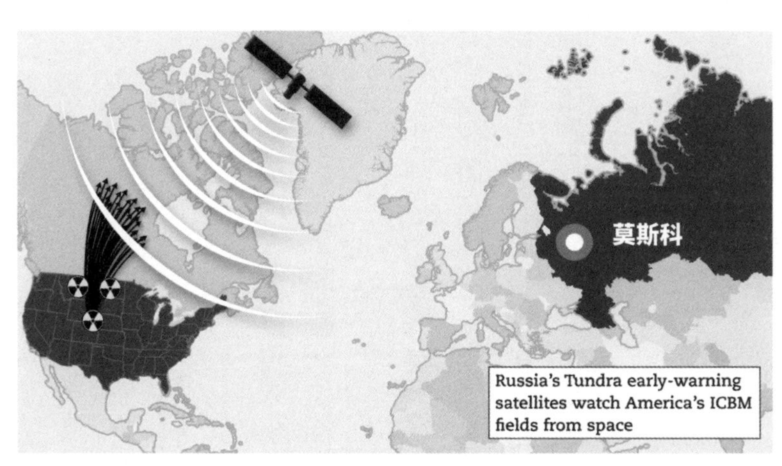


**圖三十四**　俄羅斯的苔原預警衛星群不太可靠（麥可・羅哈尼提供）

各個地點、包括美國義勇軍飛彈發射場上空的軍事衛星群。俄羅斯說因爲苔原，他們也能以近實時的方式看到敵國或對手的洲際彈道飛彈起飛，進而提前知道有核攻擊威脅俄羅斯。

然而，苔原系統的性能跟美國的SBIRS根本沒得比，只不過俄羅斯不願意承認這一點。國防分析師普遍認爲俄羅斯的衛星預警系統問題一堆，[326]而這一點在這種關鍵時刻，就埋下了一個潛在致命的伏筆。

「苔原系統並不算完善，」[327]西方世界的俄羅斯核軍力權威帕沃爾·波德維格表示。波德維格博士跟聯合國裁軍研究所（United Nations Institute for Disarmament Research）也有合作關係。

泰德·波斯托爾話說得直白。「俄羅斯的預警衛星不準，」[328]他說。「作爲一個國家，俄羅斯並未掌握建立媲美美國系統的科技知識。」這意謂著「他們的衛星無法直接往下看到地面。」波斯托爾在此處提到的，是一種名爲「下視」（look-down）能力的衛星科技，而無法往下看的結果就是俄羅斯的苔原衛星群只能「側視」，波斯托爾警告說，「而這就會限制了衛星區分……比方說，陽光與火光的能力。」

尤其麻煩的，是苔原衛星看雲的方式。

「俄國人的衛星會將卷雲誤認成並不存在的飛彈羽狀雲，」波斯托爾表示。

而正是會看到並不存在的飛彈羽狀雲這點，打開了災難的大門。

在警報大作的此時，「莫斯科會因此以爲[329]他們遭受到攻擊。」如果俄羅斯認爲自己遭受攻擊，後果可是不堪想像。

二〇一五年在國會山莊（對大衆開放）的一場名爲「美俄擦槍走火爆發核戰」的簡報中，波斯托爾對一群國會議員表示，俄羅斯「千瘡百孔的預警系統，[330]是眼下美國成爲核武的攻擊目標一個最大的危險因子」。他表示衛星數據一旦遭到誤判，「俄羅斯可能大規模地發射起一波波核彈，[331]他們的核武可能會傾巢而出。」

前美國戰略司令部指揮官羅伯．凱勒將軍對可能發生的事提出了警告。「俄羅斯是唯一一個能在未來兩個小時內毀滅美國的國家。」[332]

## ■二十八分鐘

### 海軍陸戰隊一號，馬里蘭州貝塞斯達上空

海軍陸戰隊一號使盡了渾身解數，高速離開了華府空域。對於一架塞考斯基VH-92A而言，[333]這意謂著時速突破了一百五十英里。在機身內，美國總統持續與聯席會議主席和美國

戰略司令部指揮官保持著通訊。

每過去一分鐘，總統的海軍陸戰隊一號就能移動兩英里多一點，這代表著可以讓他們離即將被核彈擊中的華府遠一點，而致命的鄰近效應也可以小一點。

此刻，仍高度危及總統生命的一項威脅當屬電磁脈衝。核爆之後的第一波快速電流爆衝會摧毀海軍陸戰隊一號上[334]所有的電子系統，使其面臨墜機的危險。

統籌總統安全隨扈的特別幹員一直在思考該如何緩解這股威脅，現在，他決定採取行動了。他指示反襲擊隊的三人元素小組準備好帶著總統，一起從直升機上進行雙人跳傘。

科學家首次發現自然界裡的電磁脈衝事件，可以上溯至一八〇〇年代。一九五四年，人在洛斯阿拉莫斯國家實驗室的理查．賈爾文發表了討論核武引發電磁脈衝的首篇論文（論文中的發現被列爲機密）。而美國的國防科學家們開始增加對電磁脈衝效應的關注，則是在一九六二年，在他們觀察了外太空一場代號海星一號（Starfish Prime）的核武試爆之後。試爆後的測量數據清楚地證明了一點，就是一枚在高空爆炸的電磁脈衝武器可以永久性地摧毀地面上的大型基礎建設。

「冷戰期間，俄羅斯以實彈在哈薩克上空進行了一枚電磁脈衝武器的太空試爆，」[335]前中情局俄羅斯分析師與後來的電磁脈衝委員會主任彼得．普萊博士（Dr. Peter Pry）向我們透露。而且，這種高空電磁脈衝摧毀了地面上「綿延數百英里的巨大足跡內的各種電子設備」。當核彈在接近地面處引爆時，電磁脈衝效應會呈現局部化。美國總統的海軍陸戰隊一號直升機可以在理論上抵抗電磁脈衝，但那只是在實驗室裡進行的測試。沒有人知道在眞實世界中遇到這種事，會發生什麼情況。

總統正被帶往黑鴉岩山複合基地，也就是俗稱R地點的備用國家軍事指揮中心。該掩體建於冷戰時期，其原始設計乃出自納粹工程師出身的美國戰後「迴紋針行動」*科學家葛奧爾格・里奇[336]（Georg Rickhey）之手，其人不僅資歷受到美國軍方的景仰，且一手打造了希特勒二戰時期在柏林的地下碉堡。從白宮到R地點的距離大約是七十英里。海軍陸戰隊一號通常需要大約三十分鐘的時間飛抵目的地，具體取決於起飛與著陸的快慢。三軍統帥已經在空中飛行了差不多四分鐘。還得再飛四、五英里，直升機才會脫離危險的超高壓區。

海軍陸戰隊一號在貝塞斯達山（Bethesda Hill）上空快速移動，不遠處就是州際公路穿越廷柏隆地方公園（Timberlawn Local Park）的地方。在底下的草皮上，盪著鞦韆與在溜滑梯的孩子們，被驚恐萬分的父母與保母一把抱起，因爲他們都收到了加州遭到核攻擊的消息，

* Operation Paperclip，始於二戰末期，美國把原納粹德國科學家、工程師與技師祕密招攬進美國的活動，前後爲期數十年。

現在所有人都在分秒必爭地死命衝回家。

在海軍陸戰隊一號裡的衛星通訊上，參謀長聯席會議主席敦促著總統採取行動。紅色衝擊時鐘上只剩下五分鐘。聯席會議主席在冷靜之餘也十分堅定。

聯席會議主席：**長官，我們需要由您提供的通用解鎖代碼。**

總統：**通用解鎖代碼是什麼該死的玩意兒？**

美國總統對核戰所知甚少，這點很值得注意。

美國戰略司令部指揮官：**美國遭到攻擊了。**

紅色衝擊時鐘持續在倒數著。「解釋」在這種時刻顯得特別荒謬。

聯席會議主席：**我建議您提供通用解鎖代碼給戰略司令部，總統先生。長官。**

如果有時間解釋，那這個解釋應該會是這樣。用前發射官布魯斯．布萊爾跟他的兩名同僚賽巴斯琛．菲利普（Sebastien Philippe）、雪倫．K．維納（Sharon K. Weiner）的話說，就是[337]：「如果總統選擇了一個有限的核武選項，那某個限用解鎖代碼就會容許發射組員去發射特定的飛彈攻擊特定的目標，其他的飛彈則不在可以動用的武器之列。」這三位所指的，是所謂的發射權限，這是核指揮控制體系中的一項重要成分，其目的是確保除了總統，沒有人能在任何狀況下授權動用核武。限用解鎖代碼就像是槍上的保險。

除非，有個例外是，總統使用通用解鎖代碼去凌駕於先前的發射授權之上。「顧名思義，通用代碼可以讓洲際彈道飛彈部隊與潛艦上的組員發射他們手中的全數核武，」布萊爾、菲利普與維納告訴我們。

美國戰略司令部指揮官：**我們需要通用解鎖代碼！**

美國洲際彈道飛彈部隊的組員才剛奉總統之命發射了五十枚義勇兵，同時，潛艦上還有另外三十二枚核彈頭正在進行發射準備。若總統需要授權第二波的核攻擊，他必須給出新的核武發射代碼。

「發射組員手中不缺額外發射核武的任何一把鑰匙，」武器專家們解釋說，「他們缺的是啟動、瞄準、發射那些核武，使其產生殺傷力的解鎖代碼。」如果需要進行第二波發射，將（必須）向發射人員發送多個不同的解鎖代碼。」

而要做到這點，國家安全局必須制定全新的代碼。

發射權限確保了如果美國總統授權八十二枚核彈頭的使用，那負責的組員就只能發射八十二枚核彈頭。不可以是八十三，也不能變成八十四。

美國戰略司令部指揮官對總統表示，他們已經預先採取了美國會遭受到更多飛彈攻擊的立場。對此，美國戰略司令部會需要做出反應。

參謀長聯席會議主席挑明了說：萬一總統死了，戰略司令部將無法發射額外的飛彈。除非戰略司令部手握通用解鎖代碼。

總統將目光投向了海軍陸戰隊一號的窗外。

在一片混亂之中，他冒出了一個念頭。

**副總統哪兒去了？**總統問道。

萬一總統死了，總統權力會轉移到副總統身上。總統繼任第一順位的副總統，同樣一年三百六十五天，一天二十四個小時，[338]都有名副官攜著足球跟在他身邊。

國安顧問：**副總統稍早在阿靈頓公墓為捐軀者獻花。移動已經在進行，但是……**

聯席會議主席：**總統繼任順位岌岌可危，我們需要有通用的解鎖代碼比較保險。**

這不就是剃刀邊緣嘛。毛姆那本就叫《剃刀邊緣》的小說，就是在講述一名一次大戰的飛行員，因爲在戰爭的血腥中受創太深，以至於他拒絕了戰爭，轉而去追尋生命的意義。

**「剃刀邊緣無比鋒利，欲通過者無不艱辛；是故智者常言，救贖之道難行。」***

思索著通用解鎖代碼所代表的現實面，總統突然有了決斷的動力。他想不起自己還是總統當選人的時候，有沒有在簡報中聽到相關的內容。即使有，他也早就忘得一乾二淨了。早知道他就應該認眞聽的，這下子事情嚴重了。總之，如果這個世界注定要在核子浩劫中毀滅，他會寧可自己手上不要沾著十億甚至更多人的鮮血。

總統授權了通用解鎖代碼。

這麼一來，若他或他的繼任者下落不明，要不要發射核武，就可以直接由美國戰略司令部的指揮官決定。

## ■ 三十一分鐘

### 五角大廈，國家軍事指揮中心

在五角大廈底下的核戰掩體裡，距離核彈在建物上方引爆、然後以其既荒誕無稽又慘烈至極的暴力將人事物永久地抹去，只剩下一百二十秒。在這裡工作的兩萬七千名人員，將全數葬身此地。這包括各個組織——陸軍、海軍、空軍、海軍陸戰隊、太空軍、海岸巡防隊、十一個作戰司令部、十七個情報單位中的許多個——的總部指揮人員，加上其他數萬人。而這還只是在五角大廈而已。

＊ 毛姆引用在《剃刀邊緣》第一章前的句子，典出揭示死亡神祕面紗並探討生命意義的印度經典《迦塔奧義書》。

除非——凡事都有除非——北韓的核彈頭未能成功返回大氣層內。

這是可能的。

火星十七型飛彈從平壤升空，已經飛行了六千英里。它已經達到了一萬五千英里的時速，以及七百英里的巡航高度。此外，它也已經歷經了推進階段與中途階段。美國已經有四枚攔截飛彈嘗試將它擊落，但全都失敗告終。如今，核彈頭必然已經重返地球的大氣層。這是個關鍵時刻，一個失敗司空見慣的關鍵時刻。

「飛彈在重返大氣層時，在很多地方都可能出差錯，」[339]洛斯阿拉莫斯實驗室武器工程師葛倫·麥可達夫告訴我們。「此時的飛彈動作必須十分精準，必須像子彈那樣旋轉。要是重新進入大氣層的彈頭載具偏離目標，或是喪失飛行穩定性，那它就無法順利重返大氣層，而是會在過程中起火燃燒。」

多年來，中情局始終認爲北韓的彈道飛彈不具備重返大氣層的能力。然後，就在二〇二〇年，出於未向大眾公開的理由，中情局改變了他們的想法。[340]

不知凡幾的生命危在旦夕，北韓飛彈究竟能或不能重返大氣層？

## 三十二分鐘

### 魚鷹機內的國防部長與參謀長聯席會議副主席

坐在朝R地點疾馳的V-22魚鷹式旋翼機中，國防部長一直在聆聽著衛星通訊。但他的心思全繫在俄羅斯上，他決心要與俄羅斯聯邦總統通上話。

同樣在飛機裡，他身旁的參謀長聯席會議副主席正與一名國防資訊系統局（Defense Information Systems Agency; DISA）的官員在線上對談。作爲一個關鍵的特殊任務支援單位，[341]或者說是一個作戰支援局處，國防資訊系統局負責把國防部員工組成的整支力量——相當於四百多萬名使用者[342]——連結到遍布全球的國防資訊系統網路（Defense Information System Network）。透過其聯合參謀支援中心（Joint Staff Support Center），國防資訊系統局操作並維護著位於五角大廈與R地點內部的國家聯合作戰─情報中心（National Joint Operations-Intelligence Center）。隨著五角大廈僅剩幾秒鐘就要遭到徹底毀滅，緊急作業與通訊已經全數被切換到R地點。國防資訊系統局的關鍵特殊任務支援人員正盡速轉傳手中所有的資訊給副主席跟國防部長。

國防部長與副主席已經升空十五分鐘，而他們遠離華府空域的距離已幾乎是海軍陸戰隊一號的兩倍。V-22魚鷹是架快很多、大很多，翼展也寬很多的飛機。其左右翼尖各有一個直徑三十八英尺的三槳複合旋翼連結到可旋轉的引擎吊艙上，而且兩具引擎加螺旋槳的組合都可以向上翻轉九十度（在這種引擎吊艙與機身垂直的狀況下，魚鷹就等於是一架直升機）。這種設計讓魚鷹機得以垂直起降，一如傳統的直升機，但又可以在往前飛行時，享有螺旋槳飛機的動力，[343]以達到幾乎兩倍於直升機的航速。

由於魚鷹機離開五角大廈是在總統離開白宮草坪之前，也因爲魚鷹機比較快，所以它已經脫離了危險的超高壓區，而這也意謂著國防部長與參謀長聯席會議副主席比起美國總統，有好上許多倍的機會可以活著抵達黑鴉岩山複合基地。

過去三十分鐘是一段非常多事的期間，而且當中有太多事情都是環環相扣，太多事情都取決於接下來會發生什麼，但國防部長此刻只專注在一件事情上：跟俄羅斯總統通上電話。如同許多擔任過美國國防部長的人，這個場景中的美國國防部長也一輩子都在跟軍工複合體打交道，所以有一個確實存在的生存危機他比誰都清楚，或者該說這件事除了他，很多人並不清楚。

相互保證毀滅裡有一個可怕的缺陷。

一種漏洞。在北極上空。一個爲漢斯・克里斯滕森等核武專家所熟知，但世人大多一無所悉的弱點。

「以義勇兵三型洲際彈道飛彈的射程想鎖定北韓的目標，[344]必須得借道俄羅斯空域，」克里斯滕森解釋道。

這表示從懷俄明州的飛彈場發射的五十枚洲際彈道飛彈，必須走一條**直接飛越**俄羅斯的飛行路線。

「這個漏洞，稱得上危險至極，」[345]前國防部長里昂．潘內達確認了這一點。「我不認爲大家有仔細思考過這個問題。」

在這個場景發生的當下，美蘇作爲兩大核武超級強權的關係正處於歷史低點。除了彼此高度猜忌，美國總統與俄羅斯聯邦總統的關係並不友好。在這樣的美蘇關係背景下，美國對北韓發射了反擊用的核子武器，而這些武器必須飛越俄羅斯上空才能到達北韓。

這種配置簡直就是災難一場。在這個場景裡，國防部長——非常有理由——擔心的是，如果他沒能趕緊聯繫上俄羅斯總統，馬上、即刻、現在，新的惡夢就將接連不斷地展開。

## ■三十二分鐘又三十秒

**大韓民國（南韓）烏山空軍基地**

在南韓的烏山空軍基地的一處地堡裡，一名美國空軍上校直盯著她前方螢幕上的一幀衛星影像。如烏山基地這樣長年維持高度警戒狀態的海外美軍基地，可以說已經非常少有。

烏山基地的防衛姿態不誇張地說，就是「準備好今晚就要開戰」。[346]

在正在展開中的核子衝突裡，南韓幾乎確定會是下一個目標。美軍上校看著眼前的螢幕，身邊是她在南韓的對口。分析師們已經確認了兩韓邊境上的動靜，那兒距離烏山地堡不到五十英里。

在烏山空軍基地的跑道上，F-16「戰隼」戰

**圖三十五**　在南韓的美國飛行員身穿核生化防護服與核意外裝備在進行訓練（朱利安・卻斯納上校〔退役〕提供）

鬥機與A-10「雷霆」攻擊機啟動了滑行，上頭的美韓兩國飛官都做好了戰鬥的準備。美國陸軍的黑鷹直升機則準備進行吊掛作業，好把物資分發到規模較小的前線作戰位置。所有人——包括飛行員、地勤人員，還有負責幫飛機加油的士兵——皆換上了可以抵禦化學、生物與輻射傷害的防護服。[347]

美國情報體系估計截至二〇二四年，北韓擁有約莫五十枚核彈。[348]據了解，北韓也維持著全世界最大量的化學武器儲備——五千噸——且大部分都已經預裝到火箭上。

烏山空軍基地隨時都處在備戰狀態。加上位於其南方十二英里處的姐妹設施韓福瑞斯營區（Camp Humphreys），駐韓美軍在當地執行的任務目標是，以首爾為中心提供一個安全圈。

首爾是已開發世界中最大的巨型城市，[349]且位置就在烏山空軍基地北邊僅四十英里處。擁有九百六十萬居民的首爾，人口密度在全球名列前茅，比美國紐約還多上一百萬人。首爾首都圈有兩千六百萬人居住，相當於全國一半的人口居住在這裡。

為了保護烏山空軍基地不受飛彈攻擊，該基地依靠的是[350]終端高空區域防禦系統，這個造價數十億美元，設計來偵測並擊落來襲飛彈的防空系統，也就是俗稱的薩德系統。但無論什麼武器系統都有漏洞，薩德的弱點[351]就在於它應付不了量多時的狀況。

「薩德系統的設定是同時接戰好幾個目標，」軍事史家瑞德・柯比說，「而不是好幾百個目標。」柯比為非政府組織擔任有關北韓大規模毀滅性武器能力的顧問。

烏山地堡裡的美國空軍上校緊盯著一幀幀衛星影象，眼睛睜得大大的，關注著兩韓邊界上的任何動靜。

她恐懼與尋找的是，化學武器飽和攻擊的跡象。

## ■三十二分鐘又三十秒

**空中，海軍陸戰隊一號**

海軍陸戰隊一號裡一片混亂。機上有人在失控大叫，有人在禱告，還有人在發訣別訊息。總統副官專注守護著足球。特別幹員與反襲擊隊的三人元素小組正設法救總統一命。駕駛艙內，飛行員讓直升機展開陡升，然後向特別幹員表示飛機已達到所需的高度。

特別幹員打了個信號給元素小組的組長。

反襲擊隊的一名隊員抓起總統身上的吊帶，將三軍統帥扣到自己身上。總統副官站著，足球緊緊地被他抱在胸前。另一名反襲擊隊隊員滑開了直升機的艙門。

風一口氣灌了進來。

總統與反襲擊隊隊員縱身一躍。特別幹員也跟著跳了出去。

再來是帶著足球的副官。

以及剩下的兩名反襲擊隊隊員。

總統幕僚們在機艙內目送他們離去。

被綁在反襲擊隊隊員身上一起跳下的美國總統，從空中墜落。

**咻。咻。咻……**

三名反襲擊隊隊員一一拉開了降落傘。特別幹員拉開了降落傘。然後是帶著足球的副官。六頂降落傘展了開來。

幾秒鐘過去，降落傘順利飄浮在空氣中。

核光一閃而過。

隨之而來的是幾分之一秒詭異而深沉的寂靜。

接著——

**砰……**

## ■三十三分鐘

### 地面零點，五角大廈

在最初的幾毫秒內，一道閃光將空氣加熱到華氏一億八千萬度，人、地、物[352]皆被焚毀，一個曾經明亮、曾經強大、曾經生機盎然的城市中心，陷入了一場火與死亡的浩劫。這顆百萬噸級核彈擊中五角大廈後所產生的火球，比起正午的太陽[353]還要亮上幾千倍。從馬里蘭州的巴爾的摩到維吉尼亞州的匡提科（Quantico），民眾都能看見這道死亡閃光。任何人只要直視它就會雙目失明。[354]

在這第一個千分之一秒裡，火球直徑是四百四十英尺。在接下來的十秒裡，它的直徑會膨脹到五千七百英尺，[355]超過一英里的純火焰——十九個美式足球場——

**圖三十六**　在一九七〇年的實彈試爆中，一枚百萬噸熱核彈在法屬玻里尼希亞爆炸（法國武裝部隊）

將把美國民主的樞紐付之一炬。

這顆火球的邊緣會一路往北延燒到林肯紀念堂，往南焚盡水晶城。*存在於這塊空間裡的所有人事物都化成了灰燼。無一倖存。人類、松鼠、瓢蟲、植物、動物，任何細胞生物都難逃死劫。

火球邊緣的空氣被壓縮成一面陡峭的衝擊波。[356]這堵稠密的空氣牆會向前推進，從各方向碾壓方圓三英里內的一切人事物。伴隨著時速高達數百英里的狂風，華盛頓特區彷彿剛剛被一顆小行星與隨之而來的氣浪擊中一樣。

在直徑九英里的第一圈[357]內，人造的工程結構會產生物理性的變形，大部分會直接坍塌，形成一堆堆高度三十英尺多的瓦礫。初始的熱核閃光會令火球「視線內」的一切被點燃。鉛、鋼、鈦被熔化了，車道鋪面會熔化成柏油。

在第一圈的外圍邊緣上，僅有的極少數倖存者[358]被困在液化的路面上動彈不得、起火、熔化。核子閃光中的X射線灼傷了人們的皮膚，四肢血肉模糊，筋骨外露。風撕裂了人們

* Crystal City，位於華府南部，爲隸屬維吉尼亞州阿靈頓縣的都會社區，特色是利用地下走廊，完成了辦公大樓和高樓層住宅的高度整合，由此居民可以在商店、辦公室與住家之間移動但無須登上地面。換句話說，水晶城在很大程度上是一處地下社區。出於地緣關係，水晶城內也進駐了許多國防承包商與美國政府機構。

臉上的皮膚，扯斷了他們的手腳。倖存者死於休克、心臟病發和失血過多。鬆脫的電線在空中甩動，電擊著人們，到處燃起新的大火。

幾十秒後，火球上升至離地三英里的高空。不祥的雲層[359]將白晝變成了黑夜。大概有一到兩百萬人已經或即將步上黃泉，還有數十萬人身陷廢墟和火焰之中。「最終誰也無法倖存下來，」[360]美國政府的核子諮詢委員會早已警告過，在地面零點的第一圈將會發生什麼。「現場將不會有任何可辨識出來的物件……剩下來的只有地基與地下室。」

人類歷史上，從未有過數目如此之多的人在如此短的時間內死去。自從六千六百萬年前，一顆山一樣大小的小行星撞上地球以來，還沒有過因一次襲擊而引發這樣大規模的全球性破壞。

大勢已去。

前美國戰略司令部指揮官羅伯・凱勒將軍那句讓人難以忘懷的話栩栩如生[361]：「世界的終結，與我們或許只相隔幾個鐘點。」

他快要說對了。

## 三十三分鐘

### 卡盧加州，謝爾普霍夫十五

在莫斯科西南方九十英里處的森林裡，在卡盧加州的鄉間地帶，謝爾普霍夫十五衛星控制中心偵測到了某個信號。紅燈閃爍。尖銳的警報聲響個不停。

「注意。飛彈來襲。」[362]自動化的語音對組員下著指令。

一枚美國洲際彈道飛彈在偵測中現跡。

語音指示之後是「第一梯隊」號令，第一梯隊是俄羅斯的術語，指的是核武戒備的最高層級。

謝爾普霍夫十五是俄羅斯用來監測洲際彈

**圖三十七**　俄羅斯，謝爾普霍夫十五衛星控制中心（俄羅斯聯邦國防部）

道飛彈發射資料的西部指揮中心，隸屬於俄羅斯空天軍，而空天軍本身就是「俄羅斯軍隊中一個獨立的分支，直屬俄羅斯聯邦軍隊總參謀部，」[363]帕沃爾·波德維格博士解釋說。這兒的雷達接收到來自苔原太空衛星的數據，而謝爾普霍夫十五的指揮官職責所在，必須將此一訊息轉發給指揮鏈上層。

俄羅斯國防部派軍官駐守在謝爾普霍夫十五設施已歷時半個世紀多。一如在美國，這裡也曾發生過可怕的假警報。一九八三年，一位名爲史坦尼斯拉夫·佩托洛夫（Stanislav Petrov）的中校擔任指揮官時，當時衛星數據顯示，有五枚美國洲際彈道飛彈正朝莫斯科襲來，且上頭攜帶著核彈頭。出於人類的直覺，佩托洛夫覺得此一攻擊訊息無法令人盡信。[364]事隔多年，他告訴《華盛頓郵報》記者大衛·霍夫曼（David Hoffman），透露了他那時的想法。「我內心有一種奇怪的感覺，」佩托洛夫說，他問自己，誰會只用五枚洲際彈道飛彈就對另一個核子超級強國發動核戰？

於是一九八三年的佩托洛夫決定把收到的預警訊號解讀爲「虛驚一場」，他說，因此沒有把消息上報給指揮鏈裡的長官。就靠著他恰到好處的懷疑，史坦尼斯拉夫·佩托洛夫[365]中校以「從核戰手中救下全世界的人」而聞名於世。

但在這個場景中，在這個張力十足的核戰危機裡——隨著美國遭到核彈攻擊，以及大量洲際彈道飛彈剛從懷俄明州的飛彈發射場升空——謝爾普霍夫十五的現任指揮官，有著截然不同於一九八三年佩托洛夫的反應。這次，苔原衛星不僅僅是把陽光誤認作火箭尾的熱氣而逕行通報那麼簡單，也不只是將雲層跟飛彈的羽狀煙霧混淆而已。這次苔原衛星系統誤報的是數量。

「苔原衛星系統遇到五十枚義勇兵三型飛彈同時起飛時，恐怕無法準確測量出它的數量，」泰德．波斯托爾話說得十分肯定。「那在它看來，可能像是一百枚。」[366]或者更多。謝爾普霍夫十五的指揮官盯著面前電子螢幕上的預警數據。五十枚義勇兵三型飛彈正飛越北極上空，且會被苔原衛星系統「看成」一百多枚洲際彈道飛彈。

那可是一大堆核彈頭。

足以對莫斯科進行先發制人的斬首打擊。

在這個場景下，謝爾普霍夫十五的指揮官並未抱持佩托洛夫中校四十年前的那種懷疑精神。他沒有去細想發射飛彈的美國是懷著什麼樣的意圖。

他拿起話筒，打給了莫斯科。

**美國人發射洲際彈道飛彈攻擊我們了**，指揮官說。

## ■三十四分鐘

### 紐約市，哈德遜城市廣場

紐約市的位置在加州迪阿波羅谷以東大約兩千五百英里處，或說華盛頓特區東北兩百英里處，這指的都是直線距離。以這樣的距離，紐約市還不至於直接感受到核彈爆炸的物理效應。唯在心理層面上，紐約市——美國第一大城——已經爆發出恐慌與混亂。隨著核子攻擊的消息野火燎原般席捲全世界，數百萬紐約居民都擔心自己的城市會成為下一個目標。在有線電視新聞網CNN設於哈德遜城市廣場（Hudson Yards）的攝影棚裡，員工逃難的急迫感是九一一恐怖攻擊以來僅見。遙想二〇〇一年，雙子星大樓行將倒塌之際，世貿中心裡的員工沒命似地從南北塔裡往外竄逃的景象。

在這個場景裡，少數幾名記者留守在了新聞編輯室。堅守崗位的他們掃遍了尚未停止運作的社群媒體網站，瘋狂地搜尋可以分享給全世界的內容。技術室裡的工程師們複製著布瓊角牧場主人拍下的影片，在螢幕上重複播個不停。就像九一一時有朱爾斯·諾德特（Jules Naudet）拍下了第一架飛機衝撞進雙子星北塔的畫面，而這次，世人看到的是末日戰爭的起始點。

CNN的華府特派員不分男女已經沒人在接聽手機。基地台的服務已經停擺。「北維吉尼亞州有全世界六成多的數據中心，」美國第一任網路首長，退役准將葛雷格里・圖希爾告訴我們。白宮發言人辦公室無人回應。CNN駐五角大廈聯絡人的訊息直接進了語音信箱。陸軍、海軍、空軍、陸戰隊、海巡隊、太空軍、國土安全部、聯邦調查局的狀況也一樣。

在X（原推特）當機前，手機影片充斥著各社群媒體平台。有些畫面就是從CNN這兒取得。但是由於大樓裡的事實核查員只剩下一人，因此認證工作窒礙難行。實際畫面與蔓延全網駭人聽聞的人工智慧短片片段，如何能分辨眞僞？

事實核查員直盯著焦黑的屍體畫面，看著那些不成人形的生物，甚至不像是眞實存在的人類。正如一九四五年八月的日本廣島與長崎，只是這次輪到了美國：人沒有了臉，沒有了皮膚。赤身裸體的人在街上奔跑，有些人衣服與身體都在著火。一個男人抱著死去的孩子。一匹馬橫屍街頭。一名青少年手持斷肢。

留在哈德遜城市廣場的主播，仍在唸著提詞機裡的內容，努力保持鎭定，並開始梳理此刻實際在發生的事情。

主播：**根據我們目前的了解，有一枚核彈襲擊了位在洛杉磯以北一百六十五英里處的一座核電廠。**

他的聲音有些顫抖。

主播：**似乎同樣是……我們還無法確定……就在數秒鐘或幾分鐘前……消息還未證實……第二枚核彈擊中了華盛頓特區。**

一九六三年甘迺迪總統遇刺身亡時，真情流露的華特・克朗凱（Walter Cronkite）曾在主播台上潸然落淚。一九三七年，當興登堡齊柏林飛船在空中爆炸起火時，赫伯・莫里森（Herb Morrison）曾失態大叫道，「喔，人類啊！」

這局面該如何處理？

主播低頭凝視他手機上的無線緊急警報，然後抬起頭，重新看向鏡頭。

主播：**聯邦應急管理署剛發布了無線警報。**

他舉起手機，對著鏡頭，上頭寫的是：

**美國遭受核攻擊**

立即尋求掩護

這不是演習[367]

# ■三十五分鐘

## 加州，迪阿波羅谷

在迪阿波羅谷電廠，強大的上升氣流將放射性塵埃與瓦礫往上吸進了愈來愈大的蕈狀雲梗部與雲層中。高達三萬英尺的恐怖異象，如今在加州沿岸或南或北的瞭望點都能看得見，包括凡德堡太空軍基地——四十枚攔截飛彈中，僅存四枚的所在地。凡德堡太空軍基地東南方大約三十五英里處，惡魔劇本正在上演。

周遭的丘陵都已起火。摩天大樓高度的火焰吞噬著森林，屠殺著……野生動物，沿途盡歸祝融。來自林間火場的過熱風勢，生成了火龍捲，風速可達每小時數百英里，力道足以劏倒樹木，把汽車大小且在焚燒中的破碎雜物挾帶進毗鄰的峽谷中，到處都在燃起新的火苗。

對數以萬計的加州居民而言，當迪阿波羅谷的緊急警報[368]——朝方圓十二英里的範圍內——開始發出刺耳的警響時，內心也跟著極度恐慌起來。

放眼四下，盡是一片混亂。

約莫十四萬三千人居住在以迪阿波羅谷的十二個防護行動區（Protective Action Zone）爲

中心、半徑十英里的範圍內，而防護區內的所有人現在都試圖同時撤離。[369]從皮斯摩海灘（Pismo Beach）到洛斯歐索斯（Los Osos），所有人都拼了命要逃離由煙霧、火焰與放射性毒物所代表的死亡。

前景十分嚴峻。

他們都試圖藉由一條已有將近百年歷史的公路逃走。

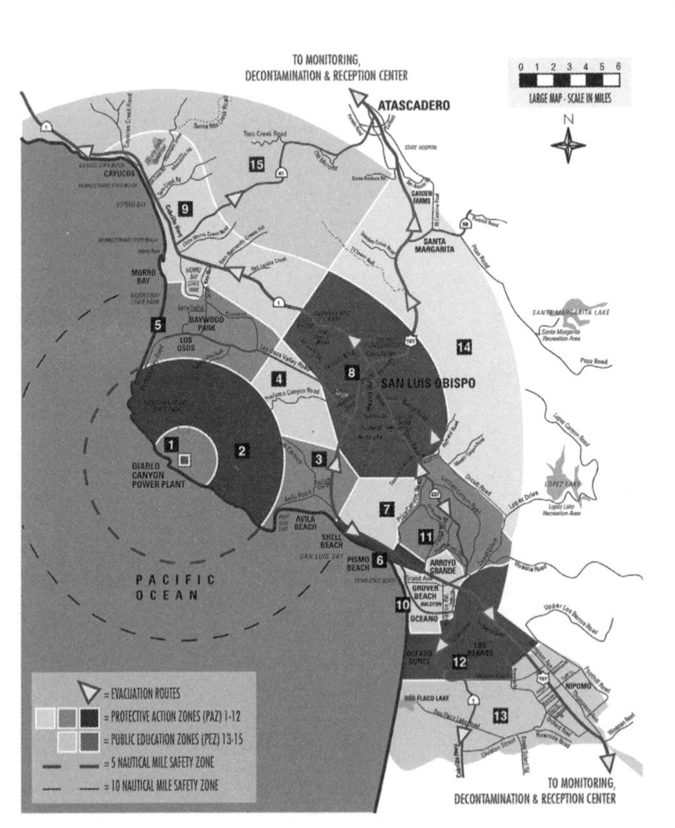


**圖三十八**　迪阿波羅谷，核子意外逃生路徑圖（美國核能管理委員會）

## 歷史小教室（七）

### ■「驕傲的先知」戰爭賽局

一九八三年，在核武儲備狂熱的高點——全球共有近六萬枚準備好發射的核武（三萬五千八百零四枚在蘇聯，[370]兩萬三千三百零五枚在美國）——美國總統雷根下令進行了一場模擬的戰爭賽局，代號「驕傲的先知」[371]（Proud Prophet），旨在探索核戰一旦開打的結果與效應。「驕傲的先知」這個戰爭賽局，其設計者是湯瑪斯・謝林（Thomas Schelling），一個冷戰時期的知識分子。於哈佛與柏克萊都取得經濟學學位的謝林在新英格蘭複雜系統研究所（New England Complex Systems Institute）這所顧名思義致力於研究「複雜系統」的智庫裡擔任教職。有些複雜系統存在於自然界。地球的整體氣候、人類的大腦、活生生的細胞，都是複雜系統的案例。[372]其他還有一些人造且依託於機器的例子，譬如供電的電網、網際網絡，以及美國國防部。

湯瑪斯・謝林的研究專長是把賽局理論應用到複雜系統上。他使用數學模型去辨別並預測結果，[373]並因此很受到看重。二〇〇五年，謝林以八十幾歲的高齡（偕羅伯・J・奧曼

（Robert J. Aumann））獲頒「諾貝爾經濟學紀念獎」，*以表彰他「透過賽局理論提升了我們對衝突與合作的理解」。

「造成傷害的能力[374]就是議價的能力，」謝林在其所著《武備的影響力》（*Arms and Influence*）一書中，寫下了這樣的名言。「所謂的外交，就是在利用這一點——兇惡的外交，依舊是外交。」

「驕傲的先知」作為一個高度機密的戰爭賽局，旨在演示當外交手段——嚇阻——走不下去之際，會發生什麼情形。這是為了讓美國核指揮控制體系中的層峰能夠了解核戰開打後，各種可能的開展。於是在一九八三年，逾兩百人集合在華盛頓特區的國家戰爭學院（National War College），開始天天窩在一個保密性滴水不漏的安全地點玩這個賽局，一玩就是兩星期。

國家戰爭學院位於美國國防大學（National Defense University）內，而國防大學又隔著河與五角大廈相望。為了玩這個「遊戲」，國防部長會天天拿起紅色電話打給參謀長聯席會議主席討論由謝林所提出，在不同核戰場景中的各種課題。相關的方案五花八門，從所謂有限核戰中的戰術核攻擊到大型斬首事件的設想，稱得上無所不包。你會看到有或沒有北約核軍力參與的習題，會看到美國率先發動核戰，從五角大廈裡的所有人都處於專注的平靜狀態開場。有些練習裡的核戰是被發動在危機模式裡，在全面性的恐慌模式中。其他的劇本還包括有或沒有中國參戰、有或沒有英國參戰。

保羅．布拉肯（Paul Bracken）作為耶魯大學的政治學教授，是受邀參與這場機密核戰賽局的一位民間人士。結果十分駭人，布拉肯說。在為期兩週的「遊戲」中，也在每一次的模擬場景裡——且不論每場戰爭遊戲的發生契機有何不同——核戰永遠都會以同樣的方式告終，永遠都會是同一個結果。核戰戰端一開，就沒有所謂的打贏之說，更不會有什麼衝突降階的機會。

按照「驕傲的先知」的模擬，不論核子戰爭如何開打，其結局都會是末世決戰導致的毀滅：美國、俄羅斯、歐洲全毀；北半球因為核子落塵再無宜居之所；光是開打的第一波轟炸就會死五億人，而且是至少；活下來的人也幾乎都會在後續的饑荒中餓死。

「其結果慘不忍睹，」布拉肯回憶說。「慘到讓過去五百年以來的所有戰爭，都變得毫無看頭。五億條人命殞落在初始的核武交鋒中……北約沒了。同樣沒了的還有歐洲、美國，以及蘇聯。北半球大部分地區在幾十年內將無法居住。」所有參與者在賽局結束離開時，

* Nobel Memorial Prize in Economic Sciences，全名爲瑞典中央銀行紀念阿爾弗雷德．諾貝爾經濟學獎，通稱「諾貝爾經濟學獎」。事實上經濟學並不在諾貝爾遺囑中提及的五大獎項中，而是另行被加入「諾貝爾獎」體系下的「一種」獎項，所以名稱稍有不同，惟其表彰傑出學術成就的用意與地位無異於其他諾貝爾獎。

個個都非常沮喪。

「驕傲的先知」的模擬結果對社會大眾保密了近三十年。直到二〇一二年，這場賽局才對外解密，雖說是解密，但大部分的文件內容都被塗黑成下面這副模樣。

「驕傲的先知」的解密還是有一個好處，那就是讓像保羅・布拉肯這樣的人得以討論當中的部分內容，而不至於違反一九一七年的《反間諜法》(*Espionage Act*)，就算是天南地北地談也不會有觸法的疑慮。由此，透過布拉肯，我們第一手得知了當年的軍事領袖完全沒有準備好面對自己要做成的決定——從核戰一開始的發難到他們會嚥下的最後一口氣，他們都完全



**圖三十九**　一九八三年的「驕傲的先知」核戰賽局文件在二〇一二年解密（美國國防部）

在狀況外。

十四年後，美國副總統艾爾·高爾（Al Gore）委託布拉肯教授主持了另外一種戰爭模擬賽局。這次模擬的不是核戰，而是華爾街遭到的網路攻擊。在一九九〇年代末期，副總統高爾擔心新崛起的網際網路會讓美國的銀行系統暴露在恐怖攻擊的風險裡。

「他的人馬要我設立一場賽局，」[375]布拉肯回憶起高爾副總統的請求，這次參與的有七十五名軍方與民間人士，包括華爾街的銀行家。

當時的國家戰爭學院內還沒有現在諱莫如深的機密房間，所以金融公司建達資本（Cantor Fitzgerald）的某位人士，在紐約世貿中心安置了一個宴會廳，布拉肯解釋說。那個宴會廳位在頂樓餐廳處，壯麗的紐約市景從那兒一覽無遺。事實上，那家餐廳的名字就叫作「世界之窗」（Windows on the World）。在一九九七年的三天中，這群軍方與民間人士共同參與了一場高機密的模擬戰爭賽局。一場網路恐怖攻擊。

他們從戰爭賽局得出的結論十分基本，布拉肯表示。「把資料儲存移出曼哈頓。華爾街公司加速把資料儲存移動到紐澤西與長島。」便宜、安全、沒得挑剔，唯一的問題是：「我們無法料想到真實的恐攻會是什麼模樣，」布拉肯不禁嘆了口氣。「我們沒想到有人會開著飛機朝大樓（這場賽局進行的所在處）衝撞上去。」也是，誰會料想得到會有人挾持商用客機去撞世貿雙子星呢？

四年後，這場模擬戰爭賽局中的十五名與會者，喪生在了世貿大樓裡，成了九一一恐怖攻擊的罹難者，當時就是有兩架商用航空客機在恐怖分子的脅迫下，衝撞了世貿雙子星。世界之窗餐廳與南北雙塔都在轟然巨響後，成了瓦礫與灰燼。

在核戰之後，二十一世紀大部分的人類也會是相同的命運。前一秒還好好的，下一秒就不見了。

## ■三十六分鐘

**內布拉斯加州，美國戰略司令部總部**

這個場景中，三十六分鐘過去了。美國戰略司令部指揮官已經奪門而出，衝向了末日飛機——正式名稱是E-4B守夜者（E-4B Nightwatch）——這架經過軍用化改裝正在柏油跑道上怠速的波音七四七。末日飛機永遠都處於準備起飛的狀態——從早到晚二十四小時，一年三百六十五天，隨時準備載著指揮官升空脫逃。[376]這是因爲末日飛機可以從空中打核戰。

正值內布拉斯加的春天。柏油跑道已經清空。沒有洪水，沒有颶風。地下掩體內的安全逃脫時鐘在幾分鐘前就已歸零，但美國戰略司令部指揮官必須從美國總統手中取得通用解鎖代碼。而他不久前終於成功了。

他從全球作戰中心出來、跑過停機坪，衝上末日飛機的空橋樓梯，進入到國防部空中戰情室，這過程所需要的時間，都已經過充分的演練。[377]「我必須在一定的時間內登上該機，[378]讓飛機準時離地（起飛），並在核彈爆炸前，與此地拉開，達到安全距離，」美國戰略司令部指揮官海滕將軍在二〇一八年這麼告訴CNN。

在末日飛機上的會議室裡，指揮官繫上了安全帶，重新加入了與核指揮控制體系的衛星通訊，跟還活著的諸位指揮官們恢復了聯繫。

總統那兒還沒有消息，副總統那兒也沒有消息。

副官手裡抱著足球，美國戰略司令部知道這一點，他們也知道足球在哪裡。在被暱稱爲（美式）足球的那個手提包裡，裝有一個機密追蹤系統，專爲抵消電磁脈衝的效應而設計。足球如今躺在馬里蘭州波伊茲（Boyds）郊區的林地上。一支快速反應部隊已經從大衛營被派去搜尋並回收足球，最好還能一併接回總統，但快速反應部隊的直升機還在飛行途中，沒人知道總統有沒有跟副官在一起，也不知道他與反襲擊隊的隊員是不是受到衝擊波與風勢的影響而失散了。

海軍陸戰隊一號上的追蹤系統在三分鐘前停止了資料傳輸。機上所有乘員的手機訊號以及跳傘者的手機訊號，也全都在核彈於華府上空炸開後停止了傳輸。局部性的電磁脈衝讓在超高壓區的一切都歸零。

國防部長與參謀長聯席會議副主席的飛機在更外圈，所以可以持續正常飛行，且再過幾分鐘，他們就會在R地點降落。副主席女士正在與美國戰略司令部通衛星電話，但她得先等另一頭的指揮官在末日飛機的戰情室裡進入狀況。

末日飛機之所以稱作末日飛機，是因爲一旦進入核戰，美國戰略司令部的指揮官（或某個他的代理人）就會從飛機上執行各種緊急命令。每架末日飛機都經過強化，可以不受電磁脈衝的干擾，同時機窗上還有隔網，可以防止玻璃被衝擊波衝破。E-48夜巡者上的衛星通訊系統，旨在爲高階軍事將領與聯合作戰總部之間提供全球通訊。該飛機可以在不加油的狀況下，在美國上空盤旋[379]二十四小時或更長的時間，藉此，將核發射代碼傳送給核三位一體在世界任何地方的任何一個分支，且傳送範圍無遠弗屆。要是衛星通訊在美國國內或在全球範圍內失效，[380]那麼末日飛機就會啟用極高頻（extremely high frequency; EHF）與極低頻及低頻（VLF/LF）信號聯繫機隊內的其他飛機，包括E-6水星通信中繼機（E-6 Mercury）。E-6水星的正式名稱爲「接手與行動」（Take Charge and Move Out; TACAMO）平台，這是個冷戰時期設計的系統，旨在擔任最後手段的空中指揮中心。

末日飛機上有設備可以讓指揮官（從空中遠距）發射核三位一體中，任一分支——水面下的潛艦、空中的轟炸機、地底的洲際彈道飛彈發射井——裡的所有武器，即便在各系統的發射控制中心失去從地面進行發射的能力之後。

末日飛機從奧弗特空軍基地的停機坪起飛，以最大爬升角度升空。美國戰略司令部指揮官聽取了關於五角大廈遭受攻擊的事件簡報，包括核彈造成的財損評估與人員死傷估算。同樣經由簡報，他掌握了那五十枚義勇兵三型洲際彈道飛彈還有多久會擊中目標，也知曉了三叉戟潛射彈道飛彈還有多久會被發射出去。

指揮官還看到了華盛頓特區的高解析度影像，那是由飛越地面零點的無人機以機載的先進感測系統，即時彙整出的數位合成畫面。從一九四〇年代尾聲起的幾十年間，美國空軍就不斷在磨練穿越核爆蕈菇雲的飛行技術，[381]爲此，他們派出的都是如賀維．史塔克曼這等功勳卓著的戰鬥飛行員，希望能好好開發這門戰技。如今，這項任務已經交給了無人機，由人員從國家安全局與國家偵察局的聯合設施（不在華府）進行操控——如此高度機密的裝置，分享其所在位置將會違反《間諜法》。

無人機上的感測器系統裡，有國防高等研究計畫署（DARPA）構思出的「自主化即時地面普及偵蒐——紅外線」（Autonomous Real-Time Ground Ubiquitous Surveillance–Infrared; ARGUS-IR）系統，其設計旨在爲戰地指揮官提供地面態勢感知能力。二〇一三年，ARGUS紅外線系統可以從二十多英里外辨識出有人戴著腕表，而系統取名爲ARGUS就是在致敬名爲阿耳戈斯的古希臘怪物，一個百眼巨人。[382]

美國戰略司令部指揮官凝視著強大的美國五角大廈曾經矗立的地方，而今只有令人觸目驚心的景象。那光景簡直慘不忍睹。在核子時代到來之初，參謀長聯席會議就曾被警告過，核彈是「對人類，乃至於人類文明的一種威脅」。早有人說過，核武要是被用來攻擊城市，它們可能「足以讓地表廣大區域變得杳無人煙」。[383]

而這一刻，美國戰略司令部指揮官是首批見證此一預言成眞的美國人之一。

這一切對身在高空中的他，歷歷在目。

## ■三十七分鐘

**太平洋，位置不詳**

太平洋中央，離華盛頓特區數千英里外，一個未經揭露且只有船艦指揮官與船員知道的位置，美國海軍內布拉斯加號響起了刺耳的警笛。艦上共計一百五十五名潛艦官兵始終心無旁騖，高度專注在一件事上：核武的發射事宜。

美國海軍內布拉斯加號是一艘搭載了核武的核動力潛艦。它所能造成的破壞力是二戰時所有炸彈的二十倍，包含投在日本的那兩顆原子彈。一如其他所有的俄亥俄級潛艦，內布拉斯加號無聲無息、難以探測追蹤、隨時準備發射飛彈。此刻，發射就在幾秒鐘後。「我們有能力摧毀敵人的軍力，敵人的基礎建設，以及介於這兩者之間的一切，」潛艦兵馬克．勒文（Mark Levin）在國防部的podcast節目上告訴聽眾。[384]「一個可以存活下來，執行核攻擊來還以顏色的系統。」

「可以存活下來」指的是潛艦的生存能力。

美國海軍內布拉斯加號上的組員經過特殊訓練，[385]技術精湛。他們已經習慣了在水下深處連續航行七十天。沒有訊息、沒有電子郵件、沒有無線電聯繫、沒有雷達影像訊號。美國俄亥俄級

**圖四十**　三叉戟潛射彈道飛彈（SLBM）發射自美國海軍內布拉斯加號（美國海軍上士朗諾．加特里吉）

潛艦引以爲豪的，就是其作爲終極核嚇阻的身分；只有瘋了的人，才會想要惹它發火。

艦上的組員們一收到發射核武的命令，隨卽一絲不苟地按照平常的演訓動了起來。來自總統的發射命令由兩名基層軍官完成了核實與解碼。[386]這串經過編碼的資料內，含有關於行動計畫與行動時機的訊息。行動計畫[387]指的是攻擊的目標跟確切的座標——時機則是指在幾點幾分發射。

行動的齒輪開始轉動。在美國核指揮控制體系裡，所有複雜而多步驟的協定與程序中，三叉戟核飛彈的發射設計理念就是：簡單迅速。

組員們先將總重一萬八千七百五十公噸的潛艇移動到定位：位於水下大約一百五十英尺處的發射深度。

艦上的指揮官（艦長）、執行官（副艦長），加上兩名基層軍官，會一一對總統的命令進行最後的核實。

核實完，艦長與副艦長會打開艦上的雙重保險箱。從保險箱中，他們會取出兩件物品。一張密封驗證系統卡，跟一把火控鑰匙。[388]鑰匙被插入了其對應的插槽，然後轉動。飛彈準備就緒，隨時可以發射。

每艘俄亥俄級核潛艦上，都有二十根現役飛彈發射管，管內各有一枚三叉戟二型D5飛彈。這二十枚飛彈中的八枚將會發射。

這八枚飛彈的鼻錐罩中，都各裝載有四顆獨立的核彈頭。每顆彈頭都攜帶有一枚四十五萬五千噸當量的核彈。[389]

艦長授權了八枚三叉戟飛彈的發射。

武器官扳下了第一枚飛彈的發射開關。

拋射藥在瞬間蒸發了發射管底部的水箱。

蒸汽膨脹的壓力推動飛彈通過發射管頂端的隔膜拋出艦艇，[390]在艦外的發射管口拋掉推進火箭，並以充足的動能遠離潛艇，到達水面。

在發射後的一秒多一點，第一枚三叉戟飛彈突破了水線。隨著徹底脫離了太平洋的海面，第一階段火箭引擎點燃。飛彈開始累積高度，推進階段正式展開。

十五秒過去。[391]第二枚三叉戟飛彈從發射管中現身。再隔十五秒，[392]第三枚飛離。合理又簡單的飛彈排序如下：

飛彈一

飛彈二

飛彈三

飛彈四

飛彈五
飛彈六
飛彈七
飛彈八

八枚飛彈，每一枚都搭載有四顆各具有四十五萬五千噸當量的核彈頭。全數三十二顆核彈頭會在不久後，摧毀北韓各地的一衆目標。

每枚火箭上的第一階段構件會燃燒大概六十五秒，接著就是以十四分鐘的飛行時間[393]抵達目標。跟洲際彈道飛彈一樣，潛射彈道飛彈也是潑出去的水，無法召回。

## ■三十七分鐘，又三十秒

**聯合作戰—情報中心**
**賓夕法尼亞州，黑鴉岩山複合基地**

在黑鴉岩山複合基地裡的腹地深處，國防資訊系統局的聯合作戰—情報中心有許多軍官正在負責核後勤作業。[394]具體來講，他們正急如星火地發出緊急行動指令。

簡稱FPCON Delta的「一級部隊防護狀態」[395]（Force Protection Condition 1）是軍事設施將遭到攻擊的最高等級警報，此刻已然生效。這跟縮寫爲DEFCON 1的一級戰備是相互獨立的警報，後者適用的是平民人口面臨攻擊的局面。國土安全部指示海關及邊境保護局（Customs and Border Protection）、運輸部（Department of Transportation）、海岸巡防隊將美國邊境盡數關閉。[396]聯邦航空總署（Federal Aviation Administration）發布了簡稱SCATANA的「空中交通與空中導航輔助的安全管控」（Security Control of Air Traffic and Air Navigation Aids）計畫，意思就是要在緊急狀況下停飛所有的飛機。

放眼全美所有的軍事設施，營區都是大門緊閉。基地安全部隊啟動了滴水不漏的識別證檢查程序。由軍方與民防力量負責的緊急基地封鎖也即時生效。

在全球各地的美國軍事設施中，地區作戰指揮官執行了「三角洲（FPCON Delta）」措施，徒勞地希望能確保和保護其責任區的安全與免受攻擊。會說是徒勞無益，乃因爲核攻擊根本無從抵禦。不過正所謂盡人事聽天命，美國還是全面封鎖了海內外的各個基地。

畢竟美國與北韓，打起了核戰。

## ■三十八分鐘

### 地面零點，第一圈與第二圈

在華盛頓特區，第一圈是大屠殺的現場。以地面零點爲圓心，第一圈指的是直徑九英里內的範圍，之中的人造結構或變形或倒塌，人員傷亡會直逼百分之百，所有人非即死也是瀕死。

曾經矗立在第一圈內的建築物——白宮、國會大廈、最高法院、美國司法部與國務院、聯邦調查局、財政部、國會圖書館、國家檔案館、（華府之）大都會警察局、農業部、教育部、能源部、衛生及公共服務部、美國國家科學院、美國紅十字會、（美國革命女兒會）憲法廳，而這都還只是略舉數例——都已經被湮滅、粉碎、吹垮、劈開、撞倒、點燃。幾分鐘前，還在上述各種機構中站著、坐著、走著、等著、工作著的人——都已不復存在。

這些以花崗岩或大理石鑿成，由鋼鐵和石材砌成，有著萬神殿式柱子與新古典風格門面的代表性建物，或許曾看似堅不可摧，而今也只是一堆堆的亂石與瓦礫。戰爭的殘骸。過往餘下的殘片與碎塊。

想想原本是國家廣場（National Mall；林肯紀念堂與華盛頓紀念碑的所在地）的那一小

片土地，這個被稱爲美國前院（America's Front Yard）綠草如茵的長型公園，每年起碼有兩千五百萬人次的遊客造訪。作爲一個熱門的景點，那兒會有人來辦音樂會與節日慶典，會有人來野餐或示威抗議，也會有人來慢跑，是遊客和新婚夫妻的聚集地。如今全都蕩然無存。五分鐘前，這座景觀公園裡還滿是歷史博物館和好奇的遊客。現在，史密森尼*各博物館裡的所有珍藏——恐龍化石、植物學與各種藏書，國家肖像畫廊（National Portrait Gallery）裡的畫作、拳王（穆罕默德．阿里）的長袍——所有津津有味地注視著這些藏品的遊客，前一分鐘都還在那裡，一秒鐘後就猝然變成公釐大小的灰燼碎片。

以地面零點爲圓心的第二圈是火場。第二圈是指直徑從第一圈往外十五英里內的區域，此處絕大多數沒有當場殞命的人，也都因爲三度灼燒而在快速邁向死亡。核彈發出的華氏一億八千萬度的X射線閃光，點燃了熊熊烈火，大火正在吞噬第二圈以及更遠處的萬物。第二圈內，數百萬的可燃物全在瞬間燒了起來，就像數百萬根劃開的火柴同時落在了乾枯的草地上。

「點燃的過程很複雜，」[397]葛倫．麥可達夫博士告訴我們。洛斯阿拉莫斯國家實驗室的

---

* 這些博物館屬於由史密森尼學會所構建的博物館暨研究機構體系。該有國家資金投入的半官方體系之下，有衆多博物館與研究機構、甚至還有畫廊與動物園，大多爲免費供人參觀，且主要以華盛頓特區爲根據地。

科學家們花了數十年的時間計算核彈引爆處周遭，天然與人造物品的「點火閾值（起火門檻）」。[398]松樹的針葉與黑色橡膠可以在距離百萬噸核爆中心點七．五英里處自燃，大部分的汽車內裝也是如此。而塑料則更有可能冒出一道道「噴射火焰」，[399]這些迷你火炬又會引發新的火災。尚未起火的建築物很快就會著火。這包括南至亞歷山卓（Alexandria）、西抵福爾斯徹奇（Falls Church）、北達卻維柴斯（Chevy Chase）、東到國會山高地（Capitol Heights）等地區幾乎所有的房舍，乃至於這四地之間的所有街區的大部分。

自核彈擊中五角大廈後，僅僅過了五分鐘。正在燒毀第二圈的大火將比核爆本身殺死更多的人。史丹佛大學榮譽學者琳恩．伊登解釋說，「這場大火所釋出的能量會比（原始）核爆產生的能量大上十五到五十倍，同時現場那些可以把直徑達三英尺的樹木連根拔起的風勢，也會把人從火場外吸到火場內。」人類會被以物理性的方式從一個空間吸到另外一個空間，就像被困在某個可怕的、巨大的真空或泵中一樣。

泰德．波斯托爾從物理學家的視角[400]描述了事情的經過。「一個反直覺的過程開始了，」他說，「火球會像具有浮力一樣上升至[401]大約五英里的高度，然後才會穩定下來。在上升的過程中，它會在地面上創造出巨大的餘風，內部風速大概落在每小時兩百到三百英里之間，其動力來源是火球上升時那股向內而非向外移動的吸力作用。」隨著這股呼嘯旋轉的火旋風在一秒內變得更加兇猛的同時，它會愈燒愈失控，[402]並開始創造出自己的天氣。接下來的幾個小時當中，這團火球會先吞噬整個大華盛頓特區，跟著再將外圍的郊區摧毀殆盡。它會消滅城市中的一切跟每一條生命，直到沒有任何東西可以燃燒。

與此同時，核彈引發的電磁脈衝已經造成停電。沒了電力供應，抽水機就成了廢鐵。沒有水，民衆就無從遏止火警肆虐。沒有警消會前來救援，因爲核爆之後的致命輻射使得地面零點周圍變成禁區，救援人員必須等待二十四到七十二小時，才有辦法進駐廣大火場的外圍災區。而在這段與外界隔絕的過渡時間裡，圍繞著地面零點廣達一百平方英里（起跳）的範圍內，會持續延燒，沒有任何人或物可以倖免。聯邦應急管理署自身的總部就位在五角大廈東北方二．一英里處，地址是西南區五〇〇C街，那裡如今已被夷平。至於其在全美各地的十個區域辦公據點，已不堪重負。

看看第二圈的景象，在最初爆炸中倖存下來的部分建築物也開始倒塌，爲火災提供了更多的燃料。瓦斯管線炸開。載運危險物質的油罐車炸開。化學工廠炸開，引發新的火災。在尚未起火的地方，颶風級的過熱風勢讓氣溫飆破了華氏一千兩百二十度，[403]連鉛與鋁都遭到熔化。在第二圈的外緣，地鐵隧道與地下甬道裡的倖存者就快要喘不過氣了，一氧化碳讓他們窒息只是遲早的事。在國會大廈和白宮底下的祕密掩體裡，民代、官員與幕僚如同置身烤箱，有些被活生生烤死。有些則像是被困在野火中的消防員，無處可逃。活路，並不存在。

在此時的華盛頓特區，萬事休矣。

## ■三十八分鐘

### 賓夕法尼亞州，黑鴉岩山複合基地

當地時間下午三點四十一分，魚鷹旋翼機降落在了R地點西大門附近的直升機停機坪。這個核指揮所已經進入封鎖狀態。士兵帶著攻擊步槍在高高的衛兵塔上警戒，隨時注意有沒有人意欲從林木線（樹木生長的邊界）處發動突破或攻擊。由於一級部隊防護狀態已然生效，各區人員都已經接獲準備作戰的指示；藍脊峰的黑鴉岩山複合基地裡的每一個人，都處於最高等級的威脅戒備狀態。

國防部長與參謀長聯席會議副主席會經由B門戶這個位於強化東通風口附近的雙門入口甬道被帶進基地。但在這個場景中，下飛機卻花了比該花的時間要長。原因是國防部長受到熱核閃光的影響失去了視力。

由於他看不見，所以走路必須有人從旁引導。那應該只是視力的減損而非永久性的失明。核閃光會讓恰好目睹了核爆的人或動物暫時失明——即便是隔著五十英里的距離。

國防部長就是剛好在核彈引爆的剎那，看向了飛機窗外的五角大廈方向。魚鷹旋翼機的窗戶材質極其講究，但畢竟沒有接受過核彈的實測。國防部長比誰都清楚不能直視核爆，但就像飛蛾忍不住想撲火，他無論如何也想親眼見證嚇阻的失效。爲了眼見爲憑，現在他瞎了。

總統那邊還是沒有消息。這感覺不太妙。副總統、衆議院議長、參議院署理議長、國務卿與財政部長在幾分鐘前的五角大廈核爆後，就一直下落不明。在這五人現已被推定死亡的狀況下，總統繼任者的下一個順位就是國防部長。

必須有人宣誓就任爲三軍統帥，而且要快。美國不可一日無主，特別是現在。但是，要一個突然失去視力的國防部長向一個驚恐的國家宣布，他是一場正在發生的核災難中的代理總統，並不是很理想。

幾名副官協助眼前一片黑暗的國防部長從魚鷹機上下來。一群人通過了安檢，進入了B門戶，進入了一台電梯，由電梯載著他們下到六百五十英尺深，進到了一系列洞穴式隧道、掩體與辦公室風格的房間。黑鴉岩山最初占地二十六萬五千平方英尺，[404]可容納三千人，包括各軍事部門的領導人與參謀長聯席會議主席。但華府遭到的核攻擊是一次斬首事件，只有少數人趕在核彈落下前逃離了華盛頓特區。載著總統行政幕僚離開的海軍陸戰隊直升機也都在核爆後，一直處於無線電靜默狀態。

國防部長與參謀長聯席會議副主席討論起現下最迫切的問題。

副主席對國防部長說：**我們必須跟莫斯科連上線**。

他們倆一直在嘗試與自己的俄羅斯對口連線，卻都沒能成功。他們一致認爲現在最迫切的事，就是跟俄羅斯總統通上電話。隨著這兩個人移動到地下指揮中心，國防資訊系統局持續努力試著聯繫上克里姆林宮。副官們爭相找起了《聖經》或任何類型的書籍，以便用來進行新任三軍統帥的就職宣誓典禮（甘迺迪遇刺後，林登・B・詹森用來宣誓繼任美國總統的，是一本三孔活頁夾）。

國防部長與參謀聯席會議副主席爭論起他們要如何接觸莫斯科。他們該跟俄羅斯總統說美國總統不見了，而且恐怕凶多吉少了嗎？

國防部長：**我們應該等等**。

副主席：**沒時間再等了，我們現在就得把狀況告訴莫斯科**。

國防部長：**少了總統，我們顯得很軟弱**。

副主席：**溝通不良的風險太大了**。

國防資訊系統局：**連上莫斯科了**。

副主席接起了電話，問候她的是俄羅斯總參謀部的一名成員。

副主席：**我們需要立刻與貴國總統通話。我們正遭受核攻擊，但我們對俄羅斯沒有敵意**。

俄羅斯將軍回覆說：**俄羅斯總統只能跟美國總統對話**。

副主席重複了一遍：**美國正遭受到核攻擊**。

但將軍好像聽不到她說話。

俄羅斯將軍：Да。

他說的是俄語的「是」。

副主席告訴俄羅斯總參謀部官員，俄羅斯必須擱置所有的軍事行動，讓兩個核武大國的總統有時間在電話上溝通。這點沒有商量的空間，副主席對此態度十分堅決。

俄方官員用俄語表示：**Ваш президент уже должен был нам позвонить**。

意思是：你們的總統現在才想要通電話，晚了。

然後電話就斷了。

## ■三十九分鐘

**比利時，布魯塞爾，北約總部**

時間是晚上九點四十二分，在北大西洋公約組織位於比利時布魯塞爾利奧波德三世大道上的總部。在由比利時國防部團隊設計來象徵手指交纏*的玻璃帷幕大樓裡，北約快速地動了起來。

北約成立的宗旨是推廣民主價值與和平化解紛爭。北約身懷的任務是促進團結與合作，但北約也肩負一項承諾：成員國被攻擊，北約將予以致命的還擊。如今，美國遭到兩枚核彈的攻擊，北約引用組織公約第五條：對北約任一成員國的攻擊，將被視爲對北約整體的攻擊。由此，北約的每一個成員國，都將對受到攻擊的盟國伸出援手，必要時，不排除動用核武。北約自身並不擁有核武，但美國長年將一百枚核彈部署於北約在歐洲的基地。這一百枚戰術核武屬於北約與美國之間所謂的「核武共有計畫」。這意謂著美國的核武裝備已經被存放在五個成員國的六個北約基地裡的噴射機隊內；每個成員國的空軍都經過指派，會使用美國置放在這六個基地的核彈去執行北約的攻擊任務。但是，在執行任何這些核攻擊任務之前，在任何核彈從WS3（全稱Weapons Security and Storage System，即「武器安全暨儲存系統」）中取出，並裝載到噴射機上之前，北約的核武計畫小組（Nuclear Planning Group）必須獲得美國總統的授權。按照北約新聞處的說法，英國首相[405]也必須一併認可並授權該行動。

問題是，現在沒有人知道美國總統人在哪兒。也沒有人知道他是不是還活著。

汽車疾馳在利奧波德三世大道上，輪胎摩擦路面發出刺耳的聲音。當地的政治領袖在北約總部前下了車，匆匆忙忙走進北約總部的會議廳，在那兒，核武計畫小組成員們聚集在一面巨大的電視型螢幕上，進行電子遠程電話會議。提供超過十二種語言服務的北約口譯員戴上了耳機，聽著，也等待著。北約核武計畫小組的每一名成員都在等著美國總統的隻字片語。而在等待的同時，歐洲六個北約空軍基地的機隊組員收到了備戰的緊急行動訊息，這些基地分別位於：

- 比利時
- 荷蘭
- 德國
- 義大利（有兩處基地）
- 土耳其

這些基地裡所有的飛行員與空軍士兵都做好了戰鬥的準備，每個基地都已進入一級戰備狀態。飛行員與地勤衝進了強化過的飛機掩體——混凝土製的冰屋造型結構，強度足以承受五百磅的炸彈轟擊，當中停放著有能力施放核武的轟炸機。現在每個人都在等待來自指揮鏈

＊ 鳥瞰圖裡的北約總部是八棟相互交錯的樓房，就像交握一起的左右手，取其團結的寓意。

的命令。

## ■三十九分鐘

### 俄羅斯，莫斯科，國防管理中心

在處於莫斯科中央地帶，國防管理中心的戰情室裡，俄羅斯總參謀部的成員一個個目不轉睛，全都盯著螢幕上的影像。那些影像是位在歐洲各地的北約基地的實況，而俄羅斯能有這些畫面，憑藉的是各司其職的一票（情報工作）資產，包括他們的監控系統網。

在比利時、荷蘭、德國、義大利、土耳其，有能力搭載核武的戰鬥機都在北約基地的跑道上怠速待命，就等著上級的一聲號令。從俄羅斯的角度去看，這些——相當大動作的——調遣，觸發了一系列環環相扣的警報。

利用從北約通訊系統中攔截回來的信號情報，再配合由國防管理中心地下室那台超級電腦上的演算法，俄羅斯分析師得以破譯他們認爲鄰近歐洲境內正在發生的事。

他們的結論是北約正準備發動核攻擊。

俄羅斯眼中的北約是其一大假想敵。幾十年的冷戰期間，俄羅斯也組建了自己的聯盟——華沙公約組織——以抗衡北約所代表的西方國家。新解密的書面資料顯示，華沙公約的成員國——阿爾巴尼亞、保加利亞、捷克斯洛伐克、東德、匈牙利、波蘭、羅馬尼亞——都各自對西方維持了幾十年的核攻擊戰略，雖然俄羅斯至今仍堅稱他們在蘇聯時期並無「預警即發射」的政策。[406]

幾十年來雙方劍拔弩張且叫囂不斷，但北約與華沙集團從未在軍事衝突中直接交戰。裝腔作勢與小打小鬧難免，但真槍實彈的戰役則無。蘇聯在一九九一年十二月瓦解，華沙公約組織也跟著湮滅。在那之後，原本在俄羅斯控制下的東歐，也一個個轉而向西方靠攏。

對許多俄羅斯人來說，那無異是狠狠賞了他們一個耳光。時間來到二〇一四年，俄羅斯聯邦正式重拾了其反北約的立場。北約擴張進入俄羅斯舊地盤之舉是在「影響全球局勢穩定，[407]打破核飛彈領域的力量平衡」，俄羅斯官方的「軍事準則」（military doctrine）如此宣稱，而這正代表了該國的用兵思維。

現在，在這個場景中，俄羅斯國防管理中心裡的一眾將領們，在包括義大利的阿維亞諾（Aviano）與比利時的克林恩布洛蓋爾（Kleine Brogel）在內的空軍基地裡，觀看了圍繞著能作爲核武平台的戰鬥機的各種活動。隔著一千三百英里——大概是從波士頓到邁阿密的距離——莫斯科被認爲處於這些北約基地的攻擊範圍內。

在莫斯科國防管理中心的戰情室內，應變計畫被搬上了檯面。來自苔原衛星系統的飛彈攻擊預警資訊經過謝爾普霍夫十五衛星控制中心的確認，觸發了卡茲別克（Kazbek）電子指揮控制系統。帕沃爾・波德維格博士告訴我們，這種預警通知與確認機制會啟動名爲「初步命令」[408]（preliminary command）的高度核戒備狀態。

「一旦進入這種狀態，」波德維格表示，「所有人都會開始等待。然後繼續等待……一直等到發射（的指示）眞的發了過來。」

俄羅斯將領們開始分享他們對美國正在發生的事，以及接下來應該會發生的事的看法。歐洲的未來岌岌可危。

俄羅斯與北約之間的核子衝突，將會帶來災難性的後果。二〇二〇年，一項由核武學者偕普林斯頓大學科學暨全球安全計畫（Program on Science and Global Security）進行的電腦模擬[409]顯示，俄羅斯與北約的核子交戰，幾乎肯定會迅速升級，導致在最初開戰的幾小時卽造成近一億人的傷亡。

俄羅斯將領們彼此交換著意見，他們在爲見到總統該說什麼進行準備。

## ■ 四十分鐘

**科羅拉多州，夏延山複合基地**

美國軍方已對北韓發射了八十二枚核彈頭，目標是對該國的領導層實施「斬首」，[410] 以免其進一步對美國進行核攻擊。此一行動是基於名爲「恢復嚇阻」的軍事準則。

核戰理應不該發生。嚇阻理應可以撐在那兒。但萬一出於某種原因嚇阻沒能撐住，那麼恢復嚇阻就是接下來該做的事。二〇二〇年白宮的一份簡報文件是這樣描述的，「改變對手關於進一步（核）升級的決策計算」。[411]

按照美國戰略司令部指揮官海軍上將查爾斯・A・理查（Admiral Charles A. Richard）（時隔兩年在二〇二二年）的說法，「日常的嚇阻[412]不同於危機時的嚇阻，不同於衝突中的嚇阻，也不同於第一發核武已經打出去，你想要恢復的那種嚇阻。」

在這個場景中，於首次使用核武後恢復嚇阻，需要美國戰略司令部使用壓倒性的核武力去對來犯者施壓，迫使他們投降。這是爲了讓對方喪失進一步攻擊的能力，改變他們的決策計算。但這做得到嗎？根據美國軍方的說法，這項任務的難度——就軍事行動而言——大概會落在「很困難」到「不可能」之間。北韓的最高統治者幾乎必然已經狡兔三窟，遁入其國內衆多地下設施裡的某處。那是一座深埋地底的堡壘，一個由坑道與指揮中心群所構築的迷宮，他們數十年來精心謀劃，爲的就是要在這種時候藏匿其領導班子，使其在神隱中度過核戰的前中後期。

「衆所周知，北韓擁有一個廣大且用途啟人疑竇[413]的地道與地下設施網絡，」美軍透過發言人表示，「其可能的作用包括滲透南韓、保護行事神祕的北韓政權，以及實施核武試爆。」

參照叛逃者（脫北者）的敘述，南韓軍方已經描繪出部分北韓的地下坑道系統，他們認爲北韓現有的防炸地堡恐怕多達八千座。但由於西方陣營的情報資產非常稀少，因此美國大體上對這些地堡的細節仍處於十分茫然的狀態。「在我們必須對其蒐集情報的國家當中，北韓就算不是最難蒐集的那一個，也至少是最難蒐集情報的目標國家之一，」[414]美國國家情報總監丹尼爾·柯茨（Daniel Coats）在二〇一七年對國會這麼說。「我們並無持續性的ＩＳＲ（情報、監視、偵察）能力。我們的ＩＳＲ中間存在漏洞。這些北韓都清楚。」在未來的任何作戰行動中，如布魯斯·布萊爾在二〇一八年所寫，「情報漏洞[415]與隱藏的北韓核武和祕密指揮地堡的可能性，都會讓美國十分困擾。」這包括北韓最高領導人在核戰爭中發動先發制人的炮擊後可能的藏身之所。

爲了阻止北韓繼續發射核武，美國戰略司令部必須一舉剷除其領導階層與核指揮控制體系。關於這點，華府各智庫的情報分析師認爲這帶來了一個更具挑戰性的問題。北韓這個國家是操控在一小群效忠領袖的「私人書記處」（Personal Secretariat）成員手中，且他們中的大多數人會無時無刻待在領導人身邊。這群不同尋常的男女包括他的政治與軍事幕僚，還有他的保鑣、銀行家與生活助理——甚至他孩子的保母。

邁可・梅登作爲智庫史汀生中心（Stimson Center）的北韓領導者觀察（North Korea Leadership Watch）總監，他對此有所解釋。「私人書記處無所不管。[416]最高領袖的每日行程、髮型、穿著，他在外國銀行戶頭裡的幾十億美金等，都歸這個部門管。他們裡頭有負責暗殺的單位，有負責發布軍事號令的單位，還有負責指揮管控全北韓的安全與軍事部隊的單位，包括該國的核武等各種大規模毀滅性武器。」

在對他們的身分所知甚少，行蹤更是近乎一無所知的狀況下，企圖鎖定這群大權在握的政治特權分子進行攻擊，該如何爲之呢？北韓官方不編制公開報告，其國內也不存在獨立的報章雜誌。美國情報體系裡的大部分資訊都來自衛星影象與叛逃者的報告。這意謂著美國前三十二枚潛射核彈頭會優先攻擊的，將是下列這些「反制目標」[417]（counterforce target）：

- 北韓的核武發射設施
- 北韓的核指揮控制設施
- 北韓的核子武器生產設施[418]

在試圖斬首北韓領導階層的過程中，美國國防部不得不讓數以百萬、乃至數千萬的北韓老百姓陪葬。有些人主張這違反了《聯合國憲章》，以及國際法當中的「訴諸戰爭之正當性」（Jus Ad Bellum），也就是「師出（得）有名」的大原則。這一派人認爲這違反了「人道與軍事必要性」[419]這兩項基本原則，而那當中又可細分出「（軍民）區別原則、比例原則、避免不必要痛苦」這三項行之有年的底線。然而，正如全世界的人類卽將共同見識到的，核戰的第一條規則就是沒有規則。美國國防部要摧毀北韓首都平壤以及大片農村地帶的邏輯是，這麼做可以爲一名決策者的瘋狂行爲畫下句點。這當中的假設是，用一波核彈頭炸死幾百萬北韓人，可以讓美國有最好的機會阻止北韓領導人多殺死幾百萬美國人。

美國認爲這樣可以「以殺止殺」，可以讓嚇阻恢復效力。但，眞的嗎？

## 四十分鐘又三十秒

**北韓，樺坪郡，會中里地下設施**

在北韓北部一個遺世獨立的山谷中，距離中國邊境大約二十英里處，山邊一道厚重的鋼門大大地旋了開來。這就是極具神祕色彩的會中里飛彈作業基地，當中包含了一座鮮爲人知的地下祕密城。

根據數十年份的建檔衛星影像，美國中情局判定該處絕不只有那二十多座地面建物。不論是那間用來種植蔬果的溫室，還是那片用來閱兵的草皮，[420]肯定都只是冰山一角而已。他們認爲這個複合基地的構成起碼包括兩個地下設施，可以容納至少一個團級飛彈部隊，確切有多少飛彈或人員則未知。「這裡的山頂覆蓋著土壤，[421]並有成熟的植被長得高高的，其用意就是要掩蔽自己，躲避頭頂的衛星偵測，」影像分析師小喬瑟夫・柏穆德茲解釋說。但我們對於該基地內部幾乎一無所知。[422]「北韓從未承認過這個基地的存在，其國家級的代號是什麼也不得而知。」

山邊鋼門旋開的幾秒後，從門後緩緩駛出了一輛朝鮮人民解放軍的彈道飛彈運輸豎起發射車，其二十二輪的平台上，橫躺著一枚火星十七型洲際彈道飛彈。

發射車往一條兩邊有護欄、表層是塵土的山路開了幾百英尺，然後停了下來。士兵從車上跳了下來，進行完各種調整，隨後退到了邊上。

飛彈啟動，完成準備，發射。在一陣火箭被引爆後的羽狀廢氣中，火星十七型的洲際彈道飛彈從發射台順利升空，進入了在林地上空的推進階段。其火焰點燃了地面上的松樹，震動讓巨石滾下了山坡。在這個場景中，北韓用來對付美國的核彈總數已經來到三枚。

數千英里上空，美國國防部的SBIRS衛星系統從太空中看見了飛彈發射，並通知了指揮中心。這第二枚洲際彈道飛彈的可能目標，還需要幾分鐘才能辨識出。

由於五角大廈已經被毀，因此衛星的飛彈追蹤資料透過在空中的指揮中心——末日飛機——流向了北美防空司令部、美國北方司令部，以及美國戰略司令部，也流向了俗稱R地點的黑鴉岩山，以及尚完好無損的兩個地底核指揮中心：

- 科羅拉多州，夏延山複合基地，飛彈預警中心
- 內布拉斯加州，奥弗特空軍基地，全球作戰中心

## ■ 四十分鐘又三十秒

**俄羅斯，莫斯科，國防管理中心**

美國正經歷的亂局讓俄羅斯情報總署（Main Intelligence Directorate）——縮寫格魯烏（GRU）——的一名上校看到入神。他雙眼緊盯他莫斯科辦公室裡的衛星電視，入神到忘記了要檢查

語音郵件。他沒聽到十五分鐘前，他安插在美國懷俄明州的線人傳來的一則訊息。

格魯烏的工作是透過外館武官、駐外幹員與間諜去替俄羅斯軍方蒐集各種由人員取得的情資。這也包括在美國的間諜，包括那位在懷俄明州回聲一號義勇兵三型洲際彈道飛彈設施附近擔任眼線的老人。

在莫斯科，格魯烏上校終於想起了要檢查語音信箱。

他聽了一段以數字編碼的簡短訊息，其遵循的是之前獲得授權的通報協定。

那當中包括的數字與俄羅斯使用的西里爾字母，是用來確認訊息的內容與真實性。

翻譯成英文，這則訊息的內容簡單明瞭：洲際彈道飛彈**已經發射**。

手機還握在手裡的格魯烏軍官，拿起了祕密電話的話筒開始撥號。

## ■ 四十分鐘又三十秒

**紐約市，哈德遜城市廣場**

在紐約市，位於有線電視新聞網CNN在哈德遜城市廣場的攝影棚，員工們持續成群地從大樓中逃離，包括直到幾分鐘前，仍在現場節目上報導最新快訊的主播。

在這個場景裡，一名年輕些的女主播坐到了鏡頭前。努力保持鎮定的她，對著仍在收看節目的觀眾解釋說，全美大部分地區對社交媒體平台的訪問權限大多已經關閉。觀眾能否觀看到CNN廣播，取決於你住在哪裡。

眾多美國電視臺與廣播電臺都已經停止了運作——因爲資料中心已經失靈、電信業者已經癱瘓，員工更已經擅離了職守。隨著資訊分享陷入一片混亂，女主播說她現在只能大聲宣讀下載自聯邦應急管理署第四區指揮中心的指令，位於亞特蘭大的該中心尚未停止運作。

主播：**我現在要宣讀的是《為核爆做好準備》**。[423]

在女主播身後，一面電子螢幕顯示著一幅

**圖四十一** 美國政府會定期發布警語讓民眾知道核爆時的應對方式（加州公共衛生局）

從加州公共衛生局網站抓下來的圖。[424]

那張駭人的圖是一張已有幾十年歷史、實際核爆中的蕈狀雲與雲柱的照片。那張照片是眞有其事，上頭是一枚在冷戰時期試爆的核彈被捕捉下來的畫面——當時在大氣層中進行核試爆尚屬合法。照片已被加了工，添加了橘色與紅色調。它看起來十分猙獰而險惡，[425]那是因爲事實就是如此。

女主播：**民眾應該要「進入室內、留在室內、保持收訊」。**[426]**這是聯邦政府給的指示。**

年輕女主播閱讀著聯邦應急管理署的網站內容，然後有個同事過來打斷了她，並給她遞了一本厚達一百三十五頁，上頭被劃了許多重點的聯邦政府出版品，那是由總統行政辦公室所編纂的指南書，[427]書名是《應對核彈引爆的規劃指引》。

女主播：**聯邦應急管理署與總統行政辦公室**[428]**說，這是在自家城市與鄉鎮遇到一萬噸的核爆時，民眾應該要有的心理準備。**

她無從得知剛擊中華府的，是顆百萬噸的核彈，當量足足是政府宣導資料上的百倍。

一邊瀏覽著同事支援的文件，她一邊大聲而斷斷續續地唸著：

「人體……遭到焚燬

爆風、高熱與輻射造成各種傷害

皮膚會受到貝塔射線灼傷

致命劑量的輻射……從地面零點向外……可延伸二十英里……即便獲得醫療……也……
很難活下來

爆風與電磁脈衝……（會）損壞通訊與基礎建設

讓車輛拋錨

基礎建設……徹底被毀

通訊設備（手機訊號塔等）……被毀

電腦設備……被毀

控制系統……被毀

供水與電力系統……被毀

少有建物……更可能是沒有建物……能在結構上保持健全

瓦礫遍布街巷……深度……可達三十英尺

爆風成傷……在建物倒塌致傷的掩蓋下容易被人忽略

爆風成傷……主要源自於被拋飛的亂石與玻璃

不穩定的建築結構，銳利的金屬物品……劃破了瓦斯管線

危險物質小組……寸步難行……拋錨與撞毀的車輛阻擋了他們的路線

掉落的電纜線……翻倒的車輛……徹底封死了街道

肆虐的火風暴……讓想控制火勢的消防員有心無力
危險化學品……醫療驗傷處……來自放射性落塵的汙染……死亡……隨處可見。」

然後，主播卡在了一句極其突兀的話上，讓她停止了唸稿，不可置信地搖了搖頭。她深吸了口氣，繼續唸了下去：

「核爆後，優先事項可能會發生變化。」

她的手機發出叮噹聲。聯邦應急管理署又發了一則無線緊急警報。

她大聲地朗讀：

**「美國遭受核攻擊**
**立即尋求地下掩護**
**視情況需要疏散躲避火警。」**[429]

唸完後，她重新看向鏡頭，開口說了什麼，又停了下來。她失去了在螢幕前的冷靜。

女主播：**現在是怎樣？**

她大聲問起了周遭，沒有特定對誰，只是把問題丟了出去：

**我們是該繼續待在原地嗎？還是要疏散？**

她舉起了手機，將螢幕畫面對準了鏡頭。

女主播：**這兩組指示都來自聯邦應急管理署，但說法卻相互矛盾。**

她無言了。

她還能說什麼呢？

## ■ 四十分鐘又三十秒

**加州，洛斯歐索斯**

在距離迪阿波羅谷北方大約六英里多一點的洛斯歐索斯，這個加州海灘社區裡的居民們，正處於一種徹底的恐懼之中。核電站與這個小鎮之間那些高聳嶙峋的峰群，保護了許多當地居民，使他們免於三度灼傷或四肢碳化。這些「護鎮神山」也保護了鎮民不會被飛來的物體刺穿、被爆炸衝擊波摧毀的建築物壓死。但是，地理條件無法使該地區的任何人免於因輻射而痛苦不堪地死亡，這種死亡是不可避免的，而且馬上就要到來。如果從外露的反應爐爐心噴發出來的核輻射沒有當場要了鎮民的命，那麼由碎裂的乏燃料棒形成的蕈狀雲所產生的放射性落塵肯定會要了他們的命。

這一帶的某些居民會隨身攜帶口袋型輻射劑量計[430]與離子室電位計，*爲的是在緊急狀況時，監測累計輻射劑量，而此時，這些儀器的讀數都已經爆表。這些可以在現地直接讀取結果的劑量儀，其設計是爲了輔助人在不可預見的輻射外洩後，決斷該如何應對。懂得未雨綢繆購置這些儀器的洛斯歐索斯居民，已然集體意識到當前的嚴峻形勢。他們知道自己要是不立刻撤離，就只有死路一條。

鎮上已經停電。電視與調頻廣播也都已經中斷。就連美國國家海洋暨大氣總署全災害氣象廣播（NOAA Weather Radio All Hazards）這個全國聯播網——長期被認爲是在天災人禍裡扮演中流砥柱的新聞來源——都已經因爲過載而當機，上頭只剩下詭異的錯誤代碼廣播，鬼

* ion chamber electroscopes。離子室電位計是一種簡單的氣體離子化探測器，廣泛用於檢測和測量許多類型的離子輻射，包括X射線、伽馬射線、$\alpha$粒子和$\beta$粒子。

打牆地重複著「未知警告／未知聲明」。[431]海面的船隻收聽著第十六頻道（用來與其他船隻跟美國海岸巡防隊進行通訊的超高頻率無線電），但他們收到的也只有讓人聽不出個所以然的雜訊。

核反應爐監督專線已經打不通了。太平洋瓦斯電力公司作爲迪阿波羅核電站的母公司，過去就有過令人憂心忡忡的黑歷史，這包括他們因爲與加州大火有關的索賠案進行了總金額高達一百三十五億美元的和解。[432]但這場災難的諷刺之處就在於，這次不是他們的錯。

舉凡插在牆上插座裡的手機與電腦，其微處理器都在核爆瞬間遭到燒燬。[433]電池驅動的緊急警鈴大致上而言，都還按原訂的設計在運作。安裝在電線桿上的社區廣播喇叭發出刺耳的哀號，讓人惶惶不安的警報聲一響就是三、五分鐘，中間完全沒有斷點。許多居民都知道這種警報意謂著甚麼：**核子意外發生了！**

除了當地的濱海城鎮外，大約有五十萬人居住在迪阿波羅谷周遭五十英里範圍內。消息迅速在當地居民間傳開，每個人都知道了在美國另外一邊的華府也遭到了核彈攻擊，而這就代表這裡正在發生的核意外不是局部事故，而是核子戰爭。

在加州聖路易斯奧比斯波郡內的各個沿岸社區裡，車輛開始倒出家中的車道——車窗全部緊閉，口鼻都被布料或新冠疫情時期剩餘的口罩給遮了起來。

現在是當地時間午後十二點四十三分。

孩子們都還在學校上課。

每一秒都是關鍵。

想活命就得趕緊疏散。

但能疏散到哪裡呢？有風的地方就有輻射塵。

在居民的車道之外，一種新的恐怖出現在加州中部沿岸的每個城鎮、每個轉彎處、每個大小社區裡。汽車。到處都是汽車。將迪阿波羅谷電廠與大多數城鎮隔開的是一座一千八百英尺高的布瓊山（Mount Buchon）。這片丘陵地帶的土石緩衝掉了核彈大部分的局部性電磁脈衝效應，讓不少車輛免受微處理器被燒掉的命運。但街燈還是熄滅了。交通大打結。居民在生存本能的驅使下，慌忙地驅車翻過路側的護堤，穿越草坪，以一種暴力、絕望的方式試圖逃跑。車輛衝到逆向車道，與迎面而來的車子撞個正著，有如玩碰碰車似的。整個路面霎時成了遊樂園，到處撞成一堆。

迪阿波羅電廠被三十萬噸的核彈擊中後，已經過了十八分鐘。帶有放射性的森林火災已經讓周遭的林地陷入一片火海，一座巨型煉獄朝著布瓊山的四下蔓延，對山下的居民與一個個村鎮造成莫大的威脅。放射性灰燼充斥著空氣。天空下起了粉碎成彈珠大小的核反應爐碎片。沒了生息的海鷗雙翼著火從天空墜落。人們開始失禁、開始吐血。

隨著蕈狀雲升起，天色轉爲黑暗。

分秒必爭。人們下了車，開始拔腿狂奔。

## ■ 四十分鐘又三十秒

### 太平洋上空七百英里處，位置不詳

在太平洋的高空，八枚三叉戟飛彈在地表上空劃出一道弧線，飛行速度高達每小時一萬三千六百英里，也就是十八馬赫。它們的飛行始於幾分鐘前，起點是太平洋中部一個未公開的地點，只知道大概位置是在天寧島以北某處。這些飛彈的目標是平壤，距離起點有一千八百英里。射程角爲三八．二六度[434]（range angle；通過航程起點與終點之大圓的弧角），從發射到目標地的整體飛行時間爲十四分鐘。這是飛彈專家泰德．波斯托爾計算出來的結果。

導引三叉戟穿過大氣層進行高速移動是現代一種不尋常的導航形式。美國海軍最強大、最昂貴、也最準確的核彈想飛到它們的目標處，靠的是替三叉戟飛彈系統量身訂做的一種太空導航技術：觀星。

早在人類搞定語言書寫系統之前、懂得把自身歷史記錄在石頭或泥板上之前，我們的祖先就已經知道如何借助觀天，從A點移動到B點。天體導航牽涉到利用恆星、太陽和其他天體來確定一個物體的位置。

「潛航中的潛艦無法確知自身在發射之際所處的位置，」[435]三叉戟飛彈導引系統經理人史提芬．J．迪圖里歐（Steven J. DiTullio）解釋說。艦上有一名導航員，由人類擔任提供協助，「但即便是這樣，精準度也沒辦法令人滿意。」

迪圖里歐表示，這個問題——在遇到末世決戰時——的解決之道，就是觀看星星。

「我們處理〔地理位置〕不確定性的方法是，在飛彈航程中觀測星象，然後藉此修正其初始位置的誤差。」就概念上而言，這無異於從冷戰初期就在使用的那種系統。這種科技因爲原始，所以可以避免被駭。而也正因爲它原始，所以彈道飛彈上沒有遙控的緊急中止按鈕。如果有，那敵人很顯然就可以駭進彈道飛彈的導引系統，使其接受自己的控制。

八枚三叉戟核子飛彈，每一枚都有足夠的綜合爆炸威力[436]來將平壤變成一座火場。它們持續飛行在次軌道*的軌跡上，靠的是星辰的導引。

* 能衝出大氣層，但是不進入繞地軌道。

## ■四十一分鐘

### 俄羅斯，阿穆爾河畔共青城，中央指揮中心

俄羅斯在國土東部有另一個類似謝爾普霍夫十五的預警雷達設施，那是一個西方國家還沒決定好該怎麼稱呼它的中央指揮中心。不遠處是阿穆爾河畔共青城（Komsomolsk-on-Amur），這個俄羅斯遠東基地顧名思義就座落在阿穆爾河邊上的一條無名道路旁，行政上屬於哈巴羅夫斯克邊疆區（Khabarovsk Krai）。這個位置大約距離中俄邊境一百七十五英里，距離與北韓的邊境大約六百英里。該設施的存在用意是解讀苔原預警衛星群自太空傳來的數據，也是爲了看到美國從南邊的太平洋射來的核武。更精確地說，是從美國俄亥俄級核動力潛艦射來的核武。

阿穆爾河畔共青城是個窮鄉僻壤，孤立在現代世界之外。除了作爲冶金產業、飛機製造業與造船業的區域中心，這裡也曾經有過一個惡名昭彰的超視距雷達發射機設施，代號是DUGA-2，[437]但它更爲人所知的名字是「啄木鳥」（Woodpecker）。之所以名爲啄木鳥，是因爲在逾十年的冷戰期間，它曾在短波無線電頻段上重複著一種神祕的敲擊聲，全世界都聽得到。DUGA雷達的鋼體與鐵絲結構是一個半英里長、五百英尺高的巨大碑狀物。

緊盯著這兒的北約軍情單位給了它一個代號，叫作「鋼場」（Steel Yard）。蘇聯解體後，在阿穆爾河畔共青城的DUGA雷達發射機也於一九九〇年代被拆除，但其更加聲名狼藉的同型設施[438]仍屹立於烏克蘭，就位在車諾比強制疏散區（Chernobyl Exclusion Zone）內。

當地時間清晨五點四十四分，阿穆爾河畔共青城這裡的指揮官在等著額外的資訊從苔原太空衛星傳來。放眼整個俄羅斯軍方，卡茲別克電子指揮控制系統已然啟動，其國內所有軍事設施都進入了最高層級的警戒，也就是所謂的「初步命令」狀態。就在幾秒鐘前，阿穆爾河畔共青城接獲了其兩個姐妹雷達站從巴爾瑙爾（Barnaul）與伊爾庫茨克（Irkutsk）發來的消息。

「俄羅斯空天軍擁有四種潛在的陸基預警雷達，能夠偵測到首波彈道飛彈發射，」[439]湯瑪斯．維辛頓告訴我們。作爲一名電子戰專家與軍事雷達分析師，任職於英國皇家三軍聯合研究所的維新頓博士，計算了俄羅斯在這種情況可能獲得的追蹤數據需要多長時間流入。「在三叉戟飛彈發射後的三分鐘又九秒，在巴爾瑙爾的77YA6DM沃羅涅日—DM（Voronezh-DM）雷達系統會開始追蹤首波出擊的潛射彈道飛彈。五十秒後，在伊爾庫茨克的77YA6VP沃羅涅日—DP雷達會〔加入〕共同追蹤〔它〕。」

此時阿穆爾河畔共青城收到了苔原衛星系統的通知，有一枚飛彈自太平洋來襲。預警用太空衛星「看到」從南邊有數百個物體朝俄羅斯而來——或至少俄軍指揮官認為是朝俄羅斯而來。這與巴爾瑙爾跟伊爾庫茨克地面雷達站的觀察不謀而合。

苔原系統之所以「看見」幾百個物體，不是因爲它把陽光或雲層誤判成了火箭廢氣。火箭廢氣只會出現在彈道飛彈的推進階段。三叉戟如今已進入中途階段，這時候的俄羅斯預警雷達系統所面對的，是另外一種新的誤判。三叉戟彈道飛彈在每個彈頭母艙裡都含有幾百個物體，它們是誘餌，其存在是爲了要騙過俄羅斯的攔截飛彈。

「這些誘餌是以小塊的交叉鐵絲構成，[440]形狀近似美國小孩玩的傑克石，」*泰德・波斯托爾解釋說，而對於在阿穆爾河畔共青城那樣的雷達系統來說，「這些鐵絲團就像是幾百顆額外的彈頭。」

指揮官拿起電話，通知莫斯科說他的預警系統看見了一大群彈頭從南邊朝著俄羅斯襲來。

## ■ 四十一分鐘又一秒

**美國北達科他州上空，末日飛機內**

在末日飛機的空中指揮中心裡，美國戰略司令部指揮官打開了黑皮書。隨著第三枚彈道飛彈朝美國襲來，他正挑選著更多的目標向北韓發動反擊。人在R地點的國防部長與參謀長聯席會議副主席也在電話上，兩邊是靠著名爲先進極高頻系統的衛星通訊在進行對話。從國防資訊系統局與海軍陸戰隊一號失聯後，已經過了八分鐘。沒有人知道總統的行蹤。

快速反應部隊已經成功定位了足球，並將之帶回到了黑鴉岩山。總統副官壯烈犧牲了，現場可以看到他的降落傘被爆炸波扯破。負責總統隨扈任務的特別幹員、反襲擊隊隊員，還有總統本人都還是不知去向，合理推測是被氣流吹散了。

由於主席已死，參謀長聯席會議副主席如今成了美軍軍中階級最高的軍官，其職責是擔任總統與國防部長的幕僚，爲他們提供建言。作爲代理主席，副主席女士的軍階高於美軍中所有的軍官，但她仍屬於參謀體系，不能直接指揮軍隊，指揮軍隊是總統的權責。

副主席：**國防部長需要宣誓就職為代理總統**。馬上。

衛星通訊上的所有人都意見一致。

---

＊ Jackstone，也可簡稱jacks，爲美國傳統的兒童玩具，形狀像是諾曼第登陸時被德軍放在奧馬哈海灘上的那些反坦克鋼條障礙物，通常還配有一顆球。玩的時候先把傑克石丟到空中，試著用手背接住，接到最多的人成爲第一個玩家，由他把傑克石撒在平坦的地上，然後把球往地上一砸，趁彈起的球回落到地上之前撿起傑克石，完了之後還得把球接住。如果球落下前無法撿起指定數目的傑克石，就換下一個人玩，最終由撿起傑克石多者獲勝。

但在R地點的政府行政分支人員針對繼任順序提出了異議，他們根據的是美國憲法第二條第一項第四款的規定。爭議的核心是九一一恐怖攻擊後，美國國會針對「大規模斬首」[441]事件後該如何應對的一項立法，至今仍未有共識。在這個場景中，參議院署理議長顯然還健在。就在幾分鐘前，國防資訊系統局才接獲署理議長一名幕僚的訊息。這位參議院排名第二的人物（美國憲法規定副總統兼任參議院議長）在核彈於五角大廈上空炸開時，人正生病在家，此刻，他正——開著自己的車從馬里蘭趕來——在前往R地點就任三軍統帥的路上。

國安顧問：別管他了。我們引用向下排擠程序，*讓國防部長宣誓就任總統。

國安顧問指的是一九四七年《總統繼任法》（*Succession Act*）的第三編第十九項。[442]人民的選擇。

美國戰略司令部有不一樣的觀點。

戰略司令部指揮官：**我們需要以武力回應第三枚來襲的飛彈。**

參謀長聯席會議副主席：**國防部長需要宣誓就任為代理總統，馬上。**

戰略司令部指揮官：**我們需要有人敲定核攻擊的選項。**

國防部長：**我們必須先跟俄羅斯總統通上電話，在那之前我們絕不能輕舉妄動。**

衛星電話上的所有人都知道美國戰略司令部的指揮官手握通用解鎖代碼，這意謂著他有能力——也就是說可以授權——去發動額外的核反擊。

美國戰略司令部指揮官：**俄羅斯總統拒絕與您通話，這可不是個好兆頭。**

國防部長（慍怒）：**他之所以不接我電話是因為我不是美國的代理總統。**

副主席：**我們需要讓國防部長宣誓為總統。**

國防部長：**我現在眼睛看不見。**

連珠炮似的討論持續進行，而就在美國這邊確認著自己有什麼優勢跟劣勢的同時，俄羅斯那兒也正上演著同樣的事——只不過俄羅斯人的場景是在地堡裡。

## ■ 四十二分鐘

**馬里蘭州，波伊茲**

誰都沒有總統的消息，因爲當核彈擊中五角大廈的同時，海軍陸戰隊一號在局部電磁脈

＊ 在裁員或重組等組織精簡的語境中，bumping指的是由資深員工「擠開」，即排擠掉資淺員工的做法。

衝的影響下歷經了系統失靈，墜毀在地面上。我們前面提過，在飛機墜毀的若干秒前，一名特勤局反襲擊隊的元素小組成員帶著總統一起，從塞考斯基直升機敞開的門口跳傘逃生，企圖拯救總統的性命。

這兩人在馬里蘭州小塞內卡湖（Little Seneca Lake）附近、波伊茲的森林地帶猛烈著陸。反襲擊隊隊員頸部骨折身亡。總統因反襲擊隊隊員以身軀保護而獲得緩衝，幸運地活了下來。

此際，總統解開了扣環，想將自己與殉職的隊員分開，他爲了掙脫，扭動起身體。額頭上有一道深深的口子，左臂與右腿則有開放性骨折。*他可以看見帶血的斷裂肌腱與外露的灰白色骨質穿出皮膚。他身上沾著血，很多的血。

總統就這樣在林地間躺著，聽著樹林在初春風中的擺盪。驚魂未定的他，擔心自己會死在這裡。這裡沒人幫得了他。他既走不了路也無法爬出森林，因爲左臂與右腿的傷勢實在太重。他正在快速地失血中。失血讓他昏眩。但他依舊是美國的三軍統帥，而美國正在歷經核戰。

會有人找到他嗎？

總統的iPhone在混亂中丟失。他試著拿死去的特勤隊員的無線電來用，但它不起作用。他不太確定自己人在哪兒，他猜測會有快速反應部隊[443]被派來搜尋他的下落。但在欠缺可使用的通訊裝置下，搜救人員要如何在他失血過多前找到他呢？

## ■四十二分鐘

**美國國家動物園，地面零點**

在以華府地面零點爲圓心的各圈範圍裡，可怕的痛楚與磨難並不是人類的專利。在五角大廈北邊四英里處的國家動物園，裡頭大部分的動物都已經死絕，但還是有少部分倖存，只不過牠們已失去視力，身體被三度灼燒，在徹頭徹尾的驚嚇中苟活下來。亞洲象、西部低地大猩猩，與蘇門答臘虎在各自的籠子和圍欄中痛苦掙扎、哀號，大部分動物身上都披著脫落的焦黑皮膚，毛髮也在著火。

著火的動物們會出於本能往水邊去，但他們想用水滅火的嘗試只是徒勞。人也是動物，

---

＊ 又名複雜性骨折（compound fracture），即斷骨已刺穿皮膚表面，出現開放性傷口的骨折。

所以華府各地的水道此時都泡滿了人。波多馬克河被無從計數的死者堵塞，這一幕與一九四五年八月那天的日本長崎如出一轍。「成千上萬的屍體在河面上載浮載沉，444具具都吸飽了水，腫脹而發紫，」倖存下來的松本しげ子（Shigeko Matsumoto）後來回憶說。而在這個場景裡，華府附近的水道中，閃耀著金屬炫彩的碩大麗蠅（食腐昆蟲）落在了浮屍上，開始往裡頭產卵。

籠子裡動物的死亡率，篤定會達到百分之百，因為原本可以餵食牠們或釋放牠們——讓牠們能靠自己尋求一線生機——的人類，如今都不在了。國家動物園附近所有的人類倖存者，都面對著難以跨越的重重障礙。渾身灼傷的他們鮮血淋漓，肺部滿是毒氣與煙塵。他們急切地想要逃離災區，以免被後續的超大型火災燒到沒命。但面前堆得像小山的一落落瓦礫，使得他們幾乎寸步難行。不夠牢靠的建築在他們四周搖搖欲墜，坍塌崩毀。致命的輻射在空氣裡，默默替暫且倖存的人判了死刑。

## 輻射綜合症[445]

早在曼哈頓計畫的年代，國防科學家們就已經知道急性輻射病會對人體造成什麼樣的影響。不信的話，我們可以一起來回顧一九四六年五月，發生在洛斯阿拉莫斯森林中的一個祕密實驗室裡，細節被列為機密長達數十年之久的歐米茄試驗場（Omega Site）意外事件。

那是個涼爽的春日，在距離主實驗室三英里的地方，一群科學家圍著張桌子站著，俯視著桌面的他們看來十分專心。這些人研究的標的，是一枚鈽彈的核心，而這枚鈽彈所對應的是自廣島跟長崎被炸毀之後，首次被重啟的原子彈試爆。當時美國的核武儲備大概是四顆。美國在核武競賽中的未來，全繫於眼前這個瞬間結果的好壞。因此，在洛斯阿拉莫斯實驗室裡，這些背負著許多人的工作與命運的科學家們個個壓力山大，他們說什麼也得成功完成這場鈽彈核心實驗。

那天經手鈽元素的，是一位名為路易斯．斯洛丁（Louis Slotin）的物理學者。房間裡同時還有七名科學家。當時的斯洛丁才在不久前出於道德理由，決定要辭退曼哈頓計畫並將此決定告訴友人。戰爭已經結束，而他也受夠了原子彈的研究。洛斯阿拉莫斯的長官沒有為難他，但提出了一個條件，那就是斯洛丁得替他們培訓接替的人選。而這名準備接替斯洛丁的科學家叫作艾爾文・C・葛雷夫斯（Alvin C. Graves）。

在這個危險的實驗中——危險到被稱為「去玩弄龍的尾巴」——斯洛丁不小心讓他正在處理的其中一顆鈽元素球從手中滑落，結果造成鈽元素進入臨界狀態。為了救下在實驗室裡的其他人，斯洛丁奮不顧身地衝上前，擋在了當時站在他身邊的艾爾文・葛雷夫斯前方。目擊者形容現場閃過一道藍光——也有人說是一抹「藍色光輝」[446]——還有一波強勁的熱浪。眾人尖叫起來。負責保護核原料的警衛奪門而出，衝到了實驗室外，一路往上鑽進了新墨西哥州的山丘中。

有人撥了電話要救護車趕緊來。實驗室遭到疏散，但路易斯・斯洛丁留了下來，並在現場速寫起事發當時，包含他以及所有人的相對位置圖，以提供未來的研究與使用。國防科學家就是靠著他留下的圖，才得以明白輻射中毒是如何運作，怎麼奪人性命。

對於一個急性輻射綜合症的致命症狀已經開始顯現的人來說，斯洛丁所繪製的素描極其詳實。事隔多年，實驗室還原了當時的場景，上頭可以看到路易斯・斯洛丁在意外發生時的位置。當時的他年僅三十五。

在救護車上，斯洛丁吐了。他的左手，也就是在意外發生時離核原料最近的那隻手，陷入了麻木。他的鼠蹊部腫了起來。他開始一而再、再而三地瘋狂上吐下瀉，到了洛斯阿拉莫斯醫院，他的嘔吐跟腹瀉狀況愈加嚴重。他匍匐在地，虛脫無力，水樣液體開始在他的雙手集結，腫得像氣球一樣。怵目驚心且疼痛入骨的水泡在他的皮膚表面快速形成，然後爆開。

醫師拿凡士林與紗布包紮了斯洛丁左右手的膿皰。他們嘗試了清創術（用鋼絲海綿摩擦皮膚）來移除受損的組織。他們把斯洛丁的四肢泡進冰塊裡，並在他的體內輸入新鮮的血液。日子一天天過去。他泡了更多次的冰澡，也持續接受輸血，但劇痛依舊在他身上揮之不去。致命劑量的高能X射線、伽瑪射線、中子射線等穿過了斯洛丁的臟器。他日益衰竭的身體已經無法為自己的血液供氧。發紺（又稱紫紺）的缺氧現象，[447]使得他的前胸、手臂、鼠蹊跟雙腿呈現偏藍色的異樣，全身一塊塊青色部位開始龜裂滲血。同樣的狀況也發生在他嘴裡的開放性潰瘍，也就是口瘡。由於斯洛丁的雙手此時開始有厚厚的皮膚剝落，醫師們評估起了截肢的可行性，但最終，他

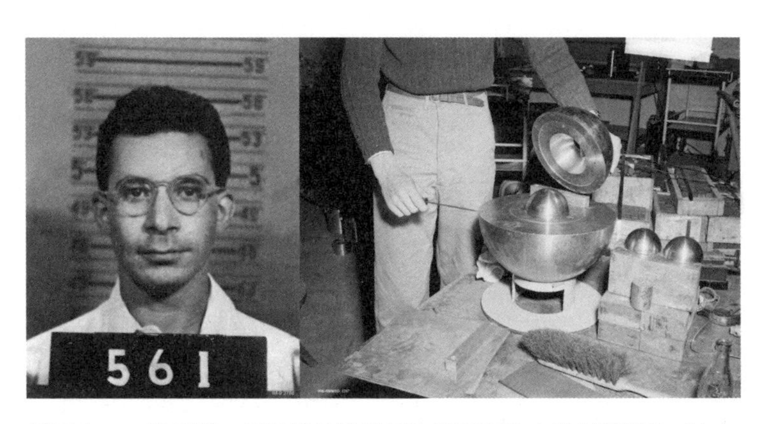


**圖四十二**　路易斯·斯洛丁的洛斯阿拉莫斯實驗室識別證照片（左）與一九四六年奪走他性命的實驗現場還原照（右）（洛斯阿拉莫斯國家實驗室）

們還是只敢幫他輸血，輸血，再輸血。

到了生命的盡頭，路易斯．斯洛丁開始歷經細胞壞死、四肢壞死。他全身的骨髓幹細胞不是瀕死就是已死。他的血管壁在壞死；他出現黃疸現象；他的大小血管裡形成急性血栓；他的腸子裡有嚴重的上皮損傷。隨著他的身體漸漸喪失形成抗體的功能，斯洛丁腸胃道裡的細胞內襯開始釋出會移動到鄰近組織內的產物。路易斯．斯洛丁的身體正在被他自身腸子裡的細菌入侵。他的腎上腺功能失常，急性敗血症開始發作。血液供輸阻斷，他開始出現大面積的壞疽。*然後是器官系統損壞、組織死亡、循環系統崩潰、肝臟衰竭。最終是全盤的器官衰竭。就這樣延至第九天，路易斯．斯洛丁死於急性輻射中毒。

就在斯洛丁嚥下最後一口氣之後不久，洛斯阿拉莫斯醫院的一眾醫師便將他解剖，[448] 他們都急於知道輻射是如何殺死人類。在一九四五年之前，輻射中毒的科學還沒有出現。由此來到一九四六年的春天，這個概念根本還未滿週歲。隨著手術刀劃下去，醫師們看到的是在原子彈發明前，不曾有人見識過的恐怖畫面。斯洛丁的屍體內部一塌糊塗，看著就像一大鍋腐敗的湯。他的「血在解剖時根本無法凝結」，一名醫師在某份機密的驗屍報告中寫道。輻射中毒導致斯洛丁內臟之間的分隔組織幾乎完全不見了。沒有了這些組織襯墊，他的各個器官全混為一團。試想看看，就在幾個月前，曼哈頓計畫主持人萊斯利．葛羅夫斯（Leslie Groves）將軍還信誓旦旦地對社會大眾與美國國會保證說，輻射中毒是一種「非常愉快的死法」。[449]

## ■ 四十三分鐘

### 俄羅斯，西伯利亞，地下碉堡

俄羅斯聯邦總統身在西伯利亞一個不爲人知的地點，那是一個遺世獨立，十分隱密的核指揮控制設施。該地點可能在[450]屬於烏拉山脈的亞曼套山（Mount Yamantau）下面，可能在斯維爾德洛夫斯克（Sverdlovsk）附近的科斯文斯基山（Mount Kosvinsky），也可能在卡敦河（Katun River）一處蛇彎附近的阿爾泰共和國（Altai Republic）。總而言之，這個場景中的他身在地底下好幾層樓，一個爲應對核戰爭而設計的地堡裡。

＊ 因感染、血栓或其他原因造成血液循環不良，進而使得身體組織壞死和腐爛的現象。

此時是俄羅斯的午夜。天氣很冷，地上有雪。

俄羅斯總統從睡夢中被喚醒，而現在，他已經在視訊電話會議上。跟他在一起的是俄羅斯的兩名高階將領：國防部長與俄羅斯三軍的總參謀長。這三個人據了解都擁有一具可發射核攻擊命令的俄羅斯核子手提包，這三只手提包與他們的主人形影不離，[451]二十四小時如此。俄羅斯管他們的核子手提包叫切吉特（Cheget）*——俄羅斯版的「足球」。

二〇二〇年十一月，克里姆林宮釋出了一份總統弗拉迪米爾·普丁（Vladimir Putin）與高階將領開會的稀有逐字稿，當中記錄了普丁對於指揮控制地堡與當中的通訊系統在核戰中重要性的描述。「我們明白很多利害得失[452]都繫於這些系統的生存韌性，乃至於它們在戰鬥環境下持續運作的能力，」他說。他還強調俄羅斯「核子武力控制系統裡一切的裝備、硬體與通訊系統」都於近期獲得了升級。與此同時，普丁說，它們「也依舊保持著不遜於卡拉希尼柯夫自動步槍**的簡單與可靠」。在這個場景裡，俄羅斯總統與其家眷已自二〇二二年冬天起，斷斷續續[453]到地堡中生活，主要是在那個冬天，俄軍攻擊了其鄰國烏克蘭，造成俄國領導班子在西方國家間，成了人人喊打的過街老鼠。

在地堡裡，俄羅斯總統一台轉過一台看著衛星電視上的西方新聞頻道。從仍在運作中的有線電視新聞台的報導來看，美國顯然遭到了核子攻擊。各大城市出現了前所未見的出逃人潮。在紐約、洛杉磯、舊金山與芝加哥上空，直升機從空中捕捉到了幾百萬人同時急於離開城市時所衍生的亂象。混亂、暴力與無政府狀態已經開始四處蔓延。

俄羅斯總統目睹可怕的景況在美國開展，納悶著那兒現在是誰在當家。美國與俄羅斯的核戰規劃者，長期以來一直想知道核戰萬一眞的開打，社會將面臨什麼樣的衝擊。軍事的控制與指揮又當如何？

一切是誰說了算？

各國的國防部講究的都是尊卑有序。A照B說的去做，B按C說的去做，一座權力的金字塔於焉成形。在核子危機的正當中，一個核心的問題無從閃躲：誰會在自己的崗位上盡忠職守，誰又會爲了逃命而丟下職責？那些身在軍事指揮鏈上的個體，會拋家棄子以國家爲重嗎？還是會把血濃於水的家人擺在前頭？這種事情有誰能預測嗎？命運與環境會在這當中起關鍵作用嗎？

在這個場景裡，位於愛荷華州狄蒙（Des Moines）與阿肯色州小岩城等中小城市的新聞記者還在持續廣播資訊，畢竟他們與核攻擊的現場還有著上千英里的距離。許多大城市的新聞總部都已經停擺，或至少失去了繼續廣播的能力。網路時有時無。數以千萬的美國民眾成

* 得名自卡巴爾達—巴爾卡爾共和國（Kabardino-Balkaria，俄羅斯聯邦的共和國之一）的切吉特山（Mount Cheget）。

** Avtomat Kalashnikov rifle，其一九四七年版就是人盡皆知的AK-47。

了新聞遺孤。

俄羅斯總統的核地堡與美國的R地點一樣，目前還有電力、網路與有線電話。地下碉堡在興建時就考慮到了安全冗餘，那兒的關鍵基礎設施元件——空氣、熱能與用水——都因顧及緊急狀態或危機需求，備了雙份，爲的就是讓地堡的生存性更堅韌。多條大口徑的光纖線路提供了不卡頓的通訊系統。備用發電機也有自己的備用發電機。

遇上核戰，從地面零點開始的可測量距離會決定一切。但當你是操盤之人的時候，最重要的考量莫過於速度。一如朗諾．雷根曾感嘆過的，美國總統在接獲幕僚告知有核攻擊來襲當下，只有六分鐘可以反應。而如今，俄羅斯總統面對著同樣小到瘋狂的時間窗口，他也必須在極短的時間內採取行動。

二〇二二年，弗拉迪米爾．普丁承諾要在被通知任何不利於俄羅斯的「攻擊來犯」時，採取「快如閃電」[454]的回應，這語帶威脅的話，普遍被解讀是在指俄羅斯的核三位一體。回推兩年前的二〇二〇，他曾提到過俄羅斯核子軍力的升級以不可思議的速度在進行。「不是……一級方程式賽車那種快，」[455]普丁說，「是超音速的那種快。」

現在是他說到做到的時候了。該他迅速回應的時候到了。

觀看衛星電視已經浪費掉他幾分鐘。俄羅斯總統只剩下極少的幾分鐘可以決定要如何應對，而擺在他面前的是一個「若非／就是」的困局。

- 若非美國認定俄羅斯就是對美進行核攻擊的元兇。
- 就是美國知道俄羅斯並不是對美進行核攻擊的禍首。

關於核攻擊的選項，美國有足球可提供參考。俄羅斯總統則有切吉特這個造型類似的小公事包，隨時放在總統（和另外兩人）身邊。俄羅斯核指揮控制體系是以總統爲核心，而切吉特又是核心中的核心，就像美國的核指揮控制體系也是以總統爲中心，而足球則是該體系中心的核心。切吉特內部是俄羅斯版的黑皮書，一本類似晚餐菜單的核攻擊選項清單，可供俄羅斯總統從中點餐——但要快。

切吉特會將其擁用者連結到俄羅斯的總參謀部，亦即位於莫斯科中央地帶，那個有著許多軍官集結的指揮中心。那兒的陸空與海軍將領控制著俄羅斯核三位一體的物理性發射機制，包括俄羅斯在規模上幾乎不遜於美國的海基與陸基核子武器庫。俄羅斯部署了共計一千六百七十四枚核武，當中大部分都處於準備好發射的狀態。或說是處在「一觸即發的警戒狀態」。

陪同總統一起待在地堡裡的是俄羅斯聯邦安全會議祕書長，他是核心幕僚中，最鷹派的顧問。安全會議祕書長作爲所謂「**希拉維克**」（siloviki；俄語裡爲「執行者」之意）的成員，[456]是個對俄羅斯總統有著莫大影響力的人物。這位對西方十分不友善的祕書長曾公開宣稱，他認爲美國與其盟友的「具體目標」，就是要瓦解俄羅斯，甚至他還在脈絡與細節都付之闕如的狀況下，直接指控美軍在籌備對俄羅斯人民發動「生物戰爭」。

在這個危機一觸卽發的時刻，安全會議祕書長提醒俄羅斯總統所剩時間不多了。[457]祕書長要總統知道，他必須拿定主意該怎麼行動。總統讓一衆幕僚檢視了莫斯科已經確認爲眞的事實有哪些——俄羅斯的預警系統已經告訴了他們哪些事情。幾十年來，蘇聯宣稱他們不存在預警卽發射的政策立場。帕沃爾．波德維格告訴我們，[458]俄羅斯（據稱）的政策是「首先吸收來襲的（核）彈頭」，然後才會發動他們自身的反擊。這究竟是蘇聯的政治宣傳，抑或眞實言論，尙有待商榷。

可以確定的是，現在的俄羅斯已經有了不同的立場。

二〇一八年，一次於克里姆林宮進行的訪談中，俄羅斯總統普丁被問到他會不會光因爲預警通知就動用核武。「使用核武的決定要能成立，首先不僅是我們的飛彈預警系統偵測到了有飛彈升空，」普丁說，[459]「同時，系統還得給出準確的目標預測與飛行軌道，以及這些飛彈會落在俄羅斯國土上的時間。」換句話說，如果苔原衛星群看到飛彈朝俄羅斯飛來，而第二預警系統也確認了飛行軌跡與估計的落彈時間，那俄羅斯就可以——**也肯定會**——發射核武來作爲回應。他們不會等著「吸收」來襲的核彈頭。

這一刻，俄羅斯總統的幕僚們不得不鋌而走險地來到剃刀邊緣。國防部長、俄羅斯聯邦軍隊總參謀長，以及俄羅斯聯邦安全會議祕書長，三人必須共同秉持核心幕僚的職權，向俄羅斯總統報告飛彈攻擊預警資訊，同時得顧及現存技術上的不確定性，並試著在兩者之間取得一個平衡。

苔原衛星群作爲俄羅斯預警系統的侷限性——其缺陷與弱點——早爲西方科學家所熟知，甚至俄羅斯科學家自己也心知肚明。

但總統身邊的幕僚們知道嗎？抑或他們被蒙在了鼓裡？

總之，上述三名幕僚將他們所知的——他們認爲他們知道的——一一向俄羅斯總統簡報。

- 二十分鐘前，在美國加州的一座核電廠遭到了核彈襲擊。
- 十分鐘前，美國的五角大廈、白宮、國會，乃至於整個首都華盛頓特區，都被第二枚核彈摧毀。
- 再幾分鐘後，俄羅斯的苔原衛星群測得百枚以上的義勇兵洲際彈道飛彈從懷俄明州的發射井中升空。
- 一名在這些洲際彈道飛彈發射據點附近的格魯烏情報人員，親眼見證發射屬實。
- 謝爾普霍夫十五雷達證實了逾百枚洲際彈道飛彈飛越了北極上空。
- 三分鐘前，沃羅涅日雷達從巴爾瑙爾與伊爾庫茨克通報了潛射的首波飛彈攻擊從南方飛來。

- 兩分鐘前，阿穆爾河畔共青城確認了這些彈頭的存在，總數有數百顆。
- 現況是：預警系統已經測得美國發射飛彈欲攻擊俄羅斯，彈頭總數有數百枚——且兵分南北兩路襲來。目前的預測是這些飛彈會落在俄羅斯的國土上，起始時間大概是九分鐘後。

在俄羅斯地堡中播放的衛星電視台上，一名美國新聞主播從美國新墨西哥州的楚斯奧爾康瑟昆西斯*打破了俄羅斯總統的沉思。主播告訴觀眾，美國似乎不知道是誰在對美國發動攻擊，沒有人清楚美國現在是什麼狀況，或者誰——如果有的話——是眞正的負責人。主播說，美國總統至今沒有出來對全國民眾發表談話，這很可怕且令人不安。這名男性主播使用了「超現實」這個字眼。

這時，主播問了這麼一句，**會是俄羅斯幹的嗎？**

他把這樣的心聲說了出來，播了出去，也不曉得是對著誰在問這問題。

**還有誰有膽子做這樣的事？又有誰能如此殘暴？**

在俄羅斯的地堡，這個距離地面有六層樓深的地方，安全會議祕書長告訴總統，他還剩九十秒可以決定接下來要怎麼做。

俄羅斯總統問了聲美國總統有沒有來電找他。

得到的答案是nyet。俄文的「沒有」。

俄羅斯總統又問了聲白宮有誰打電話過來。一名副官往前一站，宣讀起一份來電時間的名單。

- 美國國家安全顧問來電。
- 美國國防部長來電。
- 參謀長聯席會議副主席來電。

俄羅斯總統思考了一下第二組「若非／就是」的事實。

- 若非那數百枚在彈道軌跡上，朝俄羅斯而來的核彈頭是以俄羅斯爲目標。
- 就是那數百枚在彈道軌跡上，朝俄羅斯而來的核彈頭不是以俄羅斯爲目標。

＊ Truth or Consequences，這個奇葩地名直譯的意思是「說實話，不然就承擔後果」，有點坦白從寬抗拒從嚴的意謂，原本是一個電視猜題節目。一九五〇年，該節目宣布，若哪個地方把地名改成跟節目一樣，他們就去那裡辦十週年特別節目，結果拔得頭籌的就是這裡，不然，那裡原本的地名是Hot Springs，是個溫泉鄉。

在俄羅斯地堡裡的每個人，以及從莫斯科指揮中心進行衛星視訊會議的每個人，全清楚俄羅斯並沒有用核彈攻擊美國。同時，他們也知道美國的預警雷達系統令人稱羨地比他們的精確許多，所以俄國人大都可以合理地判斷出美國總統與美軍將領知道核攻擊的源頭並非俄羅斯。只不過俄羅斯人也知道美國總統——乃至於西方世界的每一位領袖——鄙視俄羅斯領導人。再來就是根據歷史顯示，每當美國試圖顛覆哪個政權時，就會臉不紅氣不喘地撒謊。

地堡裡的每個人都在想著歷史上的那個相同事件。這種想法萌生出對話，開啟了簡短的討論。想當初在二〇〇三年，美國總統喬治・W・布希（George W. Bush；即小布希）與副總統迪克・錢尼（Dick Cheney）曾爲了除掉薩達姆・海珊（Saddam Hussein）這名伊拉克總統，編派出了一套話術，指稱海珊手握大規模毀滅性武器，並繪聲繪影地提到伊拉克取自非洲的黃餅*云云，藉此在美國國會裡帶風向，兩黨都被白宮牽著鼻子走。最終美軍也順利成行，對伊拉克這個主權國家進行全面性的攻擊與入侵。

國防部長在俄羅斯總統的耳邊說，他還有三十秒可以下決定。

要或不要，對美國發射核武。

一如在美國，發射核武的決定也握在俄羅斯總統手裡。在俄國能做此重大決定的人除了他，還是他。總參謀長提醒總統，預警即發射的條件已經滿足，再者就是他要總統別忘了在二〇一八年那場克里姆林宮的訪談中，自己對核武使用所設下的立場。

俄羅斯總統大發雷霆。都什麼時候了，美國總統還不與他聯絡。這在他眼裡除了是一種侮辱，還象徵著另外一件事情。如同許多領導人，在這種情況下，俄羅斯總統也容易產生偏執。他開始認爲俄羅斯是美國的斬首行動目標。

這種根深蒂固的恐懼，可以追溯至蘇聯時期。

前《華盛頓郵報》莫斯科支局主任大衛・霍夫曼（David Hoffman）提供了一個令人不寒而慄的例子，[460]說明了這種偏執狂在冷戰時期有多嚴重，蘇聯領導人在當時有多堅信美國意圖對俄國的核指揮控制體系發起先制性的核攻擊，同時爲了反制這種潛在性的斬首式攻擊，蘇聯又是如何開發出了一種名叫「死手」（Dead Hand）的系統。這個系統所確保的是萬一莫斯科遭到先制性的攻擊，核戰爭也會一路打到俄羅斯的整個彈藥庫清空爲止。

正式名稱爲「終極防線」（Perimeter）的死亡之手，是由若干個震波感測器組成的自動控制系統，能夠測得對俄羅斯領土的核攻擊。如果該系統感知到它與俄羅斯的指揮官們失去聯繫，據稱，死亡之手能自行發射核武。死亡之手的原始藍圖是「某種可以在沒有任何人類操作的情況下發射核彈的末日機器，」霍夫曼說。[461]那是一種專爲末世決戰的一系列終極反

＊　黃餅是從瀝青鈾礦中提取高純度鈾的中間產品，主要成分是鈾的氧化物，常見含量約百分之八十。

擊預先寫好程式的機械化系統。這些藍圖據說已微調過，但該系統並沒有中止使用。它是不是眞能在無人類干預的情況下發射核彈仍是未知數。但它的存在就是一個擁有滅世武器庫的領導人可以多偏執的最好證明。

**待我歸天，管他洪水滔天。**

偏執的被害妄想跟嚇阻一樣，都是一種心理現象。多疑領袖害怕被先手攻擊斬首的恐懼感，造成的後果就跟核子武器本身一樣眞實。在這個場景裡，在現實人生裡，都一樣眞實。我們並不知道北韓領導人爲什麼會選擇以青天霹靂式攻擊對美國出手，但我們幾乎可以確信裡頭有被害妄想在作祟。而如今，這種疑心病也對要下決定的俄羅斯總統產生影響，而這可是一個必須在時間壓力下做成的決定。

面對他相信是數百枚朝著俄羅斯國土進逼的核彈頭——由投機取巧的美國人在先發制人的偷襲中發射的——俄羅斯總統選擇了發射核武。

軍方派來的副官打開了切吉特，[462]俄版的足球。

俄羅斯總統從俄版的黑皮書中挑中了最極端的核攻擊選項，並從手提包裡取出一份文件，唸出上頭寫的發射代碼。

如同在美國，俄羅斯的核武也可以在幾分鐘內發射。

而且同樣，有去無回。

## ■ 四十五分鐘

### 俄羅斯，多姆巴羅夫斯基

距離華盛頓特區五千七百英里處，在西伯利亞西南部的多姆巴羅夫斯基洲際彈道飛彈複合基地裡，白雪覆蓋的大地在月光下閃爍。當地時間的凌晨十二點四十八分，南邊二十英里處就是俄羅斯與哈薩克共和國的邊界。鐵絲網圍籬與地雷圍繞著整座設施，同時還有一圈圈的自動榴彈發射器與遙控機關槍在站崗。一如美國設在懷俄明州的飛彈發射場，這裡也有設在地面上的門板。鋼製的發射井蓋與夜空齊平。

對過客而言，多姆巴羅夫斯基就是個仰賴森林過活的鄉下地方。那兒有乳業與紙廠提供在地的就業機會。而對俄羅斯的核武部隊來說，這裡安置著全世界最強大、最具毀滅性的洲際彈道飛彈——西方國家所知的「撒旦之子」[463]（Son of Satan）彈道飛彈。俄羅斯賦予這些飛彈的代號是「RS-28薩爾馬特」（RS-28 Sarmat），爲的是致敬西元前五世紀一支馬背上的戰鬥部族。這與美國稱他們的洲際彈道飛彈叫義勇兵，爲了致敬美國獨立戰爭時期，一支隨叫隨到、策馬殺敵的民兵，異曲同工。西方國家用「撒旦之子」去稱呼俄羅斯的洲際彈道飛彈，[464]是為了讓人有一種邪惡感。相對之下，義勇兵就有一種正派與英勇的戰士形象，彷彿它們是懷著捍衛國家與保護人民的使命被製造出來。

不論命名的文字遊戲怎麼玩，美俄各自坐擁的大規模毀滅性武器都是隨時可以毀滅世界的不定時炸彈。「相互保證毀滅」的瘋狂之處就在於，對峙的兩邊像是在照鏡子。宛如希臘神話裡，自戀的納西瑟斯在水邊望著自己的倒影，再加上一點《聖經》風格的轉折：一名瘋子盯著水面，然後誤將自己的倒影當成是仇敵。在幻影的捉弄下，他發動了攻擊，落進了水裡，然後溺斃。但他在溺死前，已先行釋出了《聖經啟示錄》裡預告的末世決戰。

美國有四百枚洲際彈道飛彈埋在國土各隅的發射井裡。俄羅斯有三百一十二枚在發射井裡或機動發射車上。不同於美國屬於單一彈頭的義勇兵飛彈，俄羅斯某些洲際彈道飛彈可以在每個彈頭母艙內攜帶多達十枚五十萬噸當量的核彈。這意謂著一枚撒旦之子就可以運送大概五百萬噸的核武破壞力，約莫相當於「常春藤麥克」熱核彈一半的當量，而常春藤麥克曾在太平洋上抹去一整個小島，留下的坑洞足足有十四座五角大廈的規模。

俄羅斯是全世界面積最大的國家，而且是遙遙領先那種大。如多姆巴羅夫斯基這樣的洲際彈道飛彈發射井遍布其國土上的十一個時區，總數不下百個。俄羅斯的洲際彈道飛彈有十一或十二個師級單位，[465]每一個都下轄二到六個團——已知的部署地點包括巴爾瑙爾、伊爾庫茨克、科澤利斯克（Kozelsk）、新西伯利亞（Novosibirsk）、下塔吉爾（Nizhny Tagil）、塔季謝沃（Tatishchevo）、捷伊科沃（Teykovo）、烏茹爾（Uzhur）、維波爾索沃（Vypolsovo）、約什卡爾奧拉（Yoshkar-Ola）與多姆巴羅夫斯基。

美國科學家聯盟的核子資訊計畫總監漢斯・克里斯滕森，偕其同僚麥特・科爾達與艾莉安娜・雷諾茲（Eliana Reynolds）等人，一直在做的工作就是監控核武國家的武器庫動態，並每年把監控所獲的資訊發布到原子科學家公報組織發行的《核子筆記本》（*Nuclear Notebook*）上。美蘇兩強之間，以尋求均勢爲目標的各個限武協議，已經讓雙方的核武儲備量從一九八六年的歷史高點有所下降，當時兩強合計的核武總數直逼七萬枚。[466]可以立即發射的精確彈頭數目，多到看了會讓人頭暈。除了每年原本就會有所變動以外，這個數目還牽涉到不同的算法，就看你要如何——跟由誰——去報這個數。截至二〇二四年初，（西方國家）公認的核彈數統計如下：

- 俄羅斯那三百一十二枚搭載核武的洲際彈道飛彈[467]可以攜帶多達一千一百九十七顆核彈頭，其中「約一千零九十顆」處於隨時可發射的狀態。
- 美國保持有四百枚核武搭載在其四百發洲際彈道飛彈上，全部都在可發射的狀態中。
- 美國保持有較多的核武裝載在其俄亥俄級潛艦上，總數在九百七十枚左右。
- 俄羅斯保持有「大約六百四十顆」[468]核彈頭，裝載在其潛射彈道飛彈上。

「均勢」指的是相等，而「核子均勢」指的是雙方的核武力量不相上下。這種均勢，仍保證兩邊都能將對方趕盡殺絕。

「我們可用同在一只瓶中的兩隻蠍子[469]來比喻，」羅伯特・奧本海默（Robert Oppenheimer）曾如此評論過美蘇間的武器競賽，「雙方都有能力要了對方的命，但只能以自己的性命爲代價。」

蠍子作爲一個物種，可望在核戰當中存活下來。蛛形綱的節肢動物搭配其演化出來的書肺（書狀腮），已經在地球上生存了數億年。蠍子早於恐龍出現，經歷了恐龍滅絕，未來也可能活過人類的滅絕。在以核武進行的第三次世界大戰後，蠍子的堅硬外殼將能保護牠們不受輻射的影響，不像人類，即便活過了一開始的火球、爆炸波與後續的火風暴，最終也敵不過輻射。

奧本海默忘了提到，並非每一場蠍子的爭鬥都以雙雙死亡告終。有時候，其中一方會勝出。而這些一身盔甲的掠食者有同類相食的習性，勝利的蠍子偶爾會把落敗的蠍子給吃了，就像賞金拳手會在打贏後，來頓勝利大餐一樣。

在位於多姆巴羅夫斯基，隱身於地下的核武發射設施裡，奧倫堡紅旗火箭軍第十三師（13th Orenburg Red Banner Rocket Division）的俄羅斯軍官進行起發射準備。均勢意謂著俄羅斯的發射協定幾乎與美國人的那一套，一模一樣。

站在指揮鏈頂端的俄羅斯總統將發射代碼往下發送。

收到發射代碼的有遍布俄羅斯各地的三十八或三十九個火箭軍團級單位。

發射官啟動了他們負責的飛彈，使其具備殺傷力。

他們輸入目標座標。轉動鑰匙。

在俄羅斯各地，洲際彈道飛彈發射井的門被炸開，裡頭的飛彈相繼發射，一發接著一發。機動發射車也發射起飛彈，一枚跟著一枚。

除了少數幾枚之外，所有導彈都是朝著美國境內的目標而去[470]——總數上看一千枚。

**圖四十三**　俄羅斯保持著破千枚核武在準備好發射的狀態。在此，一枚薩爾馬特洲際彈道飛彈——「撒旦之子」——從俄羅斯的一處雪原中進行了試射（俄羅斯聯邦國防部）

## 四十五分鐘，又一秒

**科羅拉多州，航太資料中心**

距離地表兩萬兩千三百英里的太空中，校車大小的美國預警衛星群中，汽車大小的感測器看到了數百枚俄羅斯洲際彈道飛彈從它們的發射井與機動發射車上飛出。

在科羅拉多州的航太資料中心內，這些衛星數據透過一面面的電腦螢幕傳入，就像拳頭一記記打在喉嚨上。

第一枚，然後十枚，接著是百枚、兩百枚、三百枚。

短短幾秒鐘後，代表洲際彈道飛彈的幾百個黑色符號就塡滿了一面面的螢幕。

這瞬間，衆人只有一個想法。也只有一句話可說。

**俄國人發射了。**

從指揮官到一衆分析師，再到系統工程師們，在這個機密設施內的每一個人都立刻知道，沒有人有任何辦法阻止這些洲際彈道飛彈擊中美國。數億美國人恐怕凶多吉少。

美國（原有四十四枚）的攔截飛彈還剩下四十枚，其中三十六枚在阿拉斯加，四枚在凡德堡太空軍基地。就算這四十枚攔截飛彈全都奇蹟似地彈無虛發，擊落了四十顆由俄羅斯洲際彈道飛彈所部署的核彈頭，剩下的九百六十顆左右的核彈頭，也會突破美國的天際。

航太資料中心的指揮官拿起電話，發出了一系列加密的緊急訊息給末日飛機，也給美國還沒倒下的幾處核指揮控制中心。

- 科羅拉多州，夏延山複合基地內的飛彈預警中心
- 內布拉斯加州，奧弗特空軍基地底下的全球作戰中心
- R地點，賓夕法尼亞州，黑鴉岩山內的備用國家軍事指揮中心

這三座設施本身也幾乎可以肯定是排名很前面的目標，說不定俄羅斯的洲際彈道飛彈正朝它們飛來。按照前美國潛艦部隊指揮官，海軍中將邁可．J．康納的說法，「任何東西只要固定不動，[471]都會成爲被摧毀的目標。」這三座設施裡的所有人員必須立卽同時準備兩件新工作。

- 對俄羅斯發動大規模的核子反擊
- 扛下一或多枚核彈的直接攻擊

但誰會堅守崗位到最後？誰又會丟下任務逃之夭夭？都這樣了，還有什麼重要的嗎？

PART

# 4

# 第三個（與最後一個）二十四分鐘

## ■四十八分鐘

### 科羅拉多州，夏延山複合基地

在形同核指揮控制體系腦幹的夏延山內部，指揮官收到了追蹤飛彈的資料，並準備起緊急訊息要發給R地點、北美防空司令部、美國北方司令部、美國戰略司令部，一切彷彿就像是四十八分鐘前，這一切剛開始時的重演。

在衛星通訊上，從來自空中與地面各自不同的位置，美國核指揮控制體系的各個指揮官聚集在了一起——扣除已經在五角大廈裡犧牲了的那些。

從在藍脊峰山間的R地點掩體，國防部長與參謀長聯席會議副主席表達了意見。隨著整個俄羅斯洲際彈道飛彈軍力的傾巢而出，國防部長已經宣誓就任美國代理總統。

末日飛機仍在美國中西部上空盤旋，在該機的空中指揮中心裡，美國戰略司令部指揮官等待著發射指令從代理總統那兒發送過來。黑皮書仍攤開在代理總統的面前。

攻擊評估的內容並不長：現有大約一千顆俄羅斯核彈頭正朝美國而來。代理總統有六分鐘的時間可以決定要執行哪一種反擊，以現況而言，當然是愈快愈好。前中情局局長邁可・

海登將軍（Michael Hayden）解釋了何以如此。發動全面核戰「講究的是速度與決斷，」海登說。[472]「沒閒工夫在那邊辯論出決策。」

此外，還有更多的地獄火焰在等著我們。令人聞風喪膽的潛射彈道飛彈，正在俄羅斯海軍的手裡蓄勢待發。

## ■ 四十八分鐘又十秒

**北冰洋，法蘭茲約瑟夫地群島附近**

在世界的頂端，北冰洋與白令海的交會處，三艘俄羅斯潛艦衝破厚逾五英尺的海面浮冰上升，各自隔著數百英尺的距離，同步浮出水面。在二〇二一年三月的一次軍事演習中，三艘俄羅斯潛艦也曾完美地完成了同樣的任務。[473]

只不過，這次不是演習。

這三艘潛艦裡，有兩艘分別是K-114圖拉型（K-114 Tula），北約代號德爾塔四型（Delta-IV）。這些核動力彈道飛彈潛艦長期以來，一直是俄羅斯潛艦艦隊的主力。至於較新的第三艘

「北風之神」（Borei）級潛艦，在速度與匿蹤性上，都比蘇聯時期的前輩們更強。[474]每一艘潛艦都攜帶有十六枚核彈頭飛彈；每枚飛彈的彈頭母艙中又裝有四顆十萬噸當量的核彈頭，換言之，這三艘俄羅斯潛艦上，共有一百九十二顆核彈頭。

三艘潛艦。總酬載爲一千九百二十萬噸的爆炸當量。

艦身外的溫度是華氏零下二十二度。狂風以每小時七十英里的速度鞭打著潛艦的指揮塔（潛艦艦身上凸起來的那塊，也稱司令塔）。

三艘潛艦都以五秒爲間隔[475]開始發射飛彈。

一發接著一發。

潛射彈道飛彈一一脫離所屬的飛彈發射管，以動力飛行的方式升空。三艘潛艦各花了八十秒，清空了船身內的全部核武酬載，就跟泰德・波斯托爾在五角大廈向美國海軍官員們做簡報時描述的情況一樣。一轉眼，波斯托爾用他那卡通畫風的圖卡作爲解說工具已經是四十多年前的事了。

部分潛射彈道飛彈的軌道會從北極上空飛越，再落到美國本土。並預先設定以位於本土上、構成美國核指揮控制體系的組成機構和設施爲目標。

其他的潛射飛彈則會往南走，按軌道進入歐洲。歐洲也會有飛彈預先設定好的攻擊目標，包括北約核指揮控制體系的組成分子，乃至於北約可作爲核武投放平台的轟炸機基地。

大約在同一時間，西南方大約幾千英里處，又有兩座潛艦指揮塔浮出海面，這次是在大西洋上。這兩艘俄羅斯潛艦上浮的位置，分別距離美國東岸外海幾百英里處，美國海軍之前就曾經追蹤到它們在此處巡航。俄羅斯潛艦近期就是如此令人不安地靠近美國東岸海域，[476]以至於美國國防部在二〇二一財政年度提交給國會的預算申請書中，納入了一幅怵目驚心的地圖，上頭標注了俄國與中國潛艦被美方蒐集到的行蹤資料。

彈道飛彈潛艦能以驚人的速度發射核武，並幾乎同時擊中複數目標，使它們成爲末世決戰的女傭。一次又一次，解密的核戰賽局證明了只要嚇阻失靈，這就會是最後的結局。[477]末世決戰，文明毀棄。

位於大西洋的兩艘俄羅斯潛艦發射了它們的彈道飛彈，隨卽重新消失在深海之中。

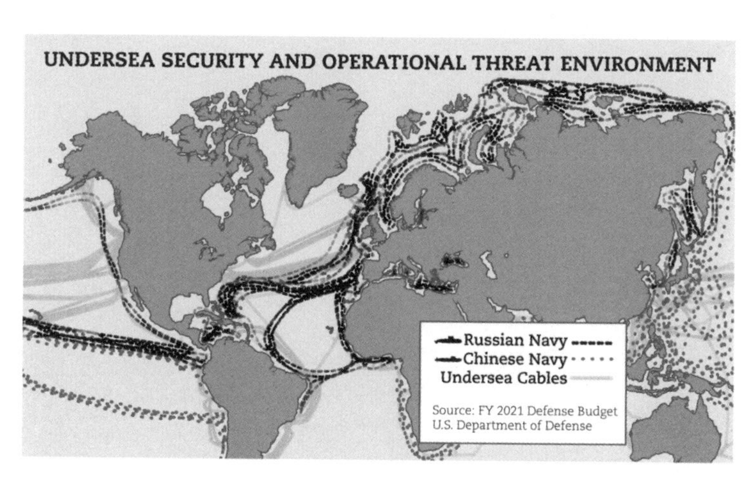


**圖四十四**　敵方潛艦鋌而走險地巡邏到美國近岸處（美國國防部；圖為麥可・羅哈尼重製）

同一時間，在北冰洋，法蘭茲約瑟夫地群島附近的浮冰蓋上，三艘俄羅斯潛艦上的三座黑色指揮塔，遁入了白色的冰面下，消失無蹤。

## ■四十九分鐘

**賓夕法尼亞州，黑鴉岩山複合基地**

對美國核指揮控制體系來說，在這個時間點發射核武沒有任何爭議。從嚇阻概念誕生以來，每十年的所有軍事協定與核戰準則都顯示，發射飛彈的時機，就是現在。

但國防部長——已宣誓爲代理總統，仍在爲核閃光造成的失明而苦惱——有點想要據理力爭。在這個場景裡，他坐在黑鴉岩山複合基地指揮掩體的辦公室皮椅上，進行論證。

國防部長：**身為代理總統，任何發射的決定都由我負責。**

從技術層面而言，這話倒也沒錯。同樣沒錯的是，美國戰略司令部指揮官掌握著可先斬後奏的通用解鎖代碼。

此刻掩體裡，衆人的士氣既震驚、又憤怒，還有絕望。

「那兒不是會有人想待的地方，」[478]前國防部長里昂・潘內達告訴我們。「在那裡，你可能會被叫到半山腰去應對一場核戰爭。」潘內達也曾任中情局局長，在此之前，還擔任過白宮幕僚長。「有手冊、程序和步驟，」潘內達針對這種時刻做解釋，「以及清單，會告訴你在危機中該怎麼做。但沒有人會爲核戰事先做準備。」

嚇阻已然失效。所有——被動地在那兒躺了幾十年——理論上認爲核武可以讓世界變得更加安全的作戰策略也是。這包括「恢復嚇阻」、「升級戰爭是爲了讓戰爭降階」、「用決心的展現去限縮戰爭的擴大」這些把話說得很好聽的政策。在這個場景裡，這些政策暴露了它們其實就是顆倒數中的定時核彈，注定了要失敗。核武戰略如「量身訂做的嚇阻」、「有彈性的報復」——這些承諾核戰會在開始後被阻止的政策——全跟嚇阻一樣，是極盡愚蠢之能事的想法。

在R地點掩體中，某些人心靈的絕望，來自於一個駭人的現實，而幾十年來，許多人出於本能，已經直觀意識到這一點。那就是核戰一旦開始，就只能以一種方式收尾，也就是核子浩劫。而現在，人類距離這樣的終結，只剩下幾分鐘的時間。

美國戰略司令部指揮官認爲沒有必要陷入口舌之爭。他告訴身爲代理總統的前國防部長，作爲三軍統帥，他還剩五分鐘可以採取行動。

而他現在需要採取的行動，就是打開黑皮書。

## ■四十九分鐘又三十秒

### 猶他州上空，末日飛機內

在末日飛機裡，美國戰略司令部指揮官檢視了黑皮書裡的攻擊目標選項。他等待著前國防部長授權發射，儘管那只是名義上的授權。通用解鎖代碼就擺在美國戰略司令部指揮官面前。他完全做得到對俄羅斯發射報復性的反擊，而他也會這麼做。

美國戰略司令部指揮官掌控著國防部武器庫裡所有剩餘的核武。

一如美國戰略司令部指揮官查爾斯．理查對國會所說的，在這樣的處境下，「美國戰略司令部（的）……戰鬥部隊已完成備戰，[479] 隨時可以對全世界任何一個地方、不分任何領域，投放決定性的回應……」

明確地說，「投放決定性的回應」指的是，一旦接獲俄羅斯來襲的消息，美國戰略司令部隨時準備釋放美國核三位一體的全部力量，絲毫不予保留。具體而言包括：

- 從全美各地的發射井中發射洲際彈道飛彈。
- 從在大西洋與太平洋巡邏的俄亥俄級潛艦中發射潛射彈道飛彈。

- 讓美國轟炸機裝載完畢升空，投擲核彈（重力炸彈），並發射空射巡弋飛彈（ALCM）。
- 讓北約戰鬥機[480]裝載完畢升空，投擲核彈（重力炸彈）。

長年矗立在那兒的「不用白不用」戰略，移動到了前線。

大約八分鐘後，數百枚裝有核彈頭的俄羅斯潛射彈道飛彈與洲際彈道飛彈將開始擊中美國。美國核指揮控制體系的各個設施，預計將是俄羅斯攻擊的首要目標。

「不用白不用」的意思是，美國會搶在其固定性軍事目標被來襲的核子飛彈摧毀殆盡之前，第一時間將核三位一體中的彈藥傾巢而出。

就在以哪裡為目標對俄羅斯進行攻擊的決定成定案的同時，國防部長轉任的代理總統，說出了他天人交戰的理由。

## ■ 四十九分鐘又三十秒

**賓夕法尼亞州，黑鴉岩山複合基地**

代理總統透過由衛星群構成的先進極高頻系統，從R地點內部發表了他以全人類利益爲念的想法。他認爲，把遠在世界另一端的上億俄羅斯人殺死是沒有意義的。只因爲有上億無辜的美國人即將死於非命，並不等於另一群上億的人類——當中不乏不可勝數的無辜生命——就該一起陪葬。

他的提議完全沒人理會。

用複雜系統專家湯瑪斯．謝林的話說，「非理性的理性」[481]已經深入人心。核戰中的第一條規則就是嚇阻，即每個核武國家都承諾永遠不動用核武，除非被逼到沒有選擇。嚇阻的概念從基本前提上，就排除掉了以全人類利益爲念的情懷。

「國防部的每項能力，都是基於戰略嚇阻能成立這樣一個事實爲基礎，」美國戰略司令部公開堅稱。直至二〇二二年秋，這種承諾都還釘在美國戰略司令部的推特（已改名爲X）推播上，向公衆展示，但那之後已經被拿了下來。只不過同年稍晚，對著在桑迪亞國家實驗室裡的一群私人聽衆，美國戰略司令部副司令湯瑪斯．布希爾（Thomas Bussiere）中將承認了嚇阻政策的潛在危險性。「要是我們相信的事情並不爲眞，那關於嚇阻的一切都會瓦解。」[482]

就像眼前這樣。

在核子戰爭中，沒有投降這回事。

唯一要做的，就是從黑皮書中決定目標，選擇一種大規模反擊方案。

藉由洲際彈道飛彈前發射官的核武器專家布魯斯・布萊爾的分享，我們知道了美國對俄羅斯的大規模反擊會是什麼模樣。至於布萊爾在普林斯頓大學的同事，物理學者法蘭克・馮・希珀則做了以下的解釋。

「直至二〇二〇年七月他不幸早逝前，[483]布魯斯・布萊爾比任何其他外部人員都更受美蘇戰略司令部前領導人的信任。」這讓布萊爾得以[484]在二〇一八年的一篇專題文章中，針對美國核戰規劃提報了「最為詳盡的對外公開資訊」。馮・希珀說，你可以從那篇文章中，看到美國針對他們認為是潛在假想敵的一個個核武國家，鎖定了哪些「主要與次要瞄準點」（也稱為「目標」）。

布萊爾寫道：「九百七十五（個目標）位於俄羅斯，[485]且可分為三大類：核武等大規模毀滅性武器設施共五百二十五個，維繫（傳統）戰爭用的產業目標共兩百五十個，領導階層目標共兩百個。」他還寫到，「這三大類裡的許多目標都位於俄羅斯人口稠密區……都會地帶；光是大莫斯科都會區，就遍布上百個瞄準點。」

時間滴答在走。代理總統必須從黑皮書中選定大規模反擊的目標。最終這位前國防部長挑中了最極端的那個選項：代表A的艾爾法。

俄羅斯境內的九百七十五個目標。[486]

「俄羅斯恐怕也對美國設定了一組類似的目標，」馮・希珀提醒我們。

全規模的核武互轟，即將展開。「戰爭的最上限，」[487]是布魯斯．布萊爾的用語。那是開始，也是結束。

## ■五十分鐘

### 猶他州上空，末日飛機內

從末日飛機裡，美國戰略司令部指揮官轉傳著來自代理總統的發射訊息給核三位一體。但就算沒收到代理總統的命令，他也不會有所遲疑。他還是會自行對俄羅斯的飛彈攻擊做出反應，代表美方發起全面的核武反擊。

在遍布全美的地面上，從蒙大拿、懷俄明、北達科他、內布拉斯加，再到科羅拉多州的洲際彈道飛彈發射場[488]裡，發射官們一個個接獲了共計數十組的授權代碼。再過短短幾分鐘，三百五十面發射井門將一一炸開，三百五十枚義勇兵洲際彈道飛彈攜帶了三百五十顆核彈頭，將被發射出去，全朝著位於俄羅斯境內的目標而去。

在北達科他州的邁諾特空軍基地（Minot Air Force Base），以及在路易斯安那州的巴克斯岱爾空軍基地（Barksdale Air Force Base），B-52核戰略轟炸機完成了起飛準備。停機坪上的飛行員爭先恐後地啟動重型轟炸機的巨大引擎——發動引擎全都採用「盒式啟動」（cartridge start）法，簡稱Cart-Start。這種方法是將少量可控的炸藥包置入B-52八具引擎中的兩具裡，藉此加速飛機起飛的速度，若按正常流程，B-52需要一個小時左右才能離地。黑煙滾滾而出，所有剩餘的引擎也都順利啟動。一架接著一架，戰略轟炸機逐一加入了不祥的大象隊形，駛離停機坪。一架接著一架，它們加速度起飛升空。

在密蘇里州的懷特曼空軍基地，B-2核武戰略轟炸機滾動起輪胎準備離開機棚，在跑道上滑行，然後升空、起飛。

這麼一來，就只剩下俗稱「轟擊者」（boomer）的彈道飛彈潛艦了。這些可作爲核武發射平台的核動力潛艦有很多別稱，諸如惡夢機器、末日女傭、死亡之船。它無法被俄羅斯飛彈加以定位，且全副武裝致命核武，因此勢不可擋。

美國海軍控制著這樣一支由十四艘潛艦組成的水面下艦隊，其中十二艘據稱會持續在大西洋與太平洋出任務，同時，永遠會有兩艘在乾船塢裡進行維修：一艘在東岸，喬治亞洲的國王灣（Kings Bay）海軍基地，另一艘在西岸，西北角華盛頓州的班戈（Bangor）海軍基地。這一刻，美國在海面下共有十艘轟擊者在航行。

「其中四到五艘被認爲處於所謂『硬性警戒』狀態，」克里斯滕森與科爾達表示。至於其他「四到五艘可以在數小時到數日內被導入警戒狀態。」[489]

放眼全美，在核指揮控制設施內的每一個人，都在爲即將發生的事情做好準備。

他們在進行的，不是作戰的準備。

他們在準備進行的，是將另外一邊的人徹底消滅。至於他們自身所面對的，幾乎可以確定的是：即將死亡。

聯邦應急管理署不會再發出任何訊息。

總數逾三億三千兩百萬的美國公民，從此將徹底被蒙在鼓裡。

## ■ 五十一分鐘

### 歐洲，北約各空軍基地

在這個場景裡的第五十一分鐘，北約在歐洲各地——比利時、德國、荷蘭、義大利、土耳其——的空軍基地裡，都有飛行員在加固的機棚內待命，隨時準備升空作戰，此刻，他們接獲了啟動的命令。

「特別警報響起，」[490]退役的F-16空軍飛行員朱利安．卻斯納上校說，他曾被派駐義大利阿維亞諾的北約核武空軍基地。「當緊急命令下達。飛行員就知道要執行核武任務。」

俄羅斯的潛射彈道飛彈正朝著他們飛來。幾分鐘後，他們就會被擊中。

北約的核彈從縮寫為WS3的「武器安全暨儲存系統」中移了出來，具體而言那是一個地窖，[491]然後被裝上了北約的戰機。

「關於他們的基地是敵人的主要目標，北約飛行員心裡有數，」[492]（義大利空軍少尉出身的）航空線記者大衛．森喬帝告訴我們。「他們知道自己必須起飛，而且要快。」他們知道自己現在面對的，無異於「自殺式任務」。

「核武發射任務的飛行員有一個單一目標，也許是一個次級目標，」曾因在實戰中的英勇表現而獲頒銀星勳章的卻斯納說。而每一個背負核武任務起飛的飛行員，都對他負責的那條航線知之甚詳。「你要為此不斷訓練，直到你已經記住每一個值得注意的地面特徵。你會假設衛星定位系統遭到干擾，你會鍛鍊到自己的飛行可以只依靠慣性導航*和地圖記憶。」

* inertial navigation，慣性導航系統是一種使用加速計與陀螺儀來測量物體加速度和角動量，進而估算出運動物體的連續位置、姿態和速度的電腦輔助導航系統。它的特點是不需要外部參考系統，所以常被用在飛機、潛艦、飛彈與各種太空飛行器裡。

飛越俄羅斯上空去投放重力核彈，[493]意謂著你得與俄羅斯的雷達系統硬碰硬（北約戰機不具備美國B-2轟炸機的匿蹤能力）。「俄國的雷達看得見你，」卻斯納說，「他們可以追蹤你，並且很可能會將你擊落。想要不被俄羅斯的雷達系統捕捉到，唯一的辦法就是飛得極低。」所謂極低，就是離地僅幾百英尺。

北約飛行員所受的，就是核戰訓練。

卻斯納形容了一種冷戰時期的戰術：「就在離目標只有幾英里的地方，你會突然跳出來投放你的（核子）武器，武器上附有降落傘，可以讓它以較緩的速度落下。」如此一來，北約飛行員就能有多一點時間脫離爆炸圈。「這是爲了不被核彈的爆炸波掃到。」新型的核彈沒有降落傘，但會用滑行的方式抵達目標區，同樣是爲了幫飛行員爭取時間。

「他們必須逼進到離實際目標極近的地方，」森喬帝釐清了這一點。

大部分北約飛行員都了然於胸的是，想從這種任務中生還有點不太實際。「超低空飛行非常耗油，」卻斯納告訴我們，「一小時可以燒掉幾千磅燃油，所以等到你到達目標區時，油箱已經差不多空了。」

那兒不會有美國空軍的空中加油機在等著你。「你必須假設你的加油機被擊落了。」

核戰就是終點站，卻斯納說。

「此外，」他繼續補充，「在投放核彈後，你也得捫心自問，你眞的還能回來嗎？」

英國首相下達了發射命令，美國的代理總統也下達了發射命令，在歐洲各地，北約飛行員們在停機坪上競相起飛。

## ■五十二分鐘

**北韓，平壤**

三十二枚美國潛艦發射的核彈頭由三叉戟飛彈運載，在觀星技術導引下，再靠著三叉戟飛彈上的「多目標重返大氣層載具」之便，從太平洋天寧島以北某處的海底鑽出十四分鐘又多一點的時間後，抵達北韓境內的目標。作爲北韓的首都，平壤的毀滅已經不可避免。平壤三百萬市民中的絕大多數，都將灰飛煙滅。

W88核彈頭一一擊中了其設定好的目標，展現出了桑迪亞國家實驗室在新墨西哥州公開自誇了幾十年的準度。494「（彈頭）非常聽話，我們要它炸它就炸，我們要它啞它就啞，」項目經理桃勒芮絲・桑契斯（Dolores Sanchez）如此形容W88。「解保、引信和起爆總成*是彈頭的大腦，」[495]而桑迪亞實驗室出品的是極其聰明的彈頭。

W88彈頭的單顆當量是四十五萬五千噸。而讓日本廣島變成一片廢墟[496]的原子彈當量是一萬五千噸；長崎那顆大一點，有兩萬一千噸。在這個場景中，攻擊北韓的爆炸力總量幾乎已經超乎人類所能理解的範疇。美國總統甘迺迪就曾在聽完某場簡報裡的核戰死亡人數預估後，有感而發：「我們這樣，也好意思說自己是人？」[497]

全名爲Multiple Independently-targetable Reentry Vehicle的「多目標重返大氣層載具」，簡稱MIRV。這有夠長的名字對大多數人而言，意義不大——尤其是對那些即將死於MIRV之手的幾百萬人——但在過去幾十年中，它對於核戰規劃者和國防分析師來說，卻是意義非凡。

多目標重返大氣層載具，顧名思義，是一種在其彈頭母艙中攜帶有複數核彈頭的武器系統——每一顆彈頭都有能力攻擊一個獨立的目標，就算它們彼此相隔數百英里也無妨。你也許會覺得在世界即將毀滅的當下，談多目標重返大氣層載具的這些細節太過瑣碎，但我認爲，談這些並不是在浪費時間，這些知識有助於我們明白全球性的核戰可以用多迅捷的速度開展。在這個過程中，我們會意識到世界的毀滅有多快，而人類的穩定發展是多麼緩慢，乃至於這兩者的反差是多麼地讓人悲哀與諷刺不堪。廣大且繁複的人類文明歷經數千乃至數萬年才開花結果，但使其歸零的戰爭從開始到告終，卻花不了幾個鐘頭。

一九六〇年代，多目標重返大氣層載具問世以來，估計數千億美元已經被投入了這項科技的設計、研發、擴展與完善，也被投入了這種技術的工業化與量產化。然後，在歷經了一九八〇年代的戰略武器裁減談判後，舉世的核子科學家決定MIRV是一股令世界和平「陷於不穩」的力量。因此，美國納稅人高達數百億美元的稅金被拿去對多目標重返大氣層載具進行「去MIRV化」。「這個步驟將加強核平衡的穩定性，減少任何一方先發制人的動機，」[498] 美國國防部在某次的「核態勢審議」**報告中宣稱。

在數千枚具有多目標重返大氣層載具的洲際彈道飛彈被設計、製造、送進發射井，並將矛頭指向對方之後，又出現一種聲音，人們認爲放在地底發射井中的MIRV飛彈，會是一種「敵國打中就賺翻了」的目標。這種聲音的邏輯是這樣的：假設一枚——譬如在懷俄明州的——洲際彈道飛彈的鼻錐罩內含有十顆彈頭，那麼該發射井就有可能被有能力以先制核

---

* 全稱是彈頭的保險、解保、引信和起爆（safing, arming, fuzing, and firing）總成，簡稱SAFE系統，其中解保指的是解除保險，也就是啟動彈頭的殺傷力。

** Nuclear Posture Review。核態勢審議是美國自一九九四年起，由歷屆政府不定期發布的報告，內容主要是有關美國面臨的核威脅、美國自身的核力量及核武器基礎設施建設狀況，現有的報告年份包括一九九四、二〇〇二、二〇一〇、二〇一八、二〇二二。

攻擊將之摧毀的敵人視爲不打可惜的目標。在經過大量的爭論後，多目標重返大氣層載具被解除了殺傷力，歷經了拆卸、解構、丟棄處理的流程；當中有一些遭到了徹底毀滅。但這指的只是陸地上的MIRV。在潛艦上，核子飛彈繼續配備多目標重返大氣層載具被視爲沒有問題，而那背後的奇特邏輯是這樣的：核子潛艦因爲難以定位、可以匿蹤、身處海底，所以不能眞正算是會被敵人攻擊的標的。正因如此，位於俄亥俄級潛艦上的飛彈，仍保有多目標重返大氣層載具系統。

如今，正是這一群有著MIRV能力的三叉戟飛彈大軍，代表著美國對衝動又愚蠢——但眞正動機我們實在想不透——的敵國所發動的反擊，朝著北韓飛去，誰叫這個場景裡的第三次世界大戰，就是由北韓莫名挑起。

套用前美國國防部研究與工程處副處長約翰・魯伯的說法，這就是一場眼看就要發生的大型滅絕事件。

首批擊中北韓的核彈頭，鎖定的是其最高領導人分布在平壤裡裡外外的已知住所。這些宮殿與別墅[499]同時身兼軍事總部的功能，因此被美方的戰爭規劃人員視爲北韓核指揮體系的核心元件。

位於平壤龍城區的「主要高級宅邸」（주요고급저택）五十五號官邸，又稱龍城官邸被命中。在裡頭，最高領導人的私人火車站、人工湖，還有用來戍衛該宮殿的反炮兵陣地，全

在核彈爆炸中化爲了蒸氣。落得同樣命運的還有在馬廄裡待命的馬匹，以及在泳池裡戲水的孩子。

以官邸爲中心，直徑三英里內的一切都遭到剷平，所有人體都成了灰燼，所有物品都在熊熊燃燒。接下來的幾分鐘內，這樣的恐怖情景還會重演八十一回。

位於精誠洞（정성동，Jungsung-dong，音譯）的十五號官邸，被命中；形成的火球，摧毀了毗鄰的朝鮮勞動黨中央委員會園區，以及官邸地下洞穴中的坑道與碉堡。位於東平壤的八十五號官邸被命中；裡頭馴養鹿群的空地與可以釣魚的池塘，前一秒還好端端地在那兒，下一秒已經消失不見。位於中央區的十六號官邸被從地表抹去，一如在隔壁的朝鮮勞動黨研究機構與在當中工作的所有人員。位於平壤西郊的力浦（력포；Ryokpo）與三石（삼석；Samsok）官邸，連同在金日成廣場北邊十九英里處的避暑勝地江東（강동；Kangdong）的那個湖畔官邸，一起消失在大火與爆炸中。

蕈狀雲延伸到整座城市上空，融合成了一團濃密的懸浮微粒，[500]裡面包含了有機或無機的物質。人體、建築、橋梁與車輛皆當場被焚燬，化成了一顆顆肉眼看不見的微粒。在火球、爆炸、時速數百英里的風勢的聯合作用下，整座城市從一端到另外一端整個被夷平。等到夜幕降臨，平壤這個在當地人口中的「革命首都」共七百七十二平方英里的面積，將會被吞沒在超級旋風等級的火焰當中，一直燒，一直燒，直到再也沒有東西可燒爲止。

從此不復存在的會是平壤城內的俄式建築，會是其高聳入雲的公寓樓房，會是其井然有序的棋盤式街廓。同樣再也看不見的會是那些踩著腳踏車、走著路、搭著車的平壤民眾。站著、睡著、小憩著、刷著牙的平壤老百姓，都在閃光、火焰、爆炸中，成爲了核爆的罹難者。核武的降臨，摧毀了金日成廣場上的一切生靈與物件：萬壽臺議事堂、綾羅島五月一日競技場、主體思想塔、平壤凱旋門、柳京飯店（這座未完工的金字塔型摩天大樓高一百零五層，據說是爲了對西方陣營比中指而設計）與這些建物裡的人，全都會被抹煞。夜幕降臨後，從平壤順安國際機場到西朝鮮灣的一切，都將淪爲寸草不生的一片焦土。

如同在美國的華盛頓特區，數百萬人在途中被燒成灰，熔化在街道和路面上，被吸進火焰颶風中。人們被飛濺的碎片刺穿，[501]被壓在倒塌的建物底下。到處都有人在尖叫、燃燒、流血過多致死。這裡的毀滅、痛楚與哀傷，無異於地球另一端的美國。人們必須接受——並理解——這只不過是隨後在全球範圍內發生的大規模屠殺的一個縮影。

綜觀整個北韓，二十多枚核彈命中了該國的各個核子設施。[502]位於平壤正北約六十二英里處的寧邊原子能研究中心在一團火球中爆炸。其中包括一間放射性化學實驗室、一座鈾濃縮廠房，還有兩座核子反應爐。大約三十分鐘前發生在美國迪阿波羅核電站的事件，此刻，在寧邊又來一遍：爐心物質熔毀。惡魔劇本重演。

任何以爆炸性武器攻擊核反應爐的行爲，都違反了國際紅十字會的「第四十二條規定」。但核戰是沒有規則的。

**贏家，什麼都不需要解釋。**

隨著反應爐爐心開始熔燬，設施裡的乏燃料棒開始噴出放射性物質，寧邊的土地也受到了影響，很長一段時間內都無法居住，不知何年何月才能恢復。

沿著北韓西北部的海岸線，西海*衛星發射站與洲際彈道飛彈引擎測試所也被核彈擊中。平壤西北部七十英里處的西海發射站再往西北大約三十英里處，就是中國的丹東，那兒有兩百萬居民。中國再怎麼想置身事外，數十萬中國公民的死傷，也會迫使他們不得不蹚這渾水，而他們總數達四百一十枚核武的軍火庫，也會加入這場正在迅速展開的全面核戰中。

在北韓的東北部地區，一枚核彈擊中了豐溪里核試驗場，那兒從二〇〇六到二〇一七年，都有地下核試驗在進行，也正是這些試驗，讓北韓得以把買來或偷來的核子設計藍圖打造成如今遍布其國土的核武計畫，也才導致了這場核戰的爆發。豐溪里距離俄羅斯邊境僅一百一十英里，包括從兩國邊境再往北八十五英里處，就是俄羅斯的港埠符拉迪沃斯托克，中國稱作海參崴。降仙這個沿平壤—南浦高速公路設置的機密鈾濃縮站遭飛彈擊中。未公開的

* 北韓所稱的西海，就是黃海。

新五里山中飛彈基地也是。上南里與舞水端里這兩個位於與俄羅斯邊境接壤的飛彈發射場，也遭到核彈接二連三的命中。再過幾分鐘，還有另外五十枚洲際彈道飛彈將落在北韓，正是這五十枚飛彈，讓俄羅斯誤以爲美國發射了上百枚飛彈要襲擊俄羅斯。

短短幾分鐘內，八十二顆核彈頭奪走了數百萬名北韓民衆的性命，而他們何其無辜，他們什麼也沒有做，就像幾分鐘前，死於美國華府與加州迪阿波羅谷周遭的那些美國民衆一樣，他們個人沒有做任何事去傷害跨越半個地球、那些如今已死或瀕死的異國百姓。

美國的潛射三叉戟飛彈是一種宛若野獸的武器系統。用來爲該飛彈命名的三叉戟，是由人類發明出來，用來獵殺魚類或與其他人類搏鬥的工具——我們無從得知人類的祖先是先拿三叉戟殺了魚還是殺了人。三叉戟作爲一種概念性的存在，可以上溯至多久遠的時代，我們探究不出來。當然，肯定是史前時代的物品，這點無庸置疑。人類在科學上的長進，讓我們得以在殺人的技術上不斷精進。我們就這樣從徒手肉搏的戰士，演化成了按下按鈕或轉動鑰匙，便可隔著半顆地球殺死幾百萬人的物種。

人類在核戰過後還會剩下什麼？恐龍在地表生存了一億六千五百萬年。牠們出場、牠們稱霸、牠們演化。然後，一顆小行星撞在了地表上，恐龍便不復存在（鳥類作爲牠們的後裔不算的話）。就這樣，在長達六千六百萬年的時間長河中，再沒有人發現這種爬蟲類掠食者的蛛絲馬跡（或至少沒有明確的歷史記載），直到距今幾百年前的西元一六七七年，牛津大學阿什莫林博物館（Ashmolean Museum）館長羅伯特・普拉特（Robert Plot），在牛津郡康瓦耳村發現了恐龍的股骨，並爲一本科學期刊繪製了圖樣，他差點就誤將那根大腿骨當成巨人的遺骸。

核戰之後，又有誰會知道人類曾存在於這個世界？

## ■ 五十二分鐘

**北韓，白頭山**

北韓的最高領導人根本不在平壤附近。他在三池淵郡的白頭山底下，一千九百英尺深的地堡裡。這個地堡據悉在對核彈攻擊的防護力上，幾乎不下於你在俄羅斯或美國所看到的那些。

中國稱之爲長白山的白頭山，屬於層狀火山，也是一座活火山，其最近一次噴發是在千餘年前。它的火山口是一座有著碧綠水面的高山湖，名爲天池。一直以來，白頭山就與北韓官方的政治宣傳有著密不可分的關聯。在那些與白頭山有關的故事裡，北韓人必須假裝自己的統治者是半人半神。而在這個場景裡，北韓的最高領導人就是打算在這個處於天池底下的地堡裡，熬過核戰存活。他也可能熬不過去，但這就是他身爲一名「瘋王」必須接受的人生。**待我歸天，管他洪水滔天**。

幾十年來，北韓的一代代領導人都在大興土木，廣建軍事術語叫作underground facilities，簡稱UGF的地下設施，[503]爲的就是讓自己在核戰互轟的前中後，都有地方可以躲避。「北韓的UGF計畫放眼全球，是規模最大、強固程度也最高的一個，」美國國防情報署在二〇二一年的報告中說，「他們估計興建了數千個地下設施與地堡，其設計主要就是爲了抵擋住美方核子掩體殺手的攻擊。」這張地下建築網，據稱在其內部有四通八達的鐵軌與道路，而且有些地下鐵公路還搭配有遙控的橋梁與機動式的鐵門。「我們必須把整個國家打造成一個堡壘，」[504]北韓最高領導人金日成在一九六三年昭告天下。「我們必須往地底挖下去，才能保護好自己。」

從脫北者講述的故事裡，我們得知了那裡頭有拋光的大理石走道，有逃生用的暗門，有將狡兔三窟般的這些地下坑道相互連接起來的隧道井。脫北者說，北韓的領導班子在地底下有充分的食物、水、藥品供應，足以讓他們在裡頭躲上幾年，乃至於幾十年。據說，這些地堡配有備用的發電機與空氣循環系統，可供政權在必要的時間內保持活躍，與後核戰世界隔絕開來。此外，最高領導人身邊有一台隧道潛盾機，[505]以便他選擇要在何時、何地、以何種方法將自己從核戰後的廢墟中挖出來。

冷戰期間，當俄羅斯還是北韓主要的金主時，蘇聯科學家曾與北韓的共黨同志們分享過鑽掘隧道的工程技術，這使北韓得以打造出若干世界級的地底堡壘。在一九六〇年代，蘇聯科學家使用這樣一個事實作爲衡量標準，卽一架美國轟炸機，攜帶了一枚九百萬當量的B-53型核彈，便足以摧毀深度達到一千八百八十九英尺的地底設施，前提是該處的地質屬於「濕土壤[506]或濕軟岩石」。這也解釋了何以白頭山下的地堡會建於地底深度達一千九百英尺處。

此刻在白頭山，時間是淸晨四點五十五分。最高領導人聽起了幕僚的簡報，掌握了美國此時的狀況，包括華盛頓特區已經如何被毀，惡魔劇本已經如何在加州沿海上演，乃至於有多少人死了。如同俄羅斯總統，北韓領導人據說也非常熱衷於透過衛星電視收看西方世界的新聞報導。截至此刻——事發僅僅五十二分鐘後——在美國，許多頻道都已經停止播送，這就意謂著最高領導人的資訊來源已經極度受限。北韓軍方並沒有自身的預警系統，[507]空中沒有，地面上也沒有。「白頭山的雙向通訊完全倚賴一個內建的電話系統，」[508]邁可·梅登告訴我們，「那是一種老派的地線電話。最高領導人全憑近身幕僚們的敘述，也就是私人書記處成員告訴他的一切，來了解自己國家發生的事。」

卽便如此，這個場景裡的最高領導人也幾乎預期到了平壤會在巨大的核反擊中被夷爲平地。但惹出這一切的他還沒有善罷甘休的意思。他手中還握著一張他打算用出來的鬼牌。核彈的使用加上創造力，將會導致其他類型的大規模毀滅。如今，北韓的領導人便是想藉此扳回一城。

將近十年前，西方世界釋出了朝鮮半島的夜間衛星影像。面對那張照片，你會發現半島北邊（北韓）看起來很不對勁，一片魆黑，電燈的亮點幾乎不可見，而半島南邊（南韓）看起來則耀眼而明亮，與北邊形成強烈的反差。對一名瘋王而言，這種對照圖簡直刺眼難耐。照片被釋出後，好幾個星期的國際新聞上，全是西方國家對北韓這個「能源破產」的「電力窮國」之嘲諷。而接下來將發生的事，就是北韓對這些嘲諷與羞辱的復仇。

北韓最高領導人手握一種專門設計來讓美國不再有能源可用的核武。利用這種武器，他要讓世界見識一下，什麼才叫眞正的「電力窮國」。

幾十年來，美國的電磁脈衝委員會——全名是「電磁脈衝攻擊對美國之威脅的評估委員會」（Commission to Assess the Threat to the United States from Electromagnetic Pulse Attack）——始終在對國會發出警語，他們要國會不可輕忽核武直接在美國國土正上方的大氣層高處或太空中爆炸，那將會導致災難性的破壞。電磁脈衝委員會窮數十年之力，都在疾呼高空電磁脈衝攻擊，將癱瘓或毀滅全美的電網。

這種武器對美國造成的威脅性大小，向來是針鋒相對的激辯主題。「這是一小撮非常執著的人最喜歡的惡夢場景，」[509]二〇一七年，一位名嘴這麼對全國公共廣播電臺（NPR）說。在同年一場名爲「空洞的威脅還是眞切的危險？如何評估北韓對美國國土構成的風險」

（Empty Threat or Serious Danger? Assessing North Korea's Risk to the Homeland）的國會聽證會上，電磁脈衝委員會一不做二不休地加大了警告的力道，[510]為此，他們呈交了一份書面證詞，標題是「北韓核子電磁脈衝攻擊：生死攸關的威脅」。

前中情局官員，並長年擔任電磁脈衝委員會主任的彼得・普萊博士，於二〇二二年他辭世前不久，接受本書採訪時說，「如果北韓在美國上空引爆高空電磁脈衝炸彈，那就是所有仰賴電力運作物品的世界末日。」[511]

如果。

## ■五十二分鐘又三十秒

**阿拉巴馬州，亨茨維爾，紅石兵工廠**

在阿拉巴馬州亨茨維爾附近的紅石兵工廠，內有美國陸軍太空與飛彈防禦司令部的總部——這兒也是美國洲際彈道飛彈的誕生處。在該總部裡，指揮官目不轉睛跟著雷達螢幕上的北韓衛星移動到定位。在這個場景裡的這顆衛星，類似於北韓在二〇一六年二月七日所發射的那顆代號KMS-4的「光明星四號」衛星。在西方國家之間，光明星四號使用的是北美防空司令部的代號NORAD 41332，[512]有興趣者可以追蹤它繞地球運行的軌道。事實上，各國也一直都在追蹤光明星四號，直到它在二〇二三年六月三十日脫離軌道，落入大氣層爲止。

北美防空司令部代號：41332
國際代碼：2016-009A
近地點：四百二十一點一公里
遠地點：四百四十一點四公里
軌道傾角：九十七點二度
週期：九十三點一分鐘
軌道的半長軸：六千八百零二公里
姿態控制發動機：不詳
發射日期：二〇一六年二月七日
來源：北韓
發射地點：윤송，*朝鮮民主主義人民共和國

在雷達螢幕面前，紅石兵工廠的指揮官與同室的所有人都擔心他們即將目睹衛星爆炸。或說目睹衛星被引爆。他們擔心不消多久，自己就會親眼見證自二〇〇四年起的第一份報告以來，電磁脈衝委員會就一直在警告參院與眾院各委員會的事。委員會早就憂心光明星四號這類衛星並非北韓所宣稱的偵察或通訊衛星，其眞實身分可能是一枚在軌道上運行的小型核武，待命在美國上空——電離層，隨時可以引爆，藉此讓美國的整張電網毀於一旦。

二〇一二年，高空電磁脈衝所引發的恐懼，擴散到了委員會以外，成了主流觀點。當時，有一位美國太空總署科學家出身的NBC新聞網太空顧問，吉姆·歐伯格（Jim Oberg）訪問了北韓，爲的是調查北韓有沒有在發展電磁脈衝武器。歐伯格一開始還對自己聽說的傳言半信半疑。「有人在那緊張兮兮地說[513]北韓可能會利用衛星當載體，把小型核彈頭送入地球軌道，然後在美國上空引爆，進行電磁脈衝攻擊，」歐伯格在網路刊物《太空評論》（*Space Review*）中寫道。

核武工程師訓練出身的歐伯格說，他起初覺得「這些擔憂似乎過於極端，那〔將〕需要北韓政權的非理性程度大如天文規模，才可能走偏到那樣。」但他在那趟北韓行考察了該國

* 漢字不明，羅馬拼音爲Yunsong，位置就在前面提到過的西海衛星發射場，也叫東倉里發射場。

的衛星控制設施與相關硬體之後，歐伯格匯報說，他已經有了不一樣的想法。他開始相信自己看到的一切對美國的生存構成了實實在在的威脅。

歐伯格將它稱作**末日場景**。

「最可怕的一點是，」歐伯格在筆下談到了他在北韓的見聞，「那種天文規模的瘋狂程度，在（北韓）『太空計畫』的其他部分也是顯而易見。這種末日場景……所展現出的可行性，已足以讓美國採取積極的措施，去阻止這種事情的發生，」歐伯格警告說。唯有如此，才能確保有能力攜帶小型核彈頭的北韓衛星，永遠不會「有進入繞地軌道並飛越美國上空的一天」。

但最終美國什麼也沒做，而在二〇一六年的二月，北韓成功發射了這種——酬載足以攜帶小型核彈頭——衛星到太空中。北韓官員堅稱衛星帶上去並送入繞地軌道的酬載，是一台四百七十兆赫的超高頻無線電，只是用來播送愛國歌曲給北韓公民聽。也許這也是實話。但這顆衛星的軌道是一條不尋常的南北向軌道，[514]可以使其直接飛越美國上空，包括華盛頓特區與紐約市上空。隔年，北韓欲蓋彌彰地發表了一篇名爲《核子武器的電磁脈衝威力》[515]的技術論文，藉此來消弭這些衛星具有軍事意圖的傳言。

但歐伯格的末日場景，[516]條件已經慢慢具足。

在閉門會議中，電磁脈衝委員會的官員再次對國會進行了簡報。「俄羅斯、中國與北韓，如今都有能力[517]對美國發動電磁脈衝攻擊。三國全都曾對此舉的應變計畫進行過操演或描述，」電磁脈衝委員會警告說。這種科技現在在公開資料中被稱為「『超級』電磁脈衝武器」。[518]

在「密碼簡報」（Cipher Brief）這個由中央情報局、國防情報署、國家安全局等一眾前局長操刀的專業媒體上，普萊寫得更為露骨。

他在筆下表示，北韓的衛星「很類似一種俄羅斯開發於冷戰時期，縮寫為FOBS的祕密武器，[519]全名是『部分軌道轟炸系統』（Fractional Orbital Bombardment System）」。他說，這是一種「打算用核武衛星來對美國發動電磁脈衝突襲」的武器系統。身為電磁脈衝委員會的主任，普萊私下掌握了他在一場機密簡報中所得知的資訊。有兩名「非常資深的俄羅斯將領」[520]警告說，「超級電磁脈衝的知識已經被轉移給了北韓」。

曾任美國飛彈防禦署署長的亨利．庫伯（Henry Cooper）大使，在正式發言中，補充了他對於高空電磁脈衝若被引爆在美國上空，所擔憂的最壞狀況：「結果可能是[521]美國電網無限期停擺，進而導致高達九成的美國人在一年內死去。」

二〇二一年，美國戰略司令部進行了超過三百六十場核指揮控制演習與戰爭賽局。[522]當中有多少場涉及與北韓的核戰我們不得而知，因為該資料尚未解密。至於有多少場涉及高空電磁脈衝武器，一如美國情報體系裡所有以超級電磁脈衝威脅爲題的報告，[523]也同樣是機密。但我們從理查・賈爾文——打造出第一枚熱核彈的美國國防部超資深顧問——那裡了解到，瘋王邏輯[524]與美國核指揮控制體系有關。

在這個場景中的瘋王邏輯裡，北韓最高領導人就是會想要用復仇之舉去癱瘓美國；就是會想要一舉把美國打回到沒有電、也沒有現代武器系統的舊時代，[525]那個美國手裡沒有大規模毀滅性武器，沒辦法按個鈕或轉一下鑰匙就跟人打仗的時代。

這個場景中的瘋王，不僅打算將美國打回沒電的時代，還想讓美國回到那個獨善其身的時代。只要回到那個時代，世界各地的國王就可以坐擁大軍，爲了土地與鄰國資源相互征伐，不用擔心美國出來礙事、自討罵挨。

早從一九五〇年代以來，北韓公開宣示的目標就是統一南韓，而且是武力統一。現在，在白頭山下的地堡深處，瘋王正準備引爆一枚在美國上空繞地軌道上的高空電磁脈衝武器。他得再等上幾分鐘，讓太空衛星進入準確位置。

等待的同時，場景裡的瘋王也沒閒著，他把握時間先攻擊了首爾。

## ■五十三分鐘

### 大韓民國（南韓），烏山空軍基地

在南韓烏山空軍基地的地下指揮碉堡中，美軍指揮官注視著衛星影像與無人偵察機傳來的視訊串流。這些無人機一直監視著不到五十英里外的兩韓邊境。

地堡外，烏山基地的停機坪上，[526]大多數的F-16戰隼與A-10雷霆已蓄勢待發。有些已經升空的戰機正在黃海上空巡邏，其他的，則在停機坪上列隊，等待著啟動的許可。他們在等待的，是三叉戟核子攻擊飛彈與洲際彈道飛彈完成對北韓的作戰任務。

指揮官望著螢幕。北韓會將戰鬥機藏在山區地形下的地下基地裡是美軍早已知曉的做法，同時，北韓也會將其飛彈的機動發射車以類似手法藏匿起來。北韓地面部隊[527]「在整個非軍事區沿線部署了數千門長程火炮與火箭系統」，國防情報署的分析師們在二〇二一年的一本專刊中提到。他們在專刊中表示，這是對美國與其盟友一個長年存在的生存性威脅。「總的來說，北韓的這些軍事能力使南韓百姓與不在少數的美、韓駐軍，暴露在相當大的危險裡，」隸屬五角大廈的國防情報署提出警語。「北韓可以利用這種能力在不加預警的情況下重創南韓，並造成嚴重的傷亡。」

而在這個場景裡，北韓正打算這麼做。

在其經過充分演練的首波攻擊中，從北韓那些隱蔽的基地裡，湧出了先是幾十輛，然後幾百輛的飛彈發射車。[528]這些發射車移動到定位，停下，然後開始射出先是幾百枚，然後是幾千枚的中小型火箭。

在鄰近的林地中，列車車廂停在了軌道中央。[529]車廂頂滑了開來。

數十枚火星九型（即飛毛腿—D與其改良型號飛毛腿—ER）短程飛彈從這些軌道化的機動發射車中射了出來，開啟了往南的飛行軌跡。它們有志一同地朝著三個目標而去：烏山空軍基地、烏山的姐妹基地韓福瑞斯營區，以及首爾的市中心。

超過一萬發砲彈與兩百四十公釐口徑的多管火箭，協調出巨大的陣勢飛向了南韓，爲的是造成最大規模的傷亡。

塡裝進這些小小火箭當中的大規模毀滅性武器並不是核武，而是化學武器。「北韓的CW（化學作戰）計畫可能包含多達數千公噸的化學戰劑成品，[530]以及生產神經、水疱、血液與窒息毒劑的能力」，國防情報署的分析師們在他們二〇二一年的報告中警告。

身在烏山空軍基地的美軍指揮官看著即時的實況。外頭，將基地圍成一圈的美國「終端高空區域防禦系統」偵測到北韓飛彈的成群來襲。這個隨卽啟動警報並著手反應的系統，正是薩德。薩德系統發射了用來防禦飛彈的飛彈，但徒勞無功。

自北方飛來的超過一萬枚砲彈與火箭彈，多到薩德系統應接不暇。薩德系統看見若干北韓版的飛毛腿飛彈，並設法擊落了幾枚。但從北韓二四〇公釐口徑發射車[531]射出的小型火箭只有九英寸寬，也就是普通餐盤的大小。如此細瘦的直徑尺寸，要薩德系統做到大規模的精準確認與命中，實在有些強它所難。

薩德錯失命中，一次，又一次。

「薩德可以應對[532]一次一枚，或一次好幾枚飛彈，」軍事歷史學者瑞德・柯比告訴我們。但烏山基地、韓福瑞斯營區與首爾面對的是幾千枚內含沙林神經毒劑的砲彈與火箭彈。在爲《原子科學家公報》撰寫的一篇文章中，柯比計算了[533]在他名爲「沙林之海」的攻擊中會發生的情況。其中的人員傷亡比率是以「普遍適用的化學武器是如何運作的」爲計算基礎，使用的可能總體比率爲「每十五分鐘發射一萬零八百枚飛彈」，加上每一枚二百四十公釐口徑火箭彈的沙林毒劑酬載已知爲八公斤，再考量到「誤射與啞彈……」，柯比認爲，用兩百四十噸的沙林毒劑襲擊南韓，將在首爾造成百分之二十五的傷亡率。如此換算出的絕對傷亡人數相當可怖：平民的死亡數將達到六十五萬到兩百五十萬人之譜，還有一到四百萬的傷者。

在神經毒劑攻擊中倖存下來的人，日子將令人不忍卒睹。「不在少數的人會因為醫學上所謂的缺氧症而進入持續的植物人狀態，」柯比說。

## ■五十四分鐘

**馬里蘭州，波伊茲**

鏡頭拉回到美國，馬里蘭州的鄉下，那個名為波伊茲的非建制社區，*跳傘負傷的總統躺在林中的地上，不斷地失血。他無助而絕望。這一帶的溪流適逢一年當中的洪泛期，總統可以聽見不遠處的水流沖刷聲。

他周遭的土地濕濕冷冷。他已經因為身心所受的創傷與震撼而尿溼了褲子。

會有人發現他在這裡嗎？

總統聽見了——或他覺得聽見了——快速反應部隊的搜救直升機轉動著轟隆隆的螺旋槳，盤旋在他上空。但四下的林木包括了許多常綠喬木，其樹冠十分茂密，所以快速反應部隊看不到，也不會看到他。

在講述越戰的書籍裡，處境與他類似的士兵與飛行員——困在越南或寮國叢林裡的那些陸軍或空軍士兵——常會被英勇的直升機駕駛與組員534搭救。那些美軍能夠獲救，靠的不只是運氣，但運氣確實不時在當中扮演著要角。在越南前線的戰鬥人員所受到的指示是要隨身帶著一面小鏡子——靠著這面鏡子，他們就可以在脫隊或迷路時，發出求救信號。總統這會兒身上可沒有這種東西。最近一任見識過戰鬥的美國總統，已經得上溯到甘迺迪了。**二十一世紀的美國總統們，已經習慣於有一群人滿足他們的一切需求，養尊處優慣了。

總統在森林裡呼喊，但他喊破喉嚨也沒人聽得見。

* unincorporated community，沒有自己的地方自治編制，直接由上一層政府管轄的村鎮。

** 美國第三十五任總統甘迺迪曾在二戰時擔任過海軍的魚雷艦艦長，且該艦於一九四三年遭日軍擊沉，而臨危不亂的他除了在海面上營救同袍有功，自身也於隔日獲救。

## 五十五分鐘

**阿拉巴馬州，亨茨維爾，紅石兵工廠**

在阿拉巴馬州的亨茨維爾，紅石兵工廠的指揮官站在那兒看著面前雷達螢幕上的動態。他正好見證了一顆衛星——類似代號KMS-4，也就是光明星四號那種——剎那間炸了開來。

這種瞬間，指揮官能想到的只有一件事。能說出口的也只有一件事。

**北韓剛剛引爆了一枚超級電磁脈衝武器。**

電流傳輸瞬間竄高，然後陷入了停滯。這是一個軍事設施，所以備用發電機無縫銜接了上來。但這裡的每個人都知道發電機遲早會耗光能量，而供電的燃料泵浦已經遭到致命攻擊，永遠地失去了作用。

## ■五十五分鐘又十秒

### 末日場景

白頭山下的地堡裡，北韓的最高領導人被告知，超級電磁脈衝武器已經按計畫引爆。如同一把核子版的達摩克利斯之劍，*[535]這枚武器被隱藏在沿南北向地球軌道飛越美國上空的一顆偵察衛星裡，終日不停地繞著美國運行。

這枚武器最終爆炸的地方，是美國上空三百英里處。垂直投影位置是內布拉斯加州的歐馬哈。

* sword of Damocles，達摩克利斯其人是西元前四世紀，義大利敍拉古僭主狄奧尼修斯二世的臣子，他曾恭維主上，您眞幸福能手握至高的權力。爲此，狄奧尼修斯提議與他交換一天身分，讓達摩克利斯體驗身居高處的滋味。因此，在當天的晚宴上，達摩克利斯極盡享受君臨衆人的感覺。但就在晚宴要告一段落時，他才注意到王座上有把僅靠一條馬鬃懸住的利劍。原來狄奧尼修斯以國王之姿樹敵無數，所以才懸上此劍來提醒自己不可稍有鬆懈，否則隨時會死於仇敵之手。惟作爲這「達摩克利斯之劍」的典故，這個故事應該只是一個寓言，而非眞有其事。

末日場景已經成爲現實。

電磁脈衝武器在電離層炸開，並不會造成人類、動植物在地表上的傷亡。甚至於根本聽不到爆炸聲，因爲在太空中沒有空氣作爲介質來傳播聲音。電磁脈衝武器不會造成建築結構上的毀損。對那些因爲核彈摧毀了華盛頓特區與加州迪阿波羅谷，跑到自家地下室避難的千百萬美國人而言，剛剛發生的事就只是一場單純的停電。但要是他們眞的這麼以爲，那就是把事情想得太簡單了。

史提夫．瓦克斯（Steven Wax），身爲國防威脅降低署（Defense Threat Reduction Agency）——一個最初作爲曼哈頓計畫一部分的機構——的首席科學家，曾在二〇一六年發出過警語，「核彈若引爆在[536]內布拉斯加州歐馬哈上空五百公里（三百英里）處，其產生的電磁脈衝將全面覆蓋美國的整片陸塊。」

超級電磁脈衝武器會分E1／E2／E3三階段發送出電磁衝擊波，其威力會強大到專門用來阻擋高電壓驟升的工業級突波抑制器與避雷器，瞬間全無用武之地。「只有強化程度最高的軍事級安全裝置，才能將此電磁脈衝擋在門外無視其存在，」傑佛瑞．亞戈這位具電子工程師背景的軍事顧問如是說，他同時也是電磁脈衝委員會主任彼得．普萊博士的幕僚。

「空爆的電磁脈衝會極具殺傷力，」美國前聯邦資訊安全長官空軍准將葛雷格里．J．圖希爾告訴我們。他還說，少有人能眞正意識到電磁脈衝的可怕之處，因爲一般人接觸不到政府的機密資訊。「二十六年前，我撰寫過專論說明一宗電磁脈衝事件，」圖希爾說。「結果現在還沒解密。」[537]

在這個場景中，剛爆炸於內布拉斯加州上空的高空電磁脈衝武器，造成全美三大電網——西岸電網、東岸電網、德州電網——的大部分區域一瞬間非死即傷。這麼一來，美國整體作爲一個互連系統的特高壓變壓器，也就一個接著一個開始失去了作用。[538]「襲擊瞬間，電磁脈衝就會讓電力設備失控，彼此之間無法保持同步，」圖希爾說。「不過眞正造成問題的，還得算是電磁脈衝造成的附屬效應。」[539]

在整個美國，這些附屬效應是世界末日級的。電力末日正在上演。

二十一世紀的美國是一個由各個系統組成的複雜體系，其動能來自電力，組成則是被做成晶片的微處理器。美國大約一萬一千座公用事業等級[540]的發電廠、兩萬兩千台發電機、五萬五千座次級發電站，都歷經了一場巨型、災難性、骨牌式的失靈。美國總長達六十四萬兩千英里的高壓電傳輸線與六百三十萬英里長的配電線，[541]開始停止運作。

美國的交通運輸系統幾乎同一時間通通癱瘓。美國共計有兩億八千萬台登記在案的車輛，而「路上有一成的車輛[542]會突然失去動力」，電磁脈衝委員會的成員威廉．葛拉罕博士（William Graham）曾如此警告過參議院軍事委員會（Armed Services Committee），而且，當時是二〇〇八年——也就是早在美國路上的車輛與卡車裡還沒有那麼多電子微處理元件之前。

在沒了動力方向盤或電子式煞車的狀況下，車輛要嘛慢慢停了下來，要嘛一頭撞上了其他車輛、路旁的建物，或是牆壁。隨處可見拋錨或撞毀的車輛阻塞了車道與橋梁上的車流，並且，這狀況不只發生在民眾搶著要逃離核彈的地方，而是連隧道與高架橋上、大小路面上、車道上、停車場裡，無一處不是如此，無一處不是陷入一團混亂。美國已經遭到核武攻擊。想逃也無處可逃，逃到哪兒都是一樣。在電力完全喪失的狀態下，卡在全國性的車陣中，對千百萬在移動中的美國人來說，是一場大災難。然而，更可怕的一連串事件還在發生中，而且無人能阻擋：美國的控制系統架構正在崩塌。

「關於電磁脈衝……真正的問題，」物理學家暨常春藤麥可熱核彈設計師理查·賈爾文告訴我們，「是SCADA系統難以爲繼。」[543]（賈爾文寫於一九五四年那篇開電磁脈衝研究先河的報告還沒解密）。

SCADA全名是Supervisory Control and Data Acquisition，即「資料採集與監視系統」，是一種基於電腦基礎的人性化介面控制系統架構，主要功能是蒐集並分析全美各地關鍵基礎建設部門的工業設備資訊，然後將之傳送給在系統中工作的人員，好讓他們去完成自己的工作。「SCADA系統無法繼續運行，會構成一場立即性的失控惡夢，」亞戈說。SCADA系統控制著鐵路的轉轍器、水壩的水門、天然氣與石油精煉廠的輸送管線、製造業的組裝線、空運調度、港口設施、光纖傳輸、全球定位系統、危險物質、整個國防產業的工業根基等。

沒了ＳＣＡＤＡ系統的操盤，[544]天下大亂只是一眨眼的事。ＳＣＡＤＡ系統調節從製造業工廠的鍋爐壓力到各地水處理設施裡的化學物質混合，乃至於這兩者中間的各行各業，全美無一角落不在ＳＣＡＤＡ的管轄範圍內。比方說，ＳＣＡＤＡ系統控制了通風與過濾系統、各種閥門的開闔、大型的馬達與泵浦啟閉、電子迴路的開關。在ＳＣＡＤＡ失去作用的狀況下，數以千計向各個方向行駛於美國各地的地鐵、[545]客運火車、貨運列車，包括許多運行在同一套軌道上的車廂，全撞成了一團、撞上了牆壁或衝向了各種障礙物，甚或還有出軌的。電梯在樓層之間說停就停，再不然就是變成自由落體，直墜到地面。人造衛星（包括國際太空站）脫離了應在的位置，開始在引力的作用下，朝地球墜落。美國剩下的五十三座核電廠，現在都依靠著備用系統在運作，[546]剛剛開始集體耗盡電力。

在空中，上述的效應更是百分之百的噩夢。現在適逢全美商用客機運輸的高峰期，成千上萬架使用電子線傳技術[547]與系統飛行的商用客機都喪失了對機翼與尾翼的控制力，艙壓與起落架不聽使喚，儀器降落系統成了裝飾，一架架客機頭下腳上，猛烈地衝向地面。其中有一款客機得以倖免於難，沒有受到電子設備與儀器失靈的影響，那就是被國防部拿來用於製造末日飛機的老式波音七四七。「七四七的飛行員仍在使用腳踏板與軛狀操縱桿這兩樣機械式裝置連結控制面，」亞戈告訴我們。[548]「那當中不存在線傳的電子科技。」

地面上，關鍵的基礎建設系統一個個成了廢鐵。少了SCADA系統控制著美國超過兩百六十萬英里的天然氣與石油的輸送管道，數百萬的閥門就會破裂或爆開。燃媒鍋爐系統上的燃燒感測器受到空氣與燃料混合比例錯誤的影響，發生閃燃而爆炸。美國送水系統的電動閥門不再受控，數十億加侖的水開始在美國的水道系統中暴漲。水壩決堤。大規模洪水開始沖垮基礎設施將人們捲走。

乾淨的飲用水沒了。沖馬桶的水沒了。衛生成了問題。街燈不亮了，隧道裡一片黑暗。所有的燈都不亮了，只能點蠟燭，直到蠟燭也用盡。天然氣泵浦沒了。燃料也跟著沒了。自動提款機失去作用，無法提領現金。手機成了廢鐵。家用電話也掛了。不能打給警消，因爲根本打不了電話，高頻無線電是僅有的緊急通訊管道。沒有救護車服務。沒有能用的醫院設施。下水道的汙水四處倒灌，不到十五分鐘，足以傳染疾病的蟲子就會成群結隊而來，在成堆的人類排泄物、垃圾和屍體上覓食。

美國那當中含有各種系統的複雜系統，突然陷入末日般的停頓。在接續的恐懼與混亂中，人們回歸到他們最基本的哺乳動物本能，倚賴起自身的五感、雙手與雙腳。四下的人們都能察覺迫在眉睫的危險就在身邊。他們感覺得到剛剛發生的一切只是世界歸於野蠻的序幕，而非終曲。

人們棄車，開始徒步逃亡。他們步出了建築物，跑下了樓梯，逃到了戶外。地鐵上、公車內、電梯中的乘客，努力設法撬開了緊急出口與電梯門，或爬，或走，或跑著求生。

人類最基本的本能就是生存，而領著我們一路走到今天的是演化。從採集狩獵到人類登月。從手持尖矛插魚到能跨越各大洲，在Zoom視訊上唱生日快樂歌。無一不是由生存本能激發出的演化。

人類的天性是追求進步。爲此，人類不惜一切代價。

然而，核戰將這一切歸零。

核子武器將人類的聰明與才智、情愛和慾望、同理心與智慧化爲灰燼。

在這一刻，震撼與絕望中，最最可怕的一點是你會赫然意識到自這一秒起，活著將變成一件多麼悽慘的事。接著，你會咬牙切齒地想到在這之前，竟然沒有人，沒有一個人，採取任何實質性措施來防止核武引發第三次世界大戰。這一切，本來不必發生的。

如今，爲時已晚。

## 歷史小教室（九）

### ■跑步機上的人猿

一九七五年某日，《外交政策》（*Foreign Policy*）雜誌刊出了一篇由國防官員出身的核子解除武裝倡議者保羅・C・汪克（Paul C. Warnke）所撰的社論。這篇標題名為〈跑步機上的人猿〉[549]（Apes on a Treadmill）的撰文，時至今日，也沒有不合時宜感。字裡行間，汪克不僅批判了核子武器是如何超乎人類想像地危險，同時也痛斥了軍武競賽從過去到現在是何等令人髮指的浪費。他稱其為一種「如猴子般有樣學樣」的現象。直指其中所有的參與者都是在抄襲彼此充滿攻擊性的舉措，一事無成，從頭至尾就像毫無智商可言的牲畜。

尤有甚者，汪克指出，軍武賽道上的跑者似乎並未意識到這場競逐無論如何，都不會有哪個個人或團體勝出。他們未曾意識到我們一個個都只是跑步機上的人猿，跑斷了雙腿，也不過是在原地踩踏。那幅畫面烙印在了人們的腦海中，但文章本身則消失在世人的視野外。

然後到了二〇〇七年，一群青壯派科學家在美國國家科學院（National Academy of Sciences）的院刊中共同撰文，並藉此為跑步機上的人猿概念提出了一種有趣的新解。[550]原本這群年輕科學家是在探索雙足行走的問題，這種理論認為我們遠古的祖先之所以學會直立步行，是因為這比起用四肢的指節爬行要更具有能源使用上的效率。為了推動這種理論的成立，這群科學家給五隻黑猩猩與四個人類戴上了氧氣罩，然後讓他們踏上跑步機。科學家分別對這兩個物種蒐集了氧氣用量的資料，希望能斬獲與雙足行走理論有關的新知，尤其是他們想知道能量消耗究竟能不能解釋何以某些人猿會演化出現代智人的智慧，而某些人猿卻始終跨不出叢林，繼續安於禽獸的昏昧。

在蒐集資料的過程中，一件讓人意想不到的趣聞浮上檯面，為汪克的文章增添了一個亮點。事實證明，部分黑猩猩並不樂意參與跑步機的實驗。人類學家大衛．雷奇藍（David Raichlen）作為其中一位參與的科學家，向路透社記者威爾．登漢姆（Will Dunham）分享了他對這些黑猩猩的觀察。

「這些傢伙（黑猩猩）一點也不笨。[551]牠們會在完成實驗後按下跑步機上的停止鈕，」雷奇藍表示。或者換個說法，一隻黑猩猩要是真不想繼續這場毫無意義的比賽，「牠們會很乾脆地要嘛按下停止鈕，要嘛跳下跑步機。」

我們想問的是，如果黑猩猩都知道要跳下跑步機，我們為什麼不跳？

## ■ 五十七分鐘

### 末日女傭到了

美國戰略司令部總部首當其衝，被幾分鐘前由東岸外海浮出水面的俄羅斯潛艦發射的一波核彈頭擊中。這些核彈頭襲擊了內布拉斯加州的奧弗特空軍基地，目的是摧毀美國戰略司令部位於地底下的全球作戰中心。作爲核指揮控制體系的一處掩體，全球作戰中心的設計是要能扛下一百萬噸當量的核武，但這不見得等於它能扛下多枚十萬噸級核彈頭——幾乎是同時——的災難級轟炸。幾十年前，國防科學家計算出一枚百萬噸當量的核彈可以摧毀八十到一百平方英里的面積（大火的影響不算），而十枚較小的十萬噸級核彈則可以摧毀兩倍於此的土地。

以各枚彈頭的爆炸原點爲中心，周遭的強光將空氣加熱到數百萬度的高溫，由此創造出的巨大火球，以時速幾百萬英里的速度在擴大著直徑。那樣的熱度，猛烈到讓混凝土表面炸裂，讓金屬熔化，讓人體變成焦炭。

一部分人雖然處於地底下，但他們其中有些人會慢慢地、活活地被燒死，有些人會一瞬間碳化，端看他們在核彈爆炸時所處的位置。奧弗特空軍基地與整個內布拉斯加州的大歐馬哈地區——粉紅色髮捲與奶油太妃糖（Butter Brickle）冰淇淋的發祥地——以及生活在這裡，近五十萬居民中的絕大多數人，都會就此付之一炬。

幾乎與此同時，另外一波十萬噸核彈頭來勢洶洶地攻擊了賓夕法尼亞州的黑鴉岩山複合基地。核彈酬載的當量已經不再有什麼意義了——十萬噸、四十萬噸、五十萬噸、一或兩百萬噸，有或沒有多目標重返大氣層載具。美國核指揮控制體系中的一切，都正在被系統地摧毀。黑鴉岩山的原始建築藍圖，是出自爲希特勒在柏林下方興建地堡的同一名工程師之手。在第二次世界大戰的尾聲，要了納粹最高元首之命的並不是盟軍的連番炮火火力，而是希特勒自己舉槍自盡。

黑鴉岩山複合基地理應要是「美國持續作戰計畫」（America's Continuity of Operations Plans）的樞紐，這是爲了讓聯邦政府在核戰爆發後，繼續發揮最重要的「核心功能」。但如同美國戰略司令部R地點的設計[552]是足以抵禦來自一顆百萬噸當量核武的直接攻擊，而不是扛下將視力所及的一切通通粉碎的一整波核彈頭。美國總統——在R地點東南方大約四十五英里處林地上躺著的他——成爲了這波核武洪流的犧牲者。他先是著了火，然後變成了一堆炭。

接下來被齊發的俄羅斯潛射彈道飛彈擊中的各個美國目標，皆位於科羅拉多州，包括夏延山內部的飛彈預警中心，包括在科羅拉多泉（Colorado Springs；科羅拉多州第二大城）彼得森太空軍基地的北美防空司令部總部，也包括在奧羅拉的巴克萊太空軍基地。這些核子作戰設施及其所有配套設施，同時吸收了多個搭載著多目標重返大氣層載具的俄羅斯彈頭。對生活在落磯山脈東邊這個山腳下的一百多萬人而言，彷彿整個世界都被一把火給燒了。

另外一串十萬噸當量的彈頭隔著好幾個州，擊中了多個軍事目標，其意圖是要在幾分鐘內摧毀美國核指揮控制體系的所有冗餘設施。在路易斯安那州，巴克斯岱爾空軍基地遭到襲擊；曾經強大的美國空軍全球攻擊指揮司令部（Global Strike Command）總部、美國核武用B-52長程戰略轟炸機的大本營，已然不復存在。

在蒙大拿州，馬姆斯特羅姆空軍基地（Malmstrom Air Force Base）已被多枚核彈頭摧毀殆盡。馬姆斯特羅姆空軍基地負責操控、維護與監督一百五十枚義勇兵三型洲際彈道飛彈。所有的義勇兵三型洲際彈道飛彈都已經從所屬的發射井中升空，如今，都在朝著俄羅斯而去的彈道軌跡上，目的是對攻擊美國的俄羅斯還以顏色。在北達科他州，邁諾特空軍基地——另一批義勇兵三型洲際彈道飛彈的所在——也以類似的方式遭到毀滅。在懷俄明州，F．E．華倫空軍基地是另一座被「核平」的標的。

畫面拉到東岸，在緬因州的濱海小鎮卡特勒（Cutler，人口僅五百），以甚低頻（VLF）提供單向通訊給海軍彈道飛彈潛艦的訊號發射設施，已遭擊毀。同樣的還有位於華盛頓州阿靈頓郊區的吉姆克里克海軍無線電站（Jim Creek Naval Radio Station），至於第三座被毀的同類設施，則位在夏威夷歐胡島上的大型海岸谷地盧阿盧阿雷（Lualualei），這個名字的意思有不同解釋，在夏威夷的某種方言裡，意思是：「被愛且被饒過的那個」。553

隨著這最後一波潛射彈道飛彈的彈頭以迅雷不及掩耳之勢擊毀各個目標，美國核指揮控制體系就只剩下空中的那架末世飛機，還有水面下的那幾艘三叉戟核潛艇。

一如一九六〇年代爲全面核子戰爭設置的單一統合作戰計畫所預示，這場戰爭如今只剩下一堆數字。

只剩下一個會讓數十億人丟失性命的大屠殺計畫。

## 五十八分鐘

### 義大利，阿維亞諾空軍基地

歐洲各地的目標也在同時間遇襲。

一系列從北冰洋升空的俄羅斯潛射彈道飛彈擊中了歐洲各地的北約基地。在毀滅性的一波核爆中，位於比利時、德國、荷蘭、義大利、土耳其的空軍基地一一陷入火海，並在爆炸波下，屍骨無存。

俄羅斯那些搭載有多目標重返大氣層載具的洲際彈道飛彈裡，攜帶著多枚核彈頭，而這些核彈頭循著低伸彈道飛行，擊中了倫敦、巴黎、柏林、布魯塞爾、阿姆斯特丹、羅馬、安卡拉、雅典、薩格勒布（克羅埃西亞首都）、塔林（愛沙尼亞首都）、地拉那（阿爾巴尼亞首都）、赫爾辛基、斯德哥爾摩、奧斯陸、基輔，乃至於其他目標。這幾處，全是俄羅斯這波大屠殺鎖定的對象，因爲從俄羅斯軍方的角度去看，那兒的人，全都是俄羅斯的敵人。

被這一番毀天滅地的攻擊從地面上抹除的，不僅僅是在這些地方生活、出差或遊玩的千百萬人，同樣消失不見的還有許許多多人類文明的工程傑作：羅馬競技場、巴黎聖母院、伊斯坦堡的聖索菲亞大教堂、英格蘭的巨石陣、雅典衛城的帕德嫩神廟。一座座代表著人類創意與想像力，深植人心的代表作，就這樣接連消逝在一顆顆核爆火球中：阿姆斯特丹的荷蘭國家博物館（Rijksmuseum）、保加利亞的班亞巴希清眞寺（Banya Bashi Mosque）、芬蘭國家圖書館、愛沙尼亞的座堂山城堡（Toompea Castle）、安卡拉的奧古斯都神廟、倫敦的大本鐘。宛如存在美國華盛頓特區裡的一切，前一刻還好端端地在那兒，不過幾秒鐘的時間就——消失了。

## ■五十九分鐘

### 大西洋

美國的核子飛彈還沒全發射完。三叉戟潛艦自大洋上空收到了冷戰時期所設計的末日飛機發來的最後發射命令。這些最後發射訊息讓美國戰機得以在美國電網癱瘓後——也在美國核指揮控制體系瓦解失效後——仍能與水面下的彈道飛彈系統進行通訊。

美國這些最後的發射命令，是靠著甚低頻系統在執行，而所謂甚低頻，就是發射訊息的頻率只有十五到六十千赫。這個代號AN/FRC-117的系統有個別稱，叫可持續低頻通訊系統（survivable low-frequency communications system），簡稱SLFCS。

末日機隊裡的最後一架E-6B在大西洋上盤旋，[554]邊施放出五英里長的天線。這根又長又細的纜線從機身後方一個開口處伸出，直到被一副名爲「引導傘」（drogue）的小型降落傘穩住。

這架E-6B進入陡峭的傾斜轉彎，宛若一個螺旋，一次一個字母[555]地發送最後的核彈發射訊息。甚低頻無線電的頻寬有著極低的傳輸速率，低到每秒只能送出三十五個字母／數字字元。速度還比不上第一代的撥接modem（早期用來連上網路的數據機）。雖然速度慢到這種程度，但也足以把最終的緊急行動訊息發送給遠在數千英里外的三叉戟潛艦部隊。

這些訊息反過來又讓三叉戟潛艦能夠進行最後一波核武攻擊，作爲目前正飛往俄羅斯各地目標的整個美國核三位一體核武器的後續攻擊。

命令順利收訖。

再過大約十五分鐘，最後一批三叉戟飛彈就會開始發射。

美國不會有誰，包括潛艦上的官兵，能確切知道這些飛彈最終有沒有命中目標，或它們究竟命中了什麼目標。

這場史詩般的悲劇就在於，這些最後，也是最終的核戰調度，在任何人的記分板上都不再重要。

沒有人是贏家。

沒有人。

## ■七十二分鐘

### 美利堅合眾國

在一場始於美國東部標準時間下午三點零三分的衝突的第七十二分鐘，一千枚俄羅斯核彈頭開始對美國進行攻擊，使得美國本土上演了一段長達二十分鐘的核子煉獄。一千枚核彈頭打在了已被一百九十二枚俄羅斯潛射彈道飛彈彈頭與兩枚北韓熱核彈重創的國家本土。北韓的第三枚，也是最後一枚洲際彈道飛彈——發射於北韓化城郡檜中里的地下設施——在重返大氣層時失效。

一千枚核武的衝擊波襲擊了一個已經斷電的國家，到處都是核爆受難者的屍

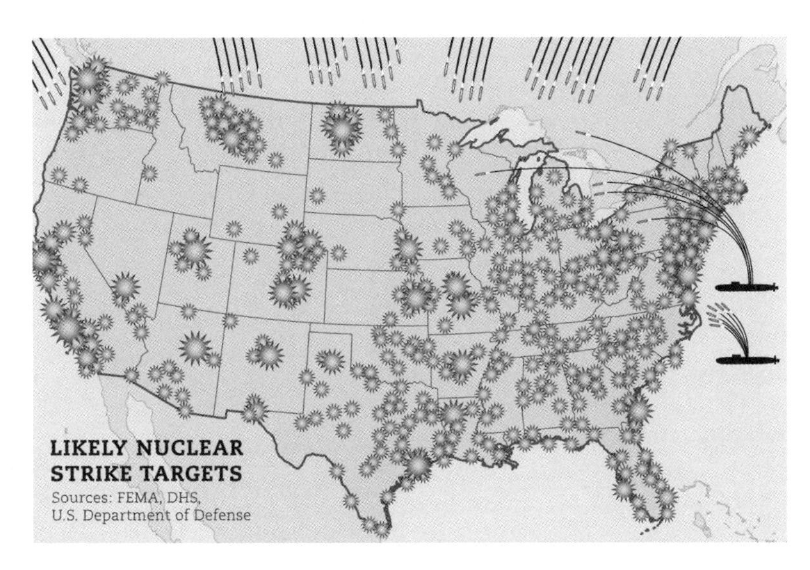


**圖四十五**　美國本土上可能的核攻擊目標（聯邦應急管理署、國土安全部、國防部；麥可・羅哈尼製圖）

體、輻射中毒者的屍體，飛機、火車、地鐵和汽車墜毀、出軌、撞毀等事件的罹難者屍體，化學物質爆炸受害者的屍體、水壩潰堤洪水受害者的屍體。

一千枚核武就是一千道閃光，這些閃光會將地面零點的空氣加熱到華氏一億八千萬度。

一千顆火球，每顆的直徑都超過一英里。

一千個陡峭的爆炸波。

一千堵壓縮空氣牆，伴隨著由一千顆火球推動，時速高達數百英里的狂風，將沿途的人和物夷爲平地。

一千座美國城市與鄉鎮，核爆半徑五、六、七英里內的人造建築都會改變物理形狀、崩塌與燒燬。

一千座城市與鄉鎮的柏油街道被熔化。

一千座城市與鄉鎮第一時間的倖存者被飛濺的瓦礫貫穿而死。

一千座城市與鄉鎮有數以千計的人死去。幾千萬不幸的倖存者被致命的三級灼傷燒傷。人們赤身露體、衣衫襤褸、渾身是血，且無法呼吸。

他們的樣貌——還有舉措——已不似人形。

一千處地面零點化爲一千場巨型火災，每場大火的燃燒面積很快就會達到至少一百平方英里或更大。

在整個美國與歐洲，數億人類若非已死便是瀕死，數百架軍機盤旋在空中直到燃料耗盡；最後一批三叉戟潛艦在海中悄然移動，繞圈巡弋直到糧食耗盡；地底下的倖存者會躲在掩體裡，直到他們敢於走出戶外，或是耗盡空氣。

倖存者最終將不得不走出掩體，回到地面上，面對前蘇聯領導人赫魯雪夫預言過的：「活下來的會覺得生不如死」。[556]

人類史上的第一次核爆，發生在一九四五年七月十六日，地點在新墨西哥州的阿拉莫戈試爆場（Alamogordo Bombing Range），當地人用西班牙語稱那片沙漠爲Jornada del Muerto。

核子武器的故事是怎麼開始，就怎麼結束。

Jornada del Muerto，死者的旅途。

PART

# 5

# 後續的二十四個月與之後

## （或該說，核武互轟後的我們將何去何從）

## ■ 第零日：核彈停止後

### 美利堅合眾國

那種冷，不是普通的冷，那種暗，也不是普通的暗。[557]從各方打上天空的核彈，終究停止了對目標的攻擊。高當量的地面爆炸與空爆，也總算塵埃落定。

放眼整個美國，一切人事物都還在燃燒。城市、郊區、鄉鎮、森林。火燒摩天樓與各種高聳建物所冒出的煙霧，生出了熱毒素（pyrotoxin；細菌產生的耐熱毒素）構成的有毒霧霾。[558]玻璃纖維與隔熱

圖四十六　冷冽而黑暗的核子冬天（阿基利亞斯・安巴茲迪斯〔Achilleas Ambatzidis〕製圖）

材料等建材，邊燃燒邊噴發出氰化物、氯乙烯、戴奧辛、呋喃等物質到大氣層中。這片朦朧而致命的煙霧與氣體，[559]一邊收割倖存者，一邊繼續毒化焦土。

半徑一到兩百英里的大型火圈從一千個地面零點往外膨脹，在美國的土地上到處肆虐。一開始，這些大火造成的毀滅似乎看不到盡頭。在沒有水泵可撲滅任何東西的狀況下，這些大火又衍生出新的大火，困住並殺死在最初的大規模核滅絕中，僥倖存活下來的人們。

鏡頭轉到美國人口密度較低的區域，西部各州，森林大火在延燒中。針葉林[560]尤其無法承受放射性落塵。這些松柏類的樹木會枯死、倒下，創造出大量的薪柴，為隨後的火災埋下隱患。強烈的火風暴以連鎖反應創造出末日環境。原油與天然氣田、煤層與泥炭沼澤，[561]歷經數月不斷地燃燒。而全美——乃至於在歐洲、俄羅斯、部分亞洲——所有這些城市與森林都在長時間高度強烈燃燒下，產生一項副產品，即大約一百五十Tg（Tg是terrogram，為氣體重量單位，相當於十的十二次方公克或一百萬噸；一百五十Tg約當三千三百零六億磅）[562]的煙塵被往上送到對流層上界與平流層。這種黑色粉狀的煙塵[563]遮蔽了日照，讓太陽的溫暖到不了地表。

「稠密的煙塵會讓全球氣溫下降約華氏二十七度[564]（約當攝氏十五度），氣候學者艾倫·羅巴克博士解釋說。「若只論美國，氣溫的降幅會更接近華氏四十度（約當攝氏二十二度），靠海的地方會好一點。」

地球陷入了一種全新的可怕境界，叫作核子冬天。[565]

核子冬天這個概念首次獲得世界的關注是在一九八三年十月，當時有超過千萬美國讀者的《大觀》（*Parade*）雜誌，[566]在封面上刊登了一張一片漆黑的地球的詭異圖片，同時還刊登了一篇「專題報導」的內文，由世界上最著名的科學家之一，卡爾．薩根執筆。「核戰會不會終結這個世界？」薩根問道，並給出了回答：「在一場核子『交手』中，超過十億人會瞬間殞命。但比這更嚴重的可能是長期的後果。」至於具體是什麼樣的後果，[567]薩根本人與他以前的學生詹姆斯．B．波拉克（James B. Pollack）和歐．布萊恩．圖恩（O. Brian Toon），以及兩位氣象學者湯瑪斯．P．艾克曼（Thomas P. Ackerman）和理查．P．涂爾科（Richard P. Turco），兩個月後共同在《科學》（*Science*）期刊上發表一篇論文，詳述了觸目驚心的細節。

這篇論文遭到了科學界與國防部的抨擊。[568]「他們說核子冬天無關緊要，」原始作者之一的布萊恩．圖恩教授回憶說。「他們說那是蘇聯放出來的假消息。」[569]但關起門來，或在直到最近才得見天日的文件[570]中顯示，那些身處核武局處最核心的人員早就心知肚明，核子冬天的威脅不假。大規模核子互轟的結果，若按美國國防核子武器局（Defense Nuclear Agency）內部的科學家所寫，會是「大氣層受到重創」[571]——且伴隨對地球的「天氣與氣候」造成「潛在的嚴重後果」。

「當然，核子冬天會是什麼局面變數很多，」[572]物理學家法蘭克．馮．希珀今天告訴我們。「但不存在爭議的是，在全面性的核子戰爭後，把如此大量的煙塵灌到大氣層內，會有什麼結果。」在原始的核子冬天報告中，作者群並不諱言他們的模型有其侷限。當時可是一九八三年，電腦的發展還在起步階段。但如今幾十年過去，最先進的建模系統顯示，核子冬天對大氣層的斲傷要比我們想像的更加嚴重。[573]「在我們最初（一九八三年）的模型，核子冬天會持續大概一年左右，」圖恩解釋說。「新的數據表明，地球精確的恢復時間恐怕會比較接近十年。」[574]至於太陽的暖射線將減少大約七〇％。[575]

生命無一不依賴太陽而存在。太陽等於生命。植物需要陽光才能成長；動物需要植物作爲食物。而動物包含地面上的智人、空中的鳥類、土壤裡的蟲子、海中的魚類。太陽的能量推動著地球的生態系統，而那是一個各種生物——包括我們——在當中進行互動的複雜系統。如今，隨著上億噸的煙塵粒子在核戰後飄入大氣層中，地球的對流層也出現了結構性的變化。[576]

對流層是地球大氣層（最底部）的第一層，[577]往上延伸的平均高度是七．五英里。地球大部分的天氣都發生在這裡。對流層內存有植物行光合作用與動物呼吸所需要的空氣。這裡還含有地球百分之九十九的水蒸氣。在核戰之後，由於對流層改變了，地球的天氣也會在一夕之間有所不同。

這就是世界爲何會變得又冷又暗。

溫度驟降。[578]嚴重且漫長的低溫席捲地球。受影響最深的莫過於中緯度地區，也就是北半球緯度介於三十到六十度之間的陸地，即美國、加拿大、歐洲、東亞與中亞。隨著溫度極端下降，夏季變得像冬季。圖恩說，「新數據表明，在像是美國愛荷華州與歐洲烏克蘭[579]等地，將會有長達六年的時間，氣溫都會在零度以下。」

在這個場景中，以第三次世界大戰爲名的核戰開打於三月三十的初春時節。在洛杉磯，溫度驟降至冰點以下。致命的霜凍奪走了熱帶植物的生命，摧毀了整個區域的作物。在北達科他州、密西根州與佛蒙特州等地，原本平均溫度落在華氏十來度上下，氣溫驟降後，全變成長時間處於零度以下的天氣。淡水水體被埋

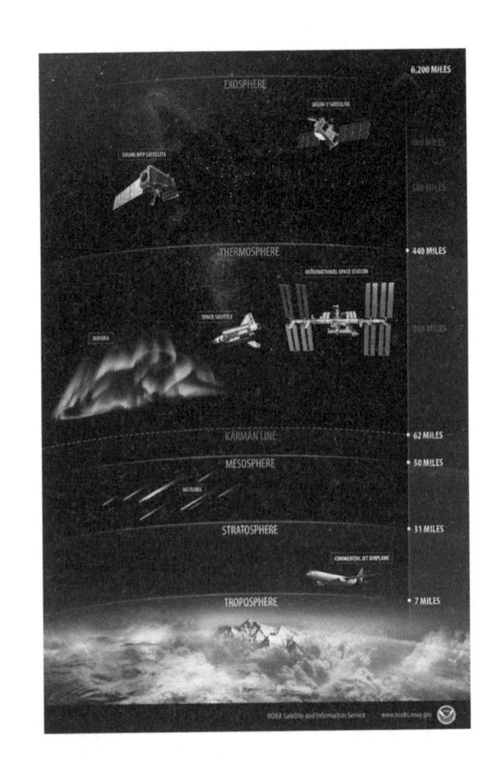


**圖四十七** 在歷經全面性的核武交鋒後，地球的大氣層將不復以往（美國國家海洋暨大氣總署）

在厚厚的冰層[580]中。在極北地區，北冰洋的海冰面積擴大了四百萬平方英里，比今日的北極冰蓋面積大上百分之五十。通常無冰的沿海區域整個凍結，導致了現代地質物理學家所稱的「核子小冰期」。[581]

惡劣的氣候環境並非人類唯一被宣判的死刑。隨著時間於戰後一週週、一個月一個月地過去，與酷寒奮戰的倖存者開始出現放射性中毒的症狀。包含鍶-90、碘-131、氚、銫-137、鈽-239和其他放射性產物被捲入蕈菇雲，再以輻射塵之姿散布到地球四周，不間斷地汙染著地球環境。死於放射性中毒是一種凌遲般的痛苦死法。隨著持續性的急性上吐下瀉，骨髓與腸道開始出現破壞；受害者的器官內襯會破裂出血；人體的內臟會開始液化；血管內壁會開始剝落；這些都是在醫院裡難以忍受的痛苦疾病，[582]在暗無天日的天寒地凍中，在逃避火風暴與毒煙霧的追擊中，更是幾乎不可能克服。

那些繼續存活下來的人，會遭受染色體損壞與視覺喪失。[583]許多人會變得不孕[584]或準不孕，並且隨著時間過去，人類的生育力還會進一步下降。未受汙染的水與食物不夠所有人分，人類會開始爭奪資源，唯有夠無情的人才能生存下來。

在長達一萬或一萬兩千年裡，現代人類一直依靠農業生存，而農業依賴地球的生態系統來生成食物和供應飲水，以滋養人類與動植物。在以核武進行的第三次世界大戰後，一連數月的酷寒與微乎其微的日照，觸發了又一系列對地球生態系的致命攻擊。降雨量減少了五〇%，[585]這意謂著農業的消亡。農業的消亡，就等於作物的死絕。在歷經了萬年來的耕耘與收穫之後，人類又回歸到狩獵採集的日子。

在戰爭之前，肉類與果菜都出自不同的畜牧業或農場，透過貨運與供應鏈到達經銷中心、超級市場、商店、農夫市集等窗口。豆類與穀物都是就地存放在城市與鄉鎮的主力儲糧。一旦沒燃料可取用、沒車輛可供駕駛，運輸停止，食物的集散也會難以爲繼。各地的儲糧燒光了、被輻射汙染了、凍壞或腐爛了。少數活過爆炸波、殺人強風、瘋狂大火——再撐過了放射性中毒與凜冽寒冬——的倖存者，最終還是免不了得活活餓死。[586]

在整個北半球，致命的霜凍與冰點以下的低溫，讓作物難有空間存活。[587]農場上的動物不是凍死就是死在飢渴中。人類無法在遠離地面零點的鄉間重啟農牧，因爲可種植的作物寥寥無幾。長達數月的火風暴，將土壤加溫到寸草不生，土壤變得貧瘠。休眠的種子若非受損便是死透。[588]嚴重營養不良的倖存者最終只能四處尋找樹根或昆蟲來果腹，宛若戰前的北韓民眾。

難度不輸尋找食物的，是尋覓未受汙染的水源。

氣溫直線下降意謂著北半球溫帶地區的淡水水體結冰，有些地方的冰層可以厚達一英尺。[589]地表水[590]的取得對大多數人類而言，變得難如登天。而同樣面對缺水問題的許多動物，也只能坐以待斃。

即使沒被凍得過深的湖泊，也都遭到了化學廢棄物的汙染。等哪天湖泊解凍，又會進一步受到數以百具屍體融解[591]的毒害。各個地方的供水系統已毀於一旦。在一次次核爆與穿插的巨型火災間，美國的石油與天然氣儲存設施爆裂解體；動輒幾億加侖的有毒化學物質流進了河川與溪流，毒化了淡水水源，殺死了水棲生物。[592]有毒物質滲進土壤，進到地下水中。沿海地區在飽受極端落塵摧殘後，海洋生物屍橫遍野。

颶風等級的風暴沿著海邊肆虐，反映了陸塊與海洋氣團之間的極端溫度變遷。尋找食物的倖存者即便成功來到水邊，也沒有辦法出海捕魚。淺海的濾食性貝類——貽貝（淡菜）、[593]海螺與蛤蠣——已經普遍死於放射性中毒。沒死的也成了不可食用的致死毒物。

在溪流、湖泊、河川、池塘裡，大範圍的滅絕在生物間蔓延。日照的大幅減少，重創了水生的植物性微生物。[594]伴隨這些浮游植物的死絕，水中的溶氧量枯竭，海洋食物鏈崩解，[595]生態系的慘狀雪上加霜。歷經了核戰與核子冬天，光合作用已跟不上植物的代謝速度，植物開始死亡。

這些情景在六千六百萬年前發生過一次，當時有一顆小行星撞上了地球，阻絕了陽光。「地球上（我們知道）的物種滅絕了七成，包括所有的恐龍，」圖恩說。「牠們不是餓死就是凍死，」[596]他還說，「而核戰會引發許多恐龍曾經經歷過的現象。」植物需要陽光提供的能量幫助發芽跟結果。草食動物會吃植物；肉食動物會吃草食動物或其他肉食動物。地球上的萬物出生、生活，而後死亡、分解，化爲土壤，提供新生物在其中成長。這就是食物鏈。這條鏈現在斷了。

核子冬天過後，食物鏈已斷。

在寒冷和黑暗中，沒有新的生命成長。

在這個場景裡，除了南半球[597]的一小塊區域（澳洲、紐西蘭、阿根廷、巴拉圭部分地區），大範圍的饑荒籠罩著地表。

二〇二二年，分別在四大洲從事研究的十名科學家，在《自然食物》（*Nature Food*）上聯名發表一篇論文，其得出的結論簡明扼要：「超過五十億人[598]會死於美蘇之間的核戰。」

好幾個月之後，嚴寒與黑暗開始趨緩。放射性霧和霾的強烈輻射減弱。有毒的煙塵消散了。陽光再次照耀大地。隨著陽光的回歸，帶來了核戰爭的另一系列致命後果。[599]太陽溫暖的光束中，如今挾帶著能致人於死的紫外線。[600]

幾百萬年來，臭氧層就像一面溫柔的盾牌，保護著所有的生物不受太陽的紫外線傷害。但那是在核戰之前，核爆與後續的大火將巨量的氧化亞氮注入平流層中，造成過半的臭氧層遭到破壞。二〇二一年，一項名爲「核戰後臭氧層極端流失」的研究，在美國國家科學基金會（National Science Foundation）的算力支援下進行，研究結果發現，核戰十五年後，全球臭氧層將喪失多達百分之七十五的遮罩能力。[601]倖存者必須爲此移居到地面下，進入潮濕與黑暗中，在到處都是蜘蛛與昆蟲的空間中苟活，比如各種吸蝨。

地面上，隨著太陽升起，令人反胃的局面一點也不遜於地底。在嶄新的春日裡，一場大融解正式展開。而在解凍的一切中，也包括不可計數原本被冰凍的屍體。形形色色的遺骸紛紛開始在未經過濾的陽光下腐爛。開場的酷寒與饑荒，現在交棒給了酷烈的陽光、病原體和瘟疫。

昆蟲開始群聚。核子冬天後的溫暖氣候反倒成了疾病的溫床。聯合國原子輻射影響科學委員會（United Nations Scientific Committee on the Effects of Atomic Radiation）的一項研究顯示，昆蟲遠不如[602]脊椎動物易受輻射影響，因爲牠們有著不同的生理結構，生命週期也短。成群結隊的有翅而多腿的蟲子無所不在，且還在不斷繁殖。這些昆蟲的天敵如鳥類，大多已死於寒冷與黑暗中。溫暖陽光的回歸，使得蟲媒疾病[603]大規模爆發和流行，諸如腦炎、狂犬病和斑疹傷寒。

一場演化上的巨大變遷，正在發生。

宛如後恐龍時代重新上演。

在這個後核戰時期，體型小、繁殖快的物種在茁壯成長，而體型大的動物——包括人類——則在滅絕邊緣掙扎。

問題依然存在：[604]核武是否會把製造出它們的物種，帶往其演化的終點？

人類的血脈能否倖存下來，答案只有時間能揭曉。

## ■兩萬四千年後

**美利堅合眾國**

若干年過去了。幾百年過去了。幾千年過去了。

地表環境維繫生命的能力曾經大打折扣，如今已振衰起敝，回復生機。氣溫回到了戰前的水準。[605] 新崛起的物種得以繁盛。

曾經的破壞觸目驚心，但地球總是有辦法自我修復，至少到目前爲止有這個態勢。土壤開始起死回生，可供生物使用的水質也慢慢回穩。將人類倖存者驅逐到地底的紫外線已經沒有一開始那麼強烈，陽光重新和煦了起來。

人類如果眞的存活下來，他們現在要如何東山再起？這些生活在未來的新人類，會不會想到要考古？他們會知道身爲他們祖先的我們，曾經存在過嗎？

一萬年……兩萬年……

兩萬四千年過去了。

人類從狩獵採集者演化成今日的模樣，大概只花了這一半的時間。在第三次世界大戰中，由核彈所造成的放射性毒害，已經在自然而然中完成了衰減。

未來的人類會找到屬於我們的蛛絲馬跡嗎？他們會從那些蛛絲馬跡中發現我們曾經建立、發展、繁榮過的社會嗎？[606]

若果真如此，也許這個發現，會跟德國考古學者克勞斯・施密特（Klaus Schmidt）與年輕研究生邁可・莫爾許（Michael Morsch）曾發現的事一樣。

一九九四年十月的某天，施密特在土耳其一處偏遠之地找到了一個改寫人類文明時間軸的發現。該發現將人類文明回推了幾千年。直到今天，這個發現依舊充滿謎團與疑點。但那個地點的存在，對我們所有的文明人類而言，就像是一個隱喻，隱喻著關於我們共同的未來與過去，我們所知道的一切，乃至於我們所不知道的一切。

克勞斯・施密特對那一帶很熟悉，主要是他當時就在那附近進行一項考古挖掘工作。他在鄰近城市尚勒烏爾法（Sanliurfa）附近的村莊聽到一個故事，勾起了他的好奇心。據說，在不遠處的谷地裡，有一座小山丘。在那裡，可以發現大量的燧石從土裡冒出頭來。

燧石，一種沉積岩，曾被石器時代的早期人類拿來製作工具跟生火。

施密特在村子裡四處打聽，他想知道有沒有人熟悉一個幾十年前，曾被美國考古學者彼得・班乃迪克（Peter Benedict）誤認爲是某種中世紀墓地的地點。這地點就這樣被誤認，然後被遺忘。

結果，施密特還眞的在奧倫希克村（Örencik Koy）問到了一位名叫薩瓦克・伊爾迪茲（avak Yildiz）的老人。老人家說，沒錯，他知道這個地方。[607]當地人用土耳其語稱呼該地點叫「哥貝克力泰普朝聖地」（Göbekli Tepe Ziyaret），意譯就是「大肚山丘朝聖地」。想要找到該遺址，伊爾迪茲說，你就得先找到山丘頂端一棵孤零零的樹。由於這棵樹是在一望無際的荒涼土地上唯一生長的植物，所以很多人都說那棵樹具有神奇的力量。

伊爾迪茲告訴施密特，人們稱

**圖四十八** 哥貝克力石陣是位於土耳其的一個新石器時代遺址。它在被掩埋了近一萬兩千年後，才在考古學者的發掘下，重見天日（奧利佛・迪特里希博士〔Dr. Oliver Dietrich〕攝）

之爲祈願樹，[608]並會特地爲此前去。「只爲了把重要的渴求呈遞給樹的枝條，然後再由枝條將之傳遞給風。」在其所著的《哥貝克力石陣：東南安納托利亞的一個石器時代聖殿》（*Göbekli Tepe: A Stone Age Sanctuary in South-Eastern Anatolia*）一書中，施密特講述了伊迪爾茲是如何幫忙找了個計程車司機載他到這個神祕的處所，同時，還替他安排了一個在地的少年當嚮導。那天陪同施密特踏上這趟探祕之旅的，是一名考古學研究生，邁可・莫爾許。

莫爾許告訴我們，在熙來攘往的尙勒烏爾法城外，是一片廣袤而貧瘠的荒地。「數百平方英里[609]的紅棕色土地上，遍布石塊與枯草，」莫爾許回憶說。那裡幾乎沒有什麼可以生長，至少表面看來是如此。如果你要說那裡自古至今都是不毛之地，從未有人在那裡定居過，感覺上也言之成理。

他們開了八英里的車，直到來到道路盡頭。他們一行人下了計程車，開始沿著一條山羊走的路徑步行，朝著傳說中可能的遺址所在地而去。

「我們穿過了一片奇異的地景，[610]當中有黑灰色石塊，一次又一次地形成某種（小型）屏障，」施密特寫道，「迫使我們改變路線，一會兒往左，一會兒往右，」蜿蜒曲折，就好像穿行在一座腳踝高、天然石頭所砌成的迷宮裡頭。最終，一行人抵達了這片奇特地表的盡頭，前方是一片廣闊的土地，視線可達幾英里之外，一望無際——一直延伸到地平線。

望著眼前空曠的大地，施密特不由得失望起來。「這裡完全看不出絲毫値得考古的痕跡，有的只是一群群每天被帶來這裡啃那片稀疏草原的綿羊跟山羊，」他感嘆道。

然後，他看到了那棵樹。

「那幾乎就像是明信片上的畫面，」施密特寫道。那棵祈願樹，兀自矗立在那兒，「在土墩的最高峰，顯然是在標示一處Ziyaret。」

**果然沒錯**，莫爾許心想。那是一處**朝聖地**。

「我們找到了哥貝克力山丘，」莫爾許回憶起當時的情景。

但這裡究竟有些什麼呢？施密特以科學家角度思考著。「是哪一種自然界的力量，可以在這片石灰岩山脊的最高點形成這樣一個土墩？」

換句話說，是什麼——或者說是誰

**圖四十九**　哥貝克力石陣的祈願樹，二〇〇七年攝，今已由聯合國教科文組織列為世界遺產（奧利佛・迪特里希博士攝）

——創造了這座小山丘？

地質學者可能會說是地球板塊運動的結果。宗教人士可能會說是上帝的傑作。身爲一名考古學家，施密特一眼就辨識出這是一個人造的臺型遺址。

臺型遺址是考古學的專業術語，英文作Tell或tall或tel，意思是「小山」或「土墩」，所以也叫墩形遺址，一種人造地形特徵，由曾在此生活過的世世代代人類留下的物質，所構成的測繪地形。他興奮不已。皇天不負苦心人，他發現了一個失落的文明，且這文明失落的時間，竟長達一萬兩千年。但更重要的是，克勞斯．施密特的發現，足以改變現代人對文明本身的定義。[611]關於人類的科學和技術系統概念是如何從無到有，首次成形。

施密特與一隊考古學者開始了山丘上的挖掘工作。他們發現了破罐碎片與石牆。他們發現了採集而來、上頭雕有狐狸、兀鷹、鶴等動物的紅色巨石。他們發現了矗立起來有將近二十英尺高的恢宏T型石柱。但相較於這些，最重要的是他們發現了一個由超大的房間、大廳堂和露天禮堂所構築的龐大空間體系。這些空間裡擺放著由同樣的石材精心雕琢的長椅和祭壇，這些石材，是從幾英里外的一座採石場以謎樣的方式運送過來的。

在這次的發現之前，科學家對文明的普遍認知是科技誕生於農業；或說農耕與畜牧。他們曾經認爲，只有在學會了馴化動植物之後，人類才開始從遊牧狩獵—採集者，過渡到文明人的生活。所謂文明指的是開始建立聚落與社會，開始設計跟創造複雜的事物體系。

哥貝克力山丘打破了這一長期存在的基本觀念。

該遺址是由史前建築師、營造工人和工程師所建造的。這些建築師的存在早於農業與畜牧的誕生。以狩獵採集為生的人類，夢想出了這個今日被我們稱為哥貝克力石陣，以科學為基礎的項目。他們組織了工作小隊，去執行他們必然在腦中精心策劃過，或至少想像過，具有系統的方案。他們是狩獵採集的人類，腦中有複雜的「系統之系統」在發揮作用。他們對系統架構有著優雅的理解，懂得什麼是分層指揮與控制。截至二〇二四年初，尚未在哥貝克力石陣發現任何居住區。沒有墓地，也沒有遺骨。換句話說，他們不住在這裡，但他們在長達幾百年——甚至幾千年——的時間裡，會在這裡聚集。

為什麼？我們不知道。他們在這裡做了些什麼？我們也不知道。

然後，更大的謎團是，考古記錄顯示，在相對較短的時間內，數千年前的哥貝克力山丘發生了一場未知的大災難。不是自然災害，不是地震、隕石撞擊或大洪水。而是突然之間，整個地方就來到了終點。結束了。廢棄了。被土石回填了。

那究竟是人禍，還是天災，科學家們還不得而知。挖掘工作仍在持續，謎團也尚未解開。從那個謎樣的時刻開始，哥貝克力山丘就成了一顆被埋藏在地下的時空膠囊，一埋，就是數千年之久。

在哥貝克力山丘發生了什麼？是什麼讓那些人類突然遭逢末日之災？邁可・莫爾許對這

個謎題並沒有答案。

莫爾許說，「我們可以告訴你他們吃了些什麼，」[612]他指的是現代科學可以從一萬兩千年前的爐邊與火坑中，抽取出植物DNA的驚人技術。「我們可以告訴你他們狩獵的是哪些動物，但我們無法告訴你他們在想些什麼。或是他們發生了什麼。」

對我們而言，在全面核子戰爭的幾千年後，也可能是這個下場。未來的人類也可能會挖掘出現代文明的遺跡，然後一頭霧水地想著——**這些聚落怎麼就突然廢棄了？它們究竟遭遇了什麼？**

在核子時代來臨之際，愛因斯坦曾被問及他對核子戰爭有什麼看法。據說，他給出的回答是，「我不知道第三次世界大戰會用什麼武器打，但第四次世界大戰用的肯定是棍棒跟石頭。」

將石頭與木棍（或長矛）綑在一起，是石器時代人類作戰的武器。石器時代——那個持續了好幾百萬年，人類始終在用石頭製作工具的浩瀚史前歲月——結束於大約一萬兩千年前，據了解，也就是那群狩獵採集者建造哥貝克力山丘的時候。

愛因斯坦擔心核武有這個能力跟可能性，爲人類在過去花了一萬兩千年才累積出的先進文明，畫下一個突兀的句點。他擔心人類會退回到狩獵採集的生活，只因爲自詡文明的人類創造出某種可怕的武器，然後在戰爭中，用這種武器自相殘殺。

本書所爲您講述的，正是以此概念爲基礎發想出來的故事。故事裡，那個發展了一萬兩千年之久的文明，在短短幾分鐘到幾小時裡，輕易就化爲烏有，成了廢墟。這就是核戰的現實。只要核戰的可能性一天不消亡，它就會繼續以末世決戰威脅著人類的存亡。人類這個物種的存續，懸而未決。

在全面核武交鋒過後，核戰與核子冬天的倖存者會發現自己身處於一個現代人完全不認識的蠻荒世界，卡爾．薩根如此警告。他補充說，除了亞馬遜流域的少數幾個部落或受過軍事訓練懂得野外求生的人員外，今天幾乎沒有人具備在狩獵—採集環境中生存的技能。在一場核戰之後，即使是最健壯的倖存者也會在一個被輻射毒害、營養不良和疾病纏身的世界中艱難前行，且大部分時間都不得不在地面下忍受寒冷與黑暗的生活。「可以想見，智人的種族規模[613]會收縮到史前時代的水準，甚至更低，」薩根寫道。

淪爲一小群一小群的人類，會爲了延續種群而近親雜交，結果產出基因不健全的後代，包括一出生就不具視力。我們所有人共同習得的一切，乃至於我們的祖輩代代相傳下來的種種智慧，都將成爲傳說。

隨著時間在核戰後不斷流逝，所有現今的人類知識都將蕩然無存；包括知道我們的敵人並不是北韓、俄羅斯、美國、中國、伊朗或其他任何一個被誣衊的國家或團體。

核子武器，我們所有人類的公敵，[614]始終都是它。

# 致謝

核戰等同瘋狂。本書的每一位受訪者都清楚這一點。我是說每一個人。動用核武需要一個大前提，就是瘋狂。談到核武，就沒有理性可言。但即便如此，我們還是走到了今天這步田地。就在不久前，普丁以總統身分提到俄羅斯使用大規模毀滅性武器的可能性，並說他「不是在虛張聲勢」。北韓在近期指控美國懷著「挑起核戰的邪惡意圖」。我們每一個人都處在危險邊緣。如果嚇阻失敗怎麼辦？「人類與核子毀滅之間，就差一個誤會、一次誤判的距離，」聯合國祕書長安東尼奧・古特瑞斯（António Guterres）在二〇二二年秋天，出言警告全世界。「這太瘋狂了，」他說。「我們必須扭轉方向。」多麼正確的說法。這本書背後的基本構思，就是要以駭人聽聞的細節去說清楚核戰打起來，可以有多可怕。

理所應當地，我必須首先感謝已故者。**阿弗列・歐唐諾**（1922-2015）教會了我核彈的知識。在我們爲期四年半的訪談過程中，他分享的資訊豈只不同凡響，簡直是無與倫比。作爲美國原子能委員會主要承包商EG&G公司的四人武器啟動小組（負責所有核武測試前的最終連接檢查）的成員，歐唐諾親自爲美國的大氣層、水下與太空核武器布線、武裝、和發射了大約一百八十六枚核子武器，包括在十字路行動中射出的那些。同事們稱歐唐諾是「扳機手」（The Triggerman）。

**拉爾夫・「吉姆」・弗里德曼**（1927—2018）同樣身爲EG&G的一員，他在內華達州與馬紹爾群島的試爆場拍攝了數千張照片。我在《五角大廈之腦》（*The Pentagon's Brain*）一書中，記錄了他親眼目睹一千五百萬噸「喝采城堡」（Castle Bravo；屬於「城堡行動」一環）氫彈引爆過程的口述內容。

**亞伯特・D・「巴德」・惠隆博士**（1929—2013）跟我們分享了他傳奇職業生涯裡，各種「第一次」的故事。他協助開發了美國第一枚洲際彈道飛彈「擎天神」（Atlas）、美國第一顆間諜人造衛星，代號「日冕」（Corona），同時，他還擔任過美國中情局的第一任科學技術總處處長。他還（自稱）是「第五十一區的市長」。他終其一生，都在致力於避免第三次世界大戰，惠隆告訴我。

**賀維・S・史塔克曼上校**（1922—2011）過了非比尋常的一生。他在第二次世界大戰中與納粹奮戰，期間，他駕駛P-51野馬式戰機出了六十八趟任務。他是駕駛U-2間諜偵察機飛越蘇聯上空的第一人。此外，他還在馬紹爾群島駕駛輻射採樣機穿越了百萬噸級熱核彈試爆出的蕈狀雲。他在越戰中執行飛行任務時被擊落、墜毀、被俘、遭到刑求，前後歷經了六年的戰俘生活，才於一九七三年獲釋。之後，他堅持穿著戰俘的制服出席授勳儀式，這讓五角大廈相當懊惱。「我成了拒絕往來戶，」他告訴我。「他們要的是戰爭英雄，而不是倖存的戰俘。」

一九六四年的諾貝爾獎得主**查爾斯・H・湯恩斯博士**（1915-2015），他對我的思想產生了深刻的影響（詳見我的《現象（暫譯）》（*Phenomena*）一書）。科技是把雙刃劍——能幫人亦能傷人——的概念，是一種矛盾的悖論。湯恩斯所發明的雷射對人類造福良多，從雷射手術到雷射印表機這些便利的工具，但五角大廈的機密雷射武器計畫正在助長新一波的軍備競賽。

**華特・芒克博士**（1917—2019）是地質學者與海洋科學家，曾爲美國海軍進行過反潛作戰跟海洋聲學的研究。他很慷慨地與我分享了他在太平洋的核彈試爆期間，進行的海洋科學實驗故事。他擔任過總統顧問，享有海軍部長海洋學講座教授的頭銜，並徹底革新了人類對於海洋的認識。同事們管他叫「海洋學的愛因斯坦」。

**小艾德華・洛維克**（1919—2017）是匿蹤科技的鼻祖，也是洛克希德臭鼬工廠的資深員工，在長達十年的訪談期間，他教會了我許多事情。他對於科學發現有著無價的見解。洛維克解釋說，他是在誤打誤撞下——幫小孩換尿布時——解鎖了人類長年探索的匿蹤科技。那一刻，他恍然大悟，在內心高喊「我找到了！」他意識到匿蹤科技的祕訣就在於吸收。

**保羅・S・柯簡查克**（1948—2017）是國防高等研究計畫署最資深的成員。在二〇一四年的一次訪談中，他分享了一個讓人十分震撼的故事，事實上就是那個故事，在我內心中埋下了這本書的種子。「你猜古巴飛彈危機時，有多少枚核子飛彈被引爆？」他問了我，然後接著說：「我可以告訴你，答案不是『沒有』。答案是『好幾枚』，具體來說是四枚。」美國引爆了兩枚（分別在一九六二年的十月二十日與十月二十六日），蘇聯引爆了兩枚（分別在一九六二年的十月二十二日與十月二十八日），全都在太空中爆炸。在二級戰備狀態下進行核武試射，就是在玩命。

傑森科學顧問小組的創辦人**馬文．L．「莫夫」．葛伯格博士**（1922—2014）爲五角大廈設計了許多武器系統。他與我分享了他對於感測器科技的豐富知識，以及這些科技在指揮控制體系中的作用。他還與我分享了一個遺憾。葛伯格告訴我，他希望自己能多花點時間爲了科學而研究科學，不是爲了戰爭而研究科學。「人生到了最後，你就是會去想這些事情，」他說。

**傑伊．W．佛瑞斯特博士**（1918—2016）是電腦工程領域的先驅，也是系統動力學之父。他傳授了我支撐核指揮控制體系的一個基本概念：那是一個系統的系統。你可以將之理解爲一台有著衆多可動零件的巨大機器。知道了這一點，也知道了所有的機器最終都會故障，你會不禁冷汗直流。

研究、報導、寫作與出版一本書，需要大量的幫助，需要很多人的智慧與慷慨，也需要老派的辛勤工作。在此，我想感謝的人有：約翰．帕斯利（John Parsley）、史提夫．楊格（Steve Younger）、斯隆．哈里斯（Sloan Harris）、馬修．史奈德（Matthew Snyder）、提芬妮．

沃德（Tiffany Ward）、艾倫・勞波爾（Alan Rautbort）、法蘭克・摩爾斯（Frank Morse）、傑克・史密斯—波桑奎（Jake Smith-Bosanquet）、莎拉・提格比（Sarah Thegeby）、史蒂芬妮・庫伯（Stephanie Cooper）、妮可・賈維斯（Nicole Jarvis）、艾拉・庫爾基（Ella Kurki）與傑森・布赫（Jason Booher）。另外，我要特別感謝責任編輯克萊兒・蘇利文（Claire Sullivan）與文字校對勞伯・史騰尼茨基（Rob Sternitzky），謝謝你們一直保持鷹眼到最後一刻。

許多消息來源在背景處，或是按我們行內人說的在「背景深處」，給了我很多協助，包括有些跟我已有十年或十二年的交情。我感謝你們，也要對所有膽大無畏，願意走到台前的勇者，允許我引用他們的話，致上大大的敬意與感激。其中，我特別想要感謝葛倫・麥可達夫與泰德・波斯托爾，他們兩位讀了我（一團亂）的初稿，並指出了我應該要針對某些事情進行更深入的挖掘與報導。我要感謝強・沃夫斯塔與（退役）中將查爾斯・摩爾（Charles Moore），兩位以他們爲國效忠數十年才具有的罕見精準度，替我讀過了接近完成的校閱稿。我要感謝漢斯・克里斯滕森替我以無與倫比的專業知識（跟耐心），審閱了核彈頭與武器系統的數據。班・凱林（Ben Kalin）提供了出色的事實核查。感謝洛斯阿拉莫斯國家實驗室檔案館的約翰・泰勒・摩爾（John Tyler Moore）、尼爾斯・波爾紀念圖書館與檔案館（Niels Bohr Library and Archives）的手稿檔案管理員麥克斯・豪爾（Max Howell），以及美國國家檔案暨記錄管理局的每一位，在這些年來的協助，我尤其想要感謝理查・波瑟（Richard

Peuser）、大衛・福德（David Fort）與湯姆・米爾斯（Tom Mills）。我要感謝辛希亞・拉扎洛夫（Cynthia Lazaroff）針對核子危害爲我提供的深入見解。再來就是寶琳娜・索科洛夫斯基（Paulina Sokolovsky）、茱莉亞・葛林伯格（Julia Grinberg）與納森・所科洛夫斯基（Nathan Sokolovsky），謝謝你們爲我提供了俄文翻譯。我想要感謝「故事工廠」（The Story Factory）的夏恩・薩勒諾（Shane Salerno）爲我提供了本書的靈感在先，與我一同修改稿子在後。我要感謝考古學者奧利佛・迪特里希博士與簡斯・諾特洛夫（Jens Notroff）博士多年來在哥貝克力石陣遺址進行研究工作，並不吝於將這個充滿謎樣色彩的神奇之地，與我分享他們的見地。

需要合一個村莊之力，才能完成任何有價值的事。而我的村子裡有湯姆・索伊尼寧（Tom Soininen；我從他手中繼承了發言的權杖）、艾莉絲・索伊尼寧（Alice Soininen；想妳了，媽）、茱莉・索伊尼寧・艾爾金斯（Julie Soininen Elkins）、約翰・索伊尼寧（John Soininen）、凱瑟琳與傑佛瑞・希爾瓦（Kathleen and Geoffrey Silver）、里歐與法蘭克・摩爾斯（Rio and Frank Morse）、克爾斯頓・曼恩（Kirston Mann）、艾倫・柯萊特（Ellen Collett）、南西・克萊兒（Nancie Claire）、茱蒂斯・艾德曼（Judith Edelman）。當然，如果沒有凱文、芬利與傑特（Kevin, Finley, and Jett）給我的智慧與不斷啟發著我的靈感，我什麼都完成不了。你們是我最好的朋友。

論軍民兩用科技）。

607 老人家說，沒錯，他知道這個地方：Schmidt, Göbekli Tepe, 12.

608 祈願樹：莫爾許指出：「這棵樹供奉著三個被視為聖人的無辜者之墓。因此這裡成了當地人的朝聖地。人們在樹上繫上布條，許下願望或誓言。這種習俗可以追溯到伊斯蘭教之前的時代，在土耳其非常普遍。」

609「數百平方英里」：與邁可．莫爾許的訪談。

610「奇異的地景」：Schmidt, Göbekli Tepe, 15. 與邁可．莫爾許的訪談。

611 改變現代人對文明本身的定義：Schmidt, Göbekli Tepe, 89–92.

612「我們可以告訴你他們吃了些什麼」：與邁可．莫爾許的訪談。

613「智人的種群規模」：Ehrlich et al., The Cold and the Dark, 160. 需要說明的是：目前沒有任何政府機構有非機密計畫在評估核子冬天的影響。

614 我們所有人類的公敵：Ehrlich et al., 129. 這種認為「核武本身」才是真正敵人的想法是四十年前提出的。而如今我們仍在原地踏步。

（注釋請從第458頁開始翻閱）

the Dark, 113.

592 殺死了水棲生物：Ehrlich et al., The Cold and the Dark, caption to fig. 3, center insert, n.p.

593 貽貝（淡菜）：“Sources and Effects of Ionizing Radiation,” United Nations Scientific Committee on the Effects of Atomic Radiation, UNSCEAR 1996 Report to the General Assembly with Scientific Annex, United Nations, New York, 1996, 16.

594 水生的植物性微生物：Ehrlich et al., The Cold and the Dark, 112.
「浮游植物、浮游動物和魚類組成的食物鏈很可能會因光照滅絕而遭受巨大損失。溫帶地區在春末或夏季大約兩個月內，溫帶地區在冬季大約三到六個月內，水生動物的數量會急劇下降，對許多物種來說，這種下降可能是不可逆轉的。」

595 海洋食物鏈崩解：與華特．芒克的訪談。

596「牠們不是餓死就是凍死」：「我研究核戰已經三十五年了——各位應該要擔心，」transcript of Brian Toon, TEDxMileHigh, November 2017.

597 南半球：與布萊恩．圖恩的訪談；discussion on the Nature Food paper, Toon's slide presentation, author copy.

598「超過五十億人」：L. Xia et al., “Global Food Insecurity and Famine from Reduced Crop, Marine Fishery and Livestock Production Due to Climate Disruption from Nuclear War Soot Injection,” Nature Food 3 (2022): 586–96.

599 致命後果：與布萊恩．圖恩的訪談；與艾倫．羅巴克的訪談。

600 紫外線：Ehrlich et al., The Cold and the Dark, 24.

601 會在全球範圍內喪失多達百分之七十五的遮罩能力：Charles G. Bardeen et al., “Extreme Ozone Loss Following Nuclear War Results in Enhanced Surface Ultraviolet Radiation,” JGR Atmospheres 126, no. 18 (September 27, 2021), pages 10–18 of 22. See also Ehrlich et al., The Cold and the Dark, 50.

602 昆蟲遠不如：“Sources and Effects of Ionizing Radiation,” United Nations Scientific Committee on the Effects of Atomic Radiation, UNSCEAR 1996 Report to the General Assembly with Scientific Annex, United Nations, New York, 1996, 38.

603 蟲媒疾病：Ehrlich et al., The Cold and the Dark, 24–25, 123–24.

604 問題依然存在：出處同上，35。“Prophecy is a lost art,” Carl Sagan wrote.

605 氣溫回到了戰前的水準：Alan Robock, Luke Oman, and Georgiy L. Stenchikov, “Nuclear Winter Revisited with a Modern Climate Model and Current Nuclear Arsenals: Still Catastrophic Consequences,” Journal of Geophysical Research Atmospheres 112, no. D13 (July 2007), fig. 10., page 11 of 14; Ehrlich et al., The Cold and the Dark, 113.

606 我們曾經建立、發展、繁榮過的社會嗎？：與查爾斯 ·H · 湯恩斯的訪談（討

579「美國愛荷華州與歐洲烏克蘭」：與布萊恩・圖恩的訪談。

580 厚厚的冰層：Alan Robock, Luke Oman, and Georgiy L. Stenchikov, "Nuclear Winter Revisited with a Modern Climate Model and Current Nuclear Arsenals: Still Catastrophic Consequences," Journal of Geophysical Research Atmospheres 112, no. D13 ( July 2007), fig. 4 (pages 6–7 of 14, author copy of Robock's pdf).

581「核子小冰期」：Harrison et al., "A New Ocean State After Nuclear War," AGU Advancing Earth and Space Sciences, July 7, 2022.

582 難以忍受的痛苦疾病：Glasstone and Dolan, The Effects of Nuclear Weapons, ch. 7 and 9; Paul Craig and John Jungerman, "The Nuclear Arms Race: Technology and Society," glossary, "Effects of Levels of Radiation on the Human Body."

583 染色體損壞與視覺喪失：Per Oftedal, Ph.D., "Genetic Consequences of Nuclear War," in The Medical Implications of Nuclear War, eds. F. Solomon and R. Q. Marston (Washington, D.C.: National Academies Press, 1986), 343-45.

584 不孕："Sources and Effects of Ionizing Radiation," United Nations Scientific Committee on the Effects of Atomic Radiation, UNSCEAR 1996 Report to the General Assembly with Scientific Annex, United Nations, New York, 1996, 35.

585 降雨減少了五〇％：C. V. Chester, A. M. Perry, B. F. Hobbs, "Nuclear Winter, Implications for Civil Defense," Oak Ridge National Laboratory, U.S. Department of Energy, May 1988, x–xi.

586 活活餓死：Matt Bivens, MD. "Nuclear Famine," International Physicians for the Prevention of Nuclear War, August 2022.

587 冰點以下的低溫，讓作物難有空間存活：Ehrlich et al., The Cold and the Dark, 53, 63; L. Xia et al., "Global Food Insecurity and Famine from Reduced Crop, Marine Fishery and Livestock Production Due to Climate Disruption from Nuclear War Soot Injection," Nature Food 3 (2022): 586–96.

588 休眠的種子若非受損便是死透：Alexander Leaf, "Food and Nutrition in the Aftermath of Nuclear War," in The Medical Implications of Nuclear War, eds. F. Solomon and R. Q. Marston (Washington, D.C.: National Academies Press, 1986), 286–87.

589 冰層可以厚達一英尺：與布萊恩・圖恩的訪談。

590 地表水：L. Xia et al., "Global Food Insecurity and Famine from Reduced Crop, Marine Fishery and Livestock Production Due to Climate Disruption from Nuclear War Soot Injection," Nature Food 3 (2022): 586–96; 與布萊恩・圖恩的訪談；與艾羅・羅巴克的訪談。

591 屍體融解：Alexander Leaf, "Food and Nutrition in the Aftermath of Nuclear War," in The Medical Implications of Nuclear War, eds. F. Solomon and R. Q. Marston (Washington, D.C.: National Academies Press, 1986), 287; Ehrlich et al., The Cold and

機構在轉換與報導時出現了錯誤。

565 叫作核子冬天：R. P. Turco et al., "Nuclear Winter: Global Consequences of Multiple Nuclear Explosions," Science 222, no. 4630 (1983): 1283–92.

566《大觀》雜誌：關於初始的核子冬天報導引發了什麼樣的風波，概要可見 Matthew R. Francis, "When Carl Sagan Warned the World about Nuclear Winter," Smithsonian, November 15, 2017.

567 具體是什麼樣的後果：R. P. Turco et al., "Nuclear Winter: Global Consequences of Multiple Nuclear Explosions," Science 222, no. 4630 (1983): 1283–92.

568 這篇論文遭到了科學界與國防部的抨擊：Stephen H. Schneider and Starley L. Thompson, "Nuclear Winter Reappraised," Foreign Affairs, 981–1005.

569「蘇聯放出的假消息」：與布萊恩．圖恩的訪談。

570 直到最近才得見天日的文件：William Burr, ed., "Nuclear Winter: U.S. Government Thinking during the 1980s," Electronic Briefing Book No. 795, NSA-GWU, June 2, 2022.

571「大氣層受到重創」：Peter Lunn, "Global Effects of Nuclear War," Defense Nuclear Agency, February 1984, 13–14.

572「當然，核子冬天會是什麼局面變數很多」：與法蘭克．馮．希珀的訪談。

573 對大氣層的斲傷要比我們想像的更加嚴重：Owen B. Toon, Alan Robock, and Richard P. Turco, "Environmental Consequences of Nuclear War," Physics Today 61, no. 12 (December 2008): 37–40.

574「恐怕會比較接近十年」：與布萊恩．圖恩的訪談。

575 將減少大約七〇％：L. Xia et al., "Global Food Insecurity and Famine from Reduced Crop, Marine Fishery and Livestock Production Due to Climate Disruption from Nuclear War Soot Injection," Nature Food 3 (2022): 586–96. For a summation: "Rutgers Scientist Helps Produce World's First Large-Scale Study on How Nuclear War Would Affect Marine Ecosystems," Rutgers Today, July 7, 2022.

576 地球的對流層也出現了結構性的變化：Paul Jozef Crutzen and John W. Birks, "The Atmosphere after a Nuclear War: Twilight at Noon," Ambio, June 1982; Ehrlich et al., The Cold and the Dark, 134.

577 對流層是地球大氣層（最底部）的第一層："Earth's Atmosphere: A Multi-layered Cake," NASA, October 2, 2019.

578 溫度驟降：C. V. Chester, A. M. Perry, B. F. Hobbs, "Nuclear Winter, Implications for Civil Defense," Oak Ridge National Laboratory, U.S. Department of Energy, May 1988, ix. 在一篇主題爲「核子冬天對民防的影響」的論文中，國防部也承認「北半球溫帶地區的平均氣溫將下降攝氏十五度左右……（並）預測大陸內部的氣溫降幅將高達攝氏二十五度。」

553「被愛且被饒過的那個」：Clark, Beaches of O'ahu, 148.

554 在大西洋上盤旋：Tyler Rogoway, "Here's Why an E-6B Doomsday Plane Was Flying Tight Circles off the Jersey Shore Today," The War Zone, December 13, 2019.

555 一次一個字母：與克雷格・傅蓋特的訪談。

556「生不如死」：Ed Zuckerman, "Hiding from the Bomb—Again," Harper's, August 1979. 在俄羅斯，這話據稱出自尼古萊・楚科夫斯基（Nikolay Chukovsky）的《金銀島》（*Treasure Island*）。原話是：「你們當中那些還能活下來的人，會羨慕起死者。」

## 第五部

557 那種冷，不是普通的冷，那種暗，也不是普通的暗：這是保羅・埃利希（Paul Ehrlich）、卡爾・薩根、唐諾・甘迺迪（Donald Kennedy）與華特・奧爾・羅伯特（Walter Orr Robert）所著《寒冷與黑暗：核戰爭後的世界》（*The Cold and the Dark: The World after Nuclear War*）一書書名的變體。這本書寫成於一九八三年秋在華盛頓特區一場兩百名科學家的聚會後，那場大會主題爲「核戰爭後的世界」（The Conference of the World after Nuclear War）。

558 熱毒素構成的有毒霧霾：Ehrlich et al., The Cold and the Dark, 25.

559 致命的煙霧與氣體：與布萊恩・圖恩的訪談。

560 針葉林："Sources and Effects of Ionizing Radiation," United Nations Scientific Committee on the Effects of Atomic Radiation, UNSCEAR 1996 Report to the General Assembly with Scientific Annex, United Nations, New York, 1996, 21. 車諾比事故表明一些樹木的生命力非常頑強，而另一些樹木，如松樹，則會變成橙紅色並死亡。另見 Jane Braxton Little, "Forest Fires are Setting Chernobyl's Radiation Free," Atlantic, August 10, 2020.

561 泥炭沼澤：Henry Fountain, "As Peat Bogs Burn, a Climate Threat Rises," New York Times, August 8, 2016.

562 大約一百五十 Tg（Tg 是 terrogram，爲氣體重量單位，相當於十的十二次方公克或一百萬噸；一百五十 Tg 約當三千三百零六億磅）：Li Cohen, "Nuclear War between the U.S. and Russia Would Kill More Than 5 Billion People—Just from Starvation, Study Finds," CBS News, August 16, 2022.

563 黑色粉狀的煙塵：Owen B. Toon, Alan Robock, and Richard P. Turco, "Environmental Consequences of Nuclear War," Physics Today 61, no. 12 (December 2008): 37–40.

564「華氏二十七度」：與艾倫・羅巴克的訪談。需要說明的是：羅巴克及其同事在模擬核子冬天效應時，幾乎都是在論文中使用攝氏溫度，這導致某些新聞

Protection Agency (epa.gov), author copy.

541 兩萬兩千台發電機……六百三十萬英里長的配電線："TRAC Program Brings the Next Generation of Grid Hardware," U.S. Department of Energy (energy.gov), author copy.

542「路上有一成的車輛」：Testimony of Dr. William Graham, "Threat Posed by Electromagnetic Pulse (EMP) Attack," Committee on Armed Services, July 10, 2008, 22.

543「SCADA系統難以爲繼」：與理查．賈爾文的訪談。賈爾文在一九五四年寫下了第一篇以EMP爲題的論文，並就此研究了EMP效應幾十年。他參與寫成了二〇〇一年的「傑森報告」（Jason Report），標題爲《嚴重太空天氣對電網的影響》（*Impacts of Severe Space Weather on the Electrical Grid*）。在我們的訪談中，他堅稱有辦法抵禦高空電磁脈衝的災難性影響，但截至二〇二三年，我們還沒有看到任何這類抵禦措施現身。另見Richard L. Garwin, "Prepared Testimony for the Hearing, 'Protecting the Electric Grid from the Potential Threats of Solar Storms and Electromagnetic Pulse,' " July 17, 2015.

544 沒了SCADA系統的操盤：與亞戈的訪談；與普萊的訪談。另見Yago, ABCs of EMP, 118.

545 地鐵：Yago, ABCs of EMP, 118；與彼得．普萊的訪談。

546 剩下的五十三座核電廠，現在都依靠著備用系統在運作："U.S. nuclear industry explained" (eia.gov), author copy.「截至二〇二三年八月一日，美國在二十八個州的五十四座核電站裡共有九十三座運行中的商用核反應爐。」

547 電子線傳技術：與傑佛瑞．亞戈的訪談；Yago, ABCs of EMP, 116.

548 亞戈告訴我們：與亞戈的訪談。「許多人拒絕相信這一點，」他說，只因爲有雜誌報導，垃圾桶和油漆桶等市售產品可以抵禦電磁脈衝。「基本上，唯一能在超級電磁脈衝後正常工作的電子產品，就是存放在密封金屬盒內的物品。」見：James Conca, "How to Defend against the Electromagnetic Pulse Threat by Literally Painting over It," Forbes, September 27, 2021.

549「跑步機上的人猿」：Paul C. Warnke, "Apes on a Treadmill," Foreign Policy 18 (Spring 1975): 12–29.

550 提出了一種有趣的新解：Michael D. Sockol, David A. Raichlen, and Herman Pontzer, "Chimpanzee Locomotor Energetics and the Origin of Human Bipedalism," Proceedings of the National Academies of Science 104, no. 30 ( July 24, 2007).

551「一點也不笨」：Will Dunham, "Chimps on Treadmill Offer Human Evolution Insight," Reuters, July 16, 2007.

552 R地點的設計："Site R Civil Defense Site," FOIA documents, Ref 00-F-0019, February 18, 2000.

September 17, 2021.

530「數千公噸的化學戰劑成品」："North Korea Military Power: A Growing Regional and Global Threat," Defense Intelligence Agency, 2021, 28, DIA. See also U.S. Central Intelligence Agency, "Unclassified Report to Congress on the Acquisition of Technology Relating to Weapons of Mass Destruction and Advanced Conventional Munitions, 1 July through to 31 December 2006," n.d.

531 二四〇公釐口徑發射車：與瑞德．柯比的訪談。

532「薩德可以應對」：與瑞德．柯比的訪談。

533 柯比計算了：Reid Kirby, "Sea of Sarin: North Korea's Chemical Deterrent," Bulletin of the Atomic Scientists, June 21, 2017. 柯比的計算結果經過我們的討論後，被呈現爲圖表形式，當中考慮到了沙林神經毒劑被推定的高低致死劑量。

534 直升機駕駛與組員：與理查．「瑞普」．傑可布斯的訪談。他就在越南被搭救過。關於他幸運獲救的精彩過程，見 Jacobsen, *The Pentagon's Brain*, 197–202.

535 達摩克利斯之劍：美國前總統甘迺迪在聯合國就核戰爭威脅發表演講時，使用了這個比喻。「每一個男人、女人和孩子都生活在一把核子的達摩克利斯劍下，而這把劍，只用最纖細的絲線懸著。」

536「核彈若引爆在」："Burst Height Impacts EMP Coverage," Dispatch 5, no. 3, June 2016. Wax currently serves as assistant secretary of defense for science and technology at the Pentagon.

537「空爆的電磁脈衝會極具殺傷力……現在還沒解密」：與葛雷格里．圖希爾的訪談。更多關於圖希爾的介紹，見 Robert Hackett, "Meet the U.S.'s First Ever Cyber Chief," Fortune, September 8, 2016.

538 開始失去了作用："Electromagnetic Pulse: Effects on the U.S. Power Grid," U.S. Federal Energy Regulatory Commission, Interagency Report, 2010, ii–iii.

539「電磁脈衝造成的附屬效應」：需要注意的是，雖然分析師們對超級電磁脈衝被引爆在現實世界中的影響爭論不休，但最重要的事實卻往往被忽視：政府一直以機密爲理由，絕口不提網路化基礎建設將受到的影響。例如美國能源部在二〇二三年三月發布的《高空電磁脈衝波形應用指南》（*High-Altitude Electromagnetic Pulse Waveform Application Guide*）報告中寫道：「HEMP（高空電磁脈衝）被認爲是對電網和其他關鍵基礎設施部門的一種可信威脅，」但隨後又寫道：「能源部建議資產所有權人、營運廠商和利害關係人專注於模擬、測試、評估和保護好他們所管理的資產和系統，而不是妄圖成爲核武器影響方面的專家，因爲後者的知識需要多年的時間才能掌握，而且必要的官方資料也是不公開的」——這意謂著政府不會與資產所有者分享機密資料，只會任他們自生自滅。

540 一萬一千座公用事業等級："Electric Power Sector Basics," U.S. Environmental

2017, 23.

519「俄羅斯開發於冷戰時期，縮寫爲FOBS的祕密武器」：Dr. Peter Pry, "North Korea EMP Attack: An Existential Threat Today," Cipher Brief, August 22, 2019. See also Dr. Peter Pry, "Russia: EMP Threat: The Russian Federation's Military Doctrine, Plans, and Capabilities for Electromagnetic Pulse Attack," EMP Task Force on National and Homeland Security, January 2021.

520 普萊私下掌握了……有兩名「非常資深的俄羅斯將領」：與彼得・普萊的訪談。這些俄羅斯將領的資訊可見於"Threat Posted by Electromagnetic Pulse (EMP) Attack," Committee on Armed Services, House of Representatives, July 10, 2008. 問：「據我所知在採訪一些俄羅斯將軍時，他們告訴你蘇聯已經開發出一種『超級電磁脈衝』增強型武器，可以在中心點產生每公尺兩萬伏特的電壓？……這就抗電磁脈衝加固（EMP hardening）的目的而言，這電壓比我們製造或測試過的任何武器都要高出四倍吧？」電磁脈衝委員會主席威廉・葛拉罕博士：「是的。」

521「結果可能是」："Empty Threat or Serious Danger? Assessing North Korea's Risk to the Homeland," Statement for the Record, Dr. William R. Graham, Chairman, Commission to Assess the Threat to the United States from Electromagnetic (EMP) Attack, to U.S. House of Representatives, Committee of Homeland Security, October 12, 2017, 5. Graham read Cooper's testimony from the year before.

522 三百六十場核指揮控制演習與戰爭賽局：Statement of Charles A. Richard, Commander, United States Strategic Command, before the House Appropriations Subcommittee on Defense, April 5, 2022.

523 美國情報體系裡所有以超級電磁脈衝威脅爲題的報告：One example of a still classified report is: "Volume III: Assessment of the 2014 JAEIC Report on High-altitude Electromagnetic Pulse (HEMP) Threats, SECRET//RD-CNWDI//NOFORN, 2017."

524 瘋王邏輯：與理查・賈爾文的訪談。

525 沒有電、也沒有現代武器系統的舊時代：在與葛雷格里・圖希爾討論到這部分場景的時候，他評論說那可以有多糟糕：「沒有人想回一七九九年開派對。」

526 烏山基地的停機坪上：與朱利安・卻斯納的訪談。

527 地面部隊："North Korea Military Power: A Growing Regional and Global Threat," Defense Intelligence Agency, 2021, 28–29, DIA.

528 飛彈發射車：出處同上，29。

529 列車車廂停在了軌道中央：Vann H. Van Diepen, "It's the Launcher, Not the Missile: Initial Evaluation of North Korea's Rail-Mobile Missile Launches," 38 North,

or Serious Danger? Assessing North Korea's Risk to the Homeland," U.S. House of Representatives, Committee on Homeland Security, October 12, 2017.

511 「所有仰賴電力運作物品的世界末日」：與彼得・普萊的訪談。這話是普萊在書寫裡的口頭禪。

512 北美防空司令部的代號NORAD 41332：Anton Sokolin, "North Korean Satellite to Fall toward Earth after 7 Years in Space, Experts Say," NK News, June 30, 2023. 熱門的人造衛星應用程式包括Heavens-Above, N2YO, and Pass Predictions API by Re CAE。

513 「有人在那緊張兮兮地說」：Jim Oberg, "It's Vital to Verify the Harmlessness of North Korea's Next Satellite," The Space Review, February 6, 2017.「那半噸重的包裹裡究竟裝著什麼，誰也說不準。要說它是一顆造福人類的正常應用衛星，這點讓人愈來愈難以相信。但要說它可能是有害的東西——它就是打算在太空中引爆，所以才不需要隔熱罩——這一點愈來愈讓人可以想像，也愈來愈讓人感到害怕。」

514 不尋常的南北向軌道：David Brunnstrom, "North Korea Satellite Not Transmitting, but Rocket Payload a Concern: U.S.," Reuters, February 10, 2016. Space-Track.org website shows the satellite's orbit.

515 《核子武器的電磁脈衝威力》：Kim Song-won, "The EMP Might of Nuclear Weapons," Rodong Sinmun (Pyongyang), September 4, 2017. 北韓的官方公開聲明：「氫彈的爆炸威力可從幾十千噸調整到幾百千噸，是一種多功能熱核武器，具有強大的破壞力，且其甚至可以在高空引爆，根據戰略目標進行超強電磁脈衝攻擊。」

516 歐伯格的末日場景：在《太空評論》當中，歐伯格寫道：「這些肯定不像是一個和平的、無害的太空計畫的外貌，而可能預示著更不祥的東西……這軌道還有另外一個特徵，這特徵可能是偶然的，也可能不是。這是由軌道運動的鐵律決定的，而軌道運動是我在任務控制中心工作二十多年的專長。在第一次繞地球飛行時，衛星穿過南極洲附近後，便開始在南美洲西海岸向北飛行，越過加勒比海，直達美國東海岸。發射六十五分鐘後，它就能從華盛頓以西幾百英里處經過。由此只要在發射時稍加調整，這顆衛星就能飛越華府的正上方。」

517 「俄羅斯、中國與北韓，如今都有能力」："Assessing the Threat from Electromagnetic Pulse (EMP), Volume I: Executive Report," Report of the Commission to Assess the Threat to the United States from Electromagnetic Pulse (EMP) Attack, July 2017, 5.

518 「『超級』電磁脈衝武器」：Testimony of Ambassador Henry F. Cooper, "The Threat Posted by Electromagnetic Pulse and Policy Options to Protect Energy Infrastructure and to Improve Capabilities for Adequate System Restoration," May 4,

帝的訪談。

493 飛越俄羅斯上空去投放重力核彈：北約飛行員攜帶的B61重力炸彈裝有可根據不同當量進行調整的核彈頭。"B61-12: New U.S. Nuclear Warheads Coming to Europe in December," ICAN, December 22, 2022.「這些炸彈可以在地表下引爆，使其對地下目標的破壞力增加到相當於……八十三枚廣島原子彈。」

494 公開自誇了幾十年的準度："W88 Warhead Program Performs Successful Tests," Phys.org, October 28, 2014.

495「彈頭的大腦」：Michael Baker, "With Redesigned 'Brains,' W88 Nuclear Warhead Reaches Milestone," Lab News, SNL, August 13, 2021.

496 讓日本廣島變成一片廢墟：John Malik, "The Yields of the Hiroshima and Nagasaki Nuclear Explosions," LA-8819, LANL, September 1985, 1.

497「我們這樣，也好意思說自己是人？」：William Burr, ed., "Studies by Once Top Secret Government Entity Portrayed Terrible Costs of Nuclear War," Electronic Briefing Book No. 480, NSA-GWU, July 22, 2014.

498「這個步驟……」：Carla Pampe, "Malmstrom Air Force Base Completes Final MMIII Reconfiguration," Air Force Global Strike Command Public Affairs, June 18, 2014. See also Adam J. Hebert, "The Rise and Semi-Fall of MIRV," Air & Space Forces, June 1, 2010.

499 宮殿與別墅："Kim Jong Il, Where He Sleeps and Where He Works," Daily NK, March 15, 2005; interview with Michael Madden.

500 懸浮微粒：Steven Starr, Lynn Eden, Theodore A. Postol, "What Would Happen If an 800-Kiloton Nuclear Warhead Detonated above Midtown Manhattan?" Bulletin of the Atomic Scientists, February 25, 2015.

501 碎片刺穿：Glasstone and Dolan, The Effects of Nuclear Weapons, 549.

502 核子設施：Olli Heinonen, Peter Makowsky, and Jack Liu, "North Korea's Yongbyon Nuclear Center: In Full Swing," 38 North, March 3, 2022.

503 地下設施："North Korea Military Power: A Growing Regional and Global Threat," Defense Intelligence Agency, 2021, 30, DIA.

504「打造成一個堡壘」：出處同上。

505 潛盾機：與邁可・梅登的訪談。

506「濕土壤」：Blair, The Logic of Accidental Nuclear War, 138.

507 北韓軍方並沒有自身的預警系統：與威廉・佩里的訪談。

508「白頭山的雙向通訊完全倚賴一個內建的電話系統」：與邁可・梅登的訪談。

509 最喜歡的惡夢場景：Elizabeth Jensen, "LOL at EMPs? Science Report Tackles Likelihood of a North Korea Nuclear Capability," NPR, May 30, 2017.

510 加大了警告的力道：Testimony of Dr. Graham and Dr. Peter Pry, "Empty Threat

家』。」

478「不是會有人想待的地方」：與里昂・潘內達的訪談。

479「部隊已完成備戰」：Statement of Commander Charles A. Richard, U.S. Strategic Command, before the Senate Committee on Armed Services, February 13, 2020, 21.

480 北約戰鬥機：與漢斯・克里斯滕森的訪談。想報導北約的核武共有協定並非易事。克里斯滕森告所我們光是酬載安裝就要花好幾個小時。

481「非理性的理性」：Schelling, Arms and Influence, 219–33; Hans J Morgenthau, "The Four Paradoxes of Nuclear Strategy," American Political Science Review 58, no. 1 (1964): 23–35.

482「關於嚇阻的一切都會瓦解」：Rachel S. Cohen, "Strategic Command's No. 2 Picked to Run Air Force Nuclear Enterprise," Air Force Times, October 12, 2022.

483「在二〇二〇年七月他不幸早逝前」：Frank N. von Hippel, "Biden Should End the Launch-on-Warning Option," Bulletin of the Atomic Scientists, June 22, 2021.

484 這讓布萊爾得以：與法蘭克・馮・希珀的訪談。

485「九百七十五（個目標）位於俄羅斯」：Bruce G. Blair with Jessica Sleight and Emma Claire Foley, "The End of Nuclear Warfighting: Moving to a Deterrence-Only Posture. An Alternative U.S. Nuclear Posture Review," Program on Science and Global Security, Princeton University Global Zero, Washington, D.C., September 2018, 35. Blair notes: "All estimates are the author's."

486 九百七十五個目標：這裡根據的是海登將軍與美國有線電視新聞網所分享（最起碼的）的一比一反擊。General Hyten with Barbara Starr, "Exclusive: Inside the Base That Would Oversee a US Nuclear Strike," CNN, March 27, 2018, 3:30.

487「戰爭的最上限」：Bruce G. Blair with Jessica Sleight and Emma Claire Foley, "The End of Nuclear Warfighting: Moving to a Deterrence-Only Posture. An Alternative U.S. Nuclear Posture Review," Program on Science and Global Security, Princeton University Global Zero, Washington, D.C., September 2018, 35.

488 洲際彈道飛彈發射場："LGM-30G Minuteman III Fact Sheet," U.S. Air Force, February 2019.

489「警戒狀態」：Hans M. Kristensen and Matt Korda, "Nuclear Notebook: Russian Nuclear Weapons, 2022," Bulletin of the Atomic Scientists 78, no. 2 (February 2022): 171.

490「特別警報響起」：與朱利安・卻斯納的訪談。

491 北約的核彈從縮寫爲WS3的「武器安全暨儲存系統」中移動了出來，具體而言那是一個地窖：根據我與漢斯・克里斯滕森的訪談，這個動作確實可能花上幾小時，乃至於幾天。

492「關於他們的基地是敵人的主要目標，北約飛行員心裡有數」：與大衛・森喬

"Nuclear Notebook: Russian Nuclear Weapons, 2023," Bulletin of the Atomic Scientists 79, no. 3 (May 2023): 174–99, table 1.

465 俄羅斯的洲際彈道飛彈有十一或十二個師級單位：出處同上，180。

466 直逼七萬枚：Robert S. Norris and Hans M. Kristensen, "Nuclear Weapon States, 1945–2006," Bulletin of the Atomic Scientists 62, no. 4 ( July/August 2006): 66.

467 俄羅斯那三百一十二枚搭載核武的洲際彈道飛彈：Hans M. Kristensen, Matt Korda, and Eliana Reynolds, "Nuclear Notebook: Russian Nuclear Weapons, 2023," Bulletin of the Atomic Scientists 79, no. 3 (May 2023): 179.

468「大約六百四十顆」：出處同上，174。

469「同在一只瓶中的兩隻蠍子」：J. Robert Oppenheimer, "Atomic Weapons and American Policy," Foreign Affairs, July 1, 1953.

470 絕大多數都是朝著在美國的目標而去：除了所謂的遠程「戰略核武器」以外，俄羅斯還在伊斯坎德爾-M（Iskander-M）等短程飛彈上裝載了大約七十枚「非戰略」核彈頭（又稱「戰術核武」）。這些戰術核武可攜帶一到十萬噸級的彈頭，射程約爲三百英里（約五百公里）。

471 「任何東西只要固定不動，都會成爲被摧毀的目標」：與邁可·J·康納的訪談。

## 第四部

472 海登說："Defense Primer: Command and Control of Nuclear Forces," CRS, November 19, 2021, 1.

473 三艘俄羅斯潛艦也曾完美地完成了同樣的任務："Three Russian Submarines Surface and Break Arctic Ice during Drills," Reuters, March 26, 2021. Later, one of the three subs was revealed to be a special mission spy submarine. See H. I. Sutton, "Spy Sub among Russian Navy Submarines Which Surfaced in Artic," Covert Shores, March 27, 2021.

474 都比蘇聯時期的前輩們更強："Russia Submarine Capabilities," Fact Sheet, Nuclear Threat Initiative, March 6, 2023.

475 以五秒爲間隔：與泰德·波斯托爾的訪談。三叉戟潛艦的飛彈發射間隔是十五秒。

476 令人不安地靠近美國東岸海域："Defense Budget Overview," Fiscal Year 2021 Budget Request, DoD, May 13, 2020, 9–12; map, fig. 9.1.

477 這就會是最後的結局：William Burr, ed., "Long-Classified U.S. Estimates of Nuclear War Casualties during the Cold War Regularly Underestimated Deaths and Destruction," Electronic Briefing Book No. 798, NSA-GWU, July 14, 2022.「多年來的重要內部分析認爲核武器無法迫使蘇聯投降，核戰爭永遠不會產生『贏

454「快如閃電」：Amanda Macias et al., "Biden Requests $33 Billion for Ukraine War; Putin Threatens 'Lightning Fast' Retaliation to Nations That Intervene," CNBC, April 28, 2022.

455「不是……一級方程式賽車那種快」：Hans M. Kristensen, Matt Korda, and Eliana Reynolds, "Nuclear Notebook: Russian Nuclear Weapons, 2023," Bulletin of the Atomic Scientists 79, no. 3 (May 8, 2023): 174.

456 安全會議祕書長作爲所謂「希拉維克」（siloviki；俄語裡爲「執行者」之意）的成員：Paul Kirby, "Ukraine Conflict: Who's in Putin's Inner Circle and Running the War?" BBC News, June 24, 2023.

457 安全會議祕書長提醒俄羅斯總統所剩時間不多了：Bruce G. Blair, Harold A. Feiveson, and Frank N. von Hippel, "Taking Nuclear Weapons off Hair-Trigger Alert," Scientific American, November 1997.「顯然從發出警告到做出決定再到採取行動，這一過程過於倉促，因此有可能造成災難性的錯誤。更別說俄羅斯對於什麼是自然現象或和平太空行動，什麼又是眞的飛彈來襲，其辨識能力已經遭到侵蝕，而這又加深了事態的危險性。俄羅斯的現代預警雷達只有三分之一在正常運作，同時其飛彈預警衛星群裡的九個位置裡有至少兩個空在那裡。」

458 帕沃爾．波德維格告訴我們：與帕沃爾．波德維格的訪談。另見 Pavel Podvig, "Does Russia Have a Launch-on-Warning Posture? The Soviet Union Didn't," Russian Strategic Nuclear Forces (blog), April 29, 2019. 波德維格的那本《俄羅斯戰略核力量》（*Russian Strategic Nuclear Forces*）是蘇聯軍事工業委員會（Soviet Military Industrial Commission）的根納季．赫羅莫夫（Gennady Khromov）給他的，當中有赫羅莫夫的手寫筆記證明了這一點。

459 普丁說：Vladimir Solovyov, dir., The World Order 2018, Masterskaya, 2018, 1:19:00; translation from the Russian by Julia Grinberg. Solovyov's film about Putin is available on YouTube. See also Bill Bostock, "In 2018, Putin Said He Would Unleash Nuclear Weapons on the World If Russia Was Attacked," Business Insider, April 26, 2022.

460 一個令人不寒而慄的例子：Hoffman, The Dead Hand, 23–24, 421–23.

461 霍夫曼說：Terry Gross and David Hoffman, " 'Dead Hand' Re-Examines the Cold War Arms Race," Fresh Air, NPR, October 12, 2009.

462 軍方派來的副官打開了切吉特："Factbox: The Chain of Command for Potential Russian Nuclear Strikes," Reuters, March 2, 2022.

463「撒旦之子」：Lateshia Beachum, Mary Ilyushina, and Karoun Demirjian, "Russia's 'Satan 2' Missile Changes Little for U.S., Scholars Say," Washington Post, April 20, 2022.

464 俄羅斯的洲際彈道飛彈：Hans M. Kristensen, Matt Korda, and Eliana Reynolds,

444「成千上萬的屍體在河面上載浮載沉」：Haruka Sakaguchi and Lily Rothman, "After the Bomb," Time, n.d.

445 輻射綜合症：L. H. Hempelmann and Hermann Lisco, "The Acute Radiation Syndrome: A Study of Ten Cases and a Review of the Problem," vol. 2, Los Alamos Scientific Laboratory, March 17, 1950; Slotin is Case 3. 一九四五年八月前，由於沒有相關資料，人們對輻射中毒的影響一無所知。廣島和長崎的醫生稱這種神祕的新疾病爲「X疾病」。

446「藍色光輝」："Official Letter Reporting on the Louis Slotin Accident," from Phil Morrison to Bernie Feld, June 4, 1946, Los Alamos Historical Society Photo Archives, author copy.

447 發紺（又稱紫紺）的缺氧現象："Second and the Last of the Bulletins," from Phil Morrison to Bernie Feld, June 3, 1946, Los Alamos Historical Society Photo Archives, author copy.

448 一衆醫師便將他解剖：出處同上，延伸閱讀可見Alex Wellerstein, "The Demon Core and the Strange Death of Louis Slotin," New Yorker, May 21, 2016.
韋勒斯坦在紐約公共圖書館找到了相關檔案。「這些照片該怎麼說呢，很糟糕，」他寫道。「有些照片上斯洛丁赤身裸體，擺出受傷的位置供拍照。他臉上的表情很寬容。還有幾張是他手部的受傷照片，然後時間快轉：內臟器官被取出解剖。心臟、肺、腸子，每一樣都排列得整齊乾淨。才看完他在病榻上不舒服但還活著的照片，下一幀照片就是他被俐落準備好解剖的心臟，那種反差不能說不讓人覺得非常衝突。」

449「非常愉快的死法」William Burr, ed., "77th Anniversary of Hiroshima and Nagasaki Bombings: Revisiting the Record," Electronic Briefing Book No. 800, NSA-GWU, August 8, 2022.

450 該地點可能在：欲知更多關於俄羅斯核子地堡的介紹，可見：Jess Thomson, "Would Putin's Nuclear Bunker in Ural Mountains Save Him from Armageddon?" Newsweek, November 10, 2022; Michael R. Gordon, "Despite Cold War's End, Russia Keeps Building a Secret Complex, New York Times, April 16, 1996.

451 這三只手提包與他們的主人形影不離："General Gerasimov, Russia's Top Soldier, Appears for First Time Since Wagner Mutiny," Reuters, July 12, 2023.

452「我們明白很多利害得失」："Meeting with Heads of Defence Ministry, Federal Agencies and Defence Companies," President of Russia/Events, November 11, 2020, author copy. For summation and further context: Joseph Trevithick, "Putin Reveals Existence of New Nuclear Command Bunker," Drive, January 26, 2021.

453 斷斷續續："Revealed: Putin's Luxury Anti-Nuclear Bunker for His Family's Refuge," Marca, March 3, 2022.

of Emerging Threats (OET), with the U.S. Department of Homeland Security (DHS), Science and Technology Directorate (S&T), the Department of Energy (DOE), the Department of Health and Human Services (HHS), the Department of Defense (DoD), and the Environmental Protection Agency (EPA), May 2022, 16.

430 口袋型輻射劑量計："Nuclear Power Preparedness Program," California Office of Emergency Services, 2022.

431「未知警告／未知聲明」：美國國家海洋暨大氣總署和國土安全部共同播報各種災害資訊，當中包括恐怖襲擊、核事故、有毒化學品洩漏等警報。該系統歷史悠久，一些銅線技術可追溯到十九世紀中葉。見Max Fenton, "The Radio System That Keeps Us Safe from Extreme Weather Is Under Threat: NOAA Weather Radio Needs Some Serious Upgrades," Slate, August 4, 2022.

432 總金額高達一百三十五億美元的和解：Richard Gonsalez, "PG&E Announces $13.5 Billion Settlement of Claims Linked to California Wildfires," NPR, December 6, 2019.

433 其微處理器都在核爆瞬間遭到燒燬：與傑佛瑞．亞戈的訪談。

434 射程角爲三十八．二六度：與泰德．波斯托爾的訪談。

435「潛航中的潛艦無法確知自身在發射之際的位置」："Q&A with Steven J. DiTullio, VP, Strategic Systems," Seapower, October 2020.

436 每一枚都有足夠的綜合爆炸威力：Sebastien Roblin, "Ohio-Class: How the U.S. Navy Could Start a Nuclear War," 19FortyFive, December 3, 2021. 克里斯滕森與科爾達認爲每艘潛艦的平均載彈量大概就是九十枚彈頭。

437 代號是DUGA-2：Jesse Beckett, "The Russian Woodpecker: The Story of the Mysterious Duga Radar," War History Online, August 12, 2021.

438 但其更加聲名狼藉的同型設施：Dave Finley, "Radio Hams Do Battle with 'Russian Woodpecker,'" Miami Herald, July 7, 1982. 欲見現代版的摘要，見Alexander Nazaryan, "The Massive Russian Radar Site in the Chernobyl Exclusion Zone," Newsweek, April 18, 2014. 欲見一部精彩的紀錄片，見Chad Gracia, dir., The Russian Woodpecker, Roast Beef Productions, 2015.

439「首波彈道飛彈發射」：與湯瑪斯．維辛頓的訪談。

440「這些誘餌是以小塊的交叉鐵絲構成」：與泰德．波斯托爾的訪談；George N. Lewis and Theodore A. Postol, "The European Missile Defense Folly," Bulletin of the Atomic Scientists 64, no. 2 (May/June 2008): 39.

441「大規模斬首」："Presidential Succession: Perspectives and Contemporary Issues for Congress," R46450, CRS, July 14, 2020.

442 第三編第十九項：出處同上。

443 快速反應部隊：與克雷格．傅蓋特的訪談；與威廉．佩里的訪談。

以及大規模殺傷性武器儲存設施。由於這些類型的目標可能具有加固、埋藏於地下、有良好掩蔽、具有機動性和高度防禦等特性，因此實施這一戰略所需的部隊也必須具備多樣化、數量眾多與精確等特性。」

418 北韓的核子武器生產設施："A Satellite View of North Korea's Nuclear Sites," Nikkei Asia, n.d.; "North Korea's Space Launch Program and Long-Range Missile Projects," Reuters, August 21, 2023; David Brunnstrom and Hyonhee Shin, "Movement at North Korea ICBM Plant Viewed as Missile-Related, South Says," Reuters, March 6, 2020.

419「人道與軍事必要性」：Mary B. DeRosa and Ashley Nicolas, "The President and Nuclear Weapons: Authority, Limits, and Process," Nuclear Threat Initiative, 2019, 12.

420 那片用來閱兵的草皮：與喬瑟夫．柏穆德茲的訪談。另見 Joseph S. Bermudez Jr., Victor Cha, and Jennifer Jun, "Undeclared North Korea: Hoejung-ni Missile Operating Base," CSIS, February 7, 2022.

421「這裡的山頂覆蓋著土壤」：與喬瑟夫．柏穆德茲的訪談。

422 我們對該基地內部幾乎一無所知：David E. Sanger and William J. Broad, "In North Korea, Missile Bases Suggest a Great Deception," New York Times, November 12, 2018.

423 我現在要宣讀的是《爲核爆做好準備》："Be Prepared for a Nuclear Explosion," pictogram, FEMA.

424 一幅從加州公共衛生局網站抓下來的圖："Be Informed, Nuclear Blast," California Department of Public Health, n.d.

425 看起來十分猙獰而險惡：與吉姆．弗里德曼（Jim Freedman）進行的訪談，他爲 EG&G 公司拍攝了許多熱核爆炸的照片。

426「進入室內、留在室內、保持收訊」："Be Prepared for a Nuclear Explosion," pictogram, FEMA. Variations include: "Get In. Stay In. Tune In.," Shelter-in-Place, pictogram, FEMA.

427 一本厚達一百三十五頁……的指南書："Planning Guidance for Response to a Nuclear Detonation, Second Edition," Federal Interagency Committee, Executive Office of the President, Washington, D.C. Interagency Policy Coordinating Subcommittee for Preparedness & Response to Radiological and Nuclear Threats, June 2010, 14–96. 以下的文字均來自這本指南書（其中火風暴的影響在第三版獲得了更大的篇幅）。

428 聯邦應急管理署與總統行政辦公室：Ibid., 11–13. 202 "priorities are likely to change" : Ibid., 87.

429「視情況需要疏散躲避火警」："Planning Guidance for Response to a Nuclear Detonation, Third Edition," Federal Emergency Management Agency (FEMA), Office

409 二〇二〇年……進行的電腦模擬："Plan A: How a Nuclear War Could Progress," Arms Control Association, July/August 2020. 為了演示這種情況是如何發生的，普林斯頓大學科學暨全球安全計畫的亞力克斯・韋勒斯坦、塔瑪拉・帕頓（Tamara Patton）、莫里茨・庫特（Moritz Kütt）和亞力克斯・格拉瑟（Alex Glaser）（在布魯斯・布萊爾、雪倫・韋納〔Sharon Weiner〕、齊亞・米安〔Zia Mian〕的協助下），根據真實的部隊態勢、目標和死亡人數估計，開發了一個影片模擬。這部影片在YouTube上有，見Alex Glaser, "Plan A," 4:18 minutes.

410 目標是對該國的領導層實施「斬首」："The North Korean Nuclear Challenge: Military Options and Issues for Congress," CRS Report 7-5700, CRS, November 6, 2017, 31. 此處需注意到風險程度：「如果懷疑這是〔斬首〕攻擊……北韓可能會相應開始分散和隱藏部隊，使其更難受到攻擊。這種大規模襲擊……如果朝鮮認為行動的目的是對其政權進行斬首，可能導致衝突升級為全面戰爭。」

411 「決策計算」："Report on the Nuclear Employment Strategy of the United States-2020," Executive Services Directorate, OSD, 8. 全文如下：「實現這一目標的手段之一是以旨在恢復嚇阻的方式做出反應。為此，美國核力量的組成部分意圖提供有限、靈活和漸進的應對選擇。這種選擇顯示了必要的決心和克制，以改變對手關於進一步升級衝突的決策計算。」

412 「日常的嚇阻」："Speech, Adm. Charles Richard, Commander of U.S. Strategic Command," 2022 Space and Missile Defense Symposium, August 11, 2022.

413 「用途啟人疑竇」：Kim Gamel, "Training Tunnel Will Keep US Soldiers Returning to Front Lines in S. Korea," Stars and Stripes, June 21, 2017.

414 「最難蒐集情報的目標國家之一」：Testimony of the Honorable Daniel Coats, Hearing before the Committee on Armed Services, U.S. Senate, May 23, 2017. See also Ken Dilanian and Courtney Kube, "Why It's So Hard for U.S. Spies to Figure Out North Korea," NBC News, August 29, 2017. 他們寫道：「北韓是一個噩夢般的情報目標：這是一個殘暴的警察國家，網路的使用受限，且境內多山，祕密隧道密布。」

415 「情報漏洞」：Bruce G. Blair with Jessica Sleight and Emma Claire Foley, "The End of Nuclear Warfighting: Moving to a Deterrence-Only Posture. An Alternative U.S. Nuclear Posture Review," Program on Science and Global Security, Princeton University Global Zero, Washington, D.C., September 2018, 38.

416 「私人書記處無所不管」：與邁可・梅登的訪談。

417 「反制目標」："Counterforce Targeting," in "Nuclear Matters Handbook 2020," OSD, 21.「反制目標計畫旨在摧毀敵軍的軍事能力。典型的反打擊目標包括轟炸機基地、彈道飛彈潛艦基地、洲際彈道導彈發射井、防空設施、指揮控制中心

391 十五秒過去：與泰德．波斯托爾的訪談。美國潛艦每十五秒發射一枚三叉戟飛彈。俄羅斯潛艦發射潛射導彈的速度較快，大約每五秒就發射一枚。

392 再隔十五秒：Dave Merrill, Nafeesa Syeed, and Brittany Harris, "To Launch a Nuclear Strike President Trump Would Take These Steps," Bloomberg, January 20, 2017.

393 飛行時間：泰德．波斯托爾的計算。

394 核後勤作業："Defense Information Systems Agency Operations and Maintenance, Defense-Wide Fiscal Year (FY) 2021 Budge Estimates," DoD, 18, author copy. (comptroller.defense.gov).

395「一級部隊防護狀態」：Nathan Van Schaik, "A Community Member's Guide to Understanding FPCON," U.S. Army Office of Public Affairs, July 1, 2022.

396 將美國邊境盡數關閉：與羅伯．邦納法官的訪談。

397「點燃是一個複雜的過程」：與葛倫．麥可達夫的訪談。

398「起火門檻」：Harry Alan Scarlett, "Nuclear Weapon Blast Effects," LA-UR-20-25058, LANL, July 9, 2020, 14.

399「噴射火焰」：Glasstone and Dolan, The Effects of Nuclear Weapons, 285. 186 "The energy released" : Lynn Eden, Whole World on Fire, 25–30; interview with Lynn Eden.

400 物理學家的視角：與泰德．波斯托爾的訪談。

401「火球會像有浮力一樣上升至」：Theodore Postol, "Striving for Armageddon: The U.S. Nuclear Forces Modernization Program, Rising Tensions with Russia, and the Increasing Danger of a World Nuclear Catastrophe Symposium: The Dynamics of Possible Nuclear Extinction," New York Academy of Medicine, February 28–March 1, 2015, slide10–14, with diagrams, author copy.

402 愈燒愈失控：Office of Technology Assessment, The Effects of Nuclear War, 27–28.

403 讓氣溫飆破了華氏一千兩百二十度：與葛倫．麥可達夫的訪談。

404 二十六萬五千平方英尺：" 'Underground Pentagon' Near Gettysburg Keeps Town Buzzing," Pittsburgh Press, November 18, 1991.

405 英國首相："NATO's Nuclear Sharing Arrangements," North Atlantic Treaty Organization, Public Diplomacy Division (PDD), Press & Media Section, February 2022.

406 俄羅斯至今仍堅稱他們在蘇聯時期並無「預警即發射」的政策：與帕沃爾．波德維格的訪談；"Soviets Planned Nuclear First Strike to Preempt West, Documents Show," Electronic Briefing Book No. 154, NSA-GWU, May 13, 2005.

407「影響全球局勢穩定」：Jaroslaw Adamowski, "Russia Overhauls Military Doctrine," Defense News, January 10, 2015.

408「初步命令」：與帕沃爾．波德維格的訪談。關於卡茲別克通訊系統的更多介紹，見Podvig, Russian Strategic Nuclear Forces, 61–62.

2018.

379 在美國上空盤旋：與小艾德華・洛維克的訪談。

380 要是衛星通訊在美國國內或在全球範圍內失效：值得注意的是：通信和資料處理能力的細節一般都是機密。此外，許多傳統的通信系統正在升級爲可生存超高頻（SSHF）系統。

381 穿越核爆蕈菇雲的飛行技術：與賀維・史塔克曼的訪談。

382 ARGUS紅外線系統可以：與派翠克・比爾貞的訪談。

383「足以讓地表廣大區域變得杳無人煙」：“Enclosure ‘A’: The Evaluation of the Atomic Bomb as a Military Weapon: The Final Report of the Joint Chiefs of Staff Evaluation Board for Operation Crossroads,” Joint Chiefs of Staff, NA-T, June 30, 1947, 10–14.

384 馬克・勒文……告訴聽眾：“Salt Life: Go on Patrol with an Ohio-Class Submarine That’s Ready to Launch Nuclear Warheads at a Moment’s Notice,” National Security Science podcast, LA-UR-20-24937, DoD, August 14, 2020.

385 經過特殊訓練：Greg Copeland, “Navy’s Most Powerful Weapons Are Submarines Based in Puget Sound,” King 5 News, February 27, 2019.

386 核實與解碼：Reed, At the Abyss, 332.

387 行動計畫：“Nuclear Matters Handbook 2020,” 34–35, 41, 99; Dave Merrill, Nafeesa Syeed, and Brittany Harris, “To Launch a Nuclear Strike President Trump Would Take These Steps,” Bloomberg, January 20, 2017.

388 一張密封驗證系統卡……跟一把火控鑰匙：Bruce Blair, “Stre gthening Checks on Presidential Nuclear Launch Authority,” Arms Control Today, January/February 2018; Jeffrey G. Lewis and Bruno Tertrais, “Finger on the Button: The Authority to Use Nuclear Weapons in Nuclear-Armed States,” Middlebury Institute of International Studies at Monterey, 2019; David Martin, “The New Cold War,” 60 Minutes, September 18, 2016.

389 每顆彈頭都攜帶有一枚四十五萬五千噸當量的核彈：Hans M. Kristensen and Matt Korda, “Nuclear Notebook: United States Nuclear Weapons, 2023,” Bulletin of the Atomic Scientists 79, no. 1 ( January 2023): 29, 38. 在一次討論四十五萬五千噸當量（經常被報導爲四十七萬五千噸）的訪談中，克里斯滕森澄清說：「我們的數字是基於資料，良好的資料，而不是謠言或之前的報導。」另外：「每枚三叉戟飛彈至多可攜帶八枚核彈頭，但它們通常攜帶四到五枚，每艘潛艦平均裝載約九十枚彈頭。」國防部沒有討論當量問題；欲知更多關於三叉戟飛彈的介紹，見：America’s Navy, Resources, Fact Files, Trident II (D5) Missile, updated: September 22, 2021, NAVY.

390 拋出艦艇：“Nuclear Matters Handbook 2020,” 35.

爾・波德維格討論過這個問題。一九八三年時，苔原系統還不存在，而被稱為 Oko（眼睛）的舊系統存在瑕疵，是眾所周知的事實。

367 這不是演習：二〇一八年一月十三日，緊急警報系統錯誤地向夏威夷各地的手機發送了一條簡訊：「緊急警報：彈道飛彈威脅正朝夏威夷而來，即刻避難，這不是演習。」結果是虛驚一場，作者在此參考了盧卡斯・莫布利（Lucas Mobley）的手機截圖（他人當時就在現場）。

368 緊急警報：“Early Warning System Sirens, Fact Sheet,” San Louis Obispo County Prepare, n.d.

369 試圖同時撤離：Jack McCurdy, “Diablo Nuclear Plant: Disaster Waiting to Happen?” Cal Coast News, April 7, 2011. 迪阿波羅電廠在現地有大約兩千六百四十二（束）廢燃料元件，以及一千一百三十六噸的鈾。

370 三萬五千八百零四枚在蘇聯：Robert S. Norris and Hans M. Kristensen, “Nuclear Weapon States, 1945–2006,” Bulletin of the Atomic Scientists 62, no. 4 (July/August 2006): 66; 美國有兩萬三千三百零五枚的數字來自：“Size of the U.S. Nuclear Stockpile and Annual Dismantlements (U),” Classification Bulletin WNP-128, U.S. Department of Energy, May 6, 2010. 全球近六萬枚的數字僅指兩個超級大國。到了一九八六年，俄羅斯又額外生產了一萬枚彈頭，使核彈頭總數達到約七萬枚。

371 驕傲的先知：“Proud Prophet-83, After Action Report,” Joint Exercise Division, J-3 Directorate, Organization of the Joint Chiefs of Staff, OSD, January 13, 1984.

372 都是複雜系統的案例：與傑伊・W・佛瑞斯特博士的訪談。他是系統動力學之父，第一部電腦動畫片的創作者，磁芯記憶體的發明者之一。

373 他使用數學模型去辨別並預測結果：“War and Peace in the Nuclear Age, Interview with Thomas Schelling,” At the Brink, WGBH Radio, March 4, 1986.

374「造成傷害的能力」：Schelling, Arms and Influence, 2. 173 “a catastrophe” : Bracken, The Second Nuclear Age, 88.

375「他的人馬要我設立一場賽局」：Paul Bracken, “Exploring Alternative Futures,” Ya e Insights, September 15, 2021. Bracken interview conducted and edited by Ted O’Callahan.

376 從早到晚二十四小時，一年三百六十五天都在準備帶著指揮官升空脫逃：Alex McLoon, “Inside Look at Offutt Air Force Base’s Airborne ‘Survivable’ Command Center,” transcript, KETV, ABC-7, April 27, 2022.

377 充分的演練：Rachel S. Cohen, “Does America Need Its ‘Doomsday Plane’?” Air Force Times, May 10, 2022.

378「我必須在固定幾分鐘的時間內」：Jamie Crawford and Barbara Starr, “Exclusive: On Board the ‘Doomsday’ Plane That Can Wage Nuclear War,” CNN, March 31,

Wave," 2.32–2.37, 38–40.

357 第一圈：另見 Wellerstein.com, NUKEMAPS. 以五角大樓爲目標的一百萬噸核彈空爆，火球半徑將達零點六英里，直徑約爲一點二英里（「火球內的所有東西都會被實質汽化」）。第一圈（「大多數住房倒塌，人員普遍受傷」）半徑爲四點五英里，直徑爲九英里。第二圈（「熱核輻射半徑，三千度高溫的灼傷」）半徑達七點五英里，直徑十五英里。第三圈（「預計玻璃窗會破碎」）半徑達十二點五英里，直徑二十五英里。

358 僅有的極少數倖存者："Planning Guidance for Response to a Nuclear Detonation, Second Edition," Federal Interagency Committee, Executive Office of the President, Washington, D.C. Interagency Policy Coordinating Subcommittee for Preparedness & Response to Radiological and Nuclear Threats, June 2010, 14–29. 需要注意的是：上述後果是基於一萬噸級的核爆；而在這個場景中，爆炸的是一百萬噸級的核武（見 Office of Technology Assessment, The Effects of Nuclear War, with 1-megaton comp）。

359 不祥的雲層：Glasstone and Dolan, The Effects of Nuclear Weapons, table 2.12, "Rate of Rise of Radioactive Cloud from a 1-Megaton Air Burst," 31–32.

360「最終誰也無法倖存下來」：Office of Technology Assessment, The Effects of Nuclear War, 27.

361 那句讓人難以忘懷的話栩栩如生：與羅伯．凱勒的訪談。

362「注意。飛彈來襲」：二〇二一年，俄羅斯國防部發布了謝爾普霍夫十五號發射場發射人員模擬應對核導彈發射的影片。（YouTube: Минобороны России）。俄羅斯科學學院中心的（Center for the Russian Academy of Sciences）迪米崔．斯特凡諾維奇（Dmitry Stefanovich）介紹說這一系列導彈是從美國懷俄明州 F. E. 華倫空軍基地的飛彈發射場發射的一枚洲際彈道飛彈。另見 Thomas Newdick, "Take a Rare Look Inside Russia's Doomsday Ballistic Missile Warning System," The War Zone, February 16, 2021.

363「直屬於俄羅斯聯邦軍隊總參謀部」：與帕沃爾．波德維格的訪談。更多關於俄羅斯聯邦軍隊總參謀部的介紹，見 Alexis A. Blanc et al., "The Russian General Staff: Understanding the Military's Decision Making Role in a 'Besieged Fortress,'" RAND Corporation, 2023.

364 無法令人盡信：Peter Anthony, dir., The Man Who Saved the World, Statement Films, 2013.

365 佩托洛夫：David Hoffman, "'I Had a Funny Feeling in My Gut,'" Washington Post Foreign Service, February 10, 1999; "Person: Stanislav Petrov," Minuteman Missile National Historic Site, National Park Service, 2007.

366「那在它看來，可能像是一百枚」：與泰德．波斯托爾的訪談。我還與帕沃

Heritage Foundation, October 18, 2022.

341 關鍵特殊任務支援單位："Defense Information Systems Agency Operations and Maintenance, Defense-Wide Fiscal Year (FY) 2021 Budget Estimates," DoD, 3, author copy.

342 作戰支援局處……相當於四百多萬名使用者：出處同上。

343 享有螺旋槳飛機的動力："CV-22 Osprey," U.S. Air Force Fact Sheet, 2020; "Bell Boeing V-22 Osprey Fleet Surpasses 500,000 Flight Hours," press release, Boeing Media, October 7, 2019.

344「以義勇兵三型洲際彈道飛彈的射程想鎖定北韓的目標」：與漢斯．克里斯滕森的訪談。

345「這個漏洞，稱得上危險至極」：與里昂．潘內達的訪談。

346「準備好今晚就要開戰」：Secretary of Defense Lloyd J. Austin III and Secretary of State Antony Blinken press conference, transcript, DoD, March 18, 2021.

347 防護服：與朱利安．卻斯納的訪談。

348 約莫五十枚核彈：Jon Herskovitz, "These Are the Nuclear Weapons North Korea Has as Fears Mount of Atomic Test," Bloomberg, November 14, 2022.

「專家估計北韓已集結了四十至五十枚核彈頭，在九個擁有核武器的國家中數量最少。然而，蘭德公司和峨山政策研究所（Asan Institute）二〇二一年的一項研究估計這一數字高達一百一十六枚。」另見Bruce G. Blair with Jessica Sleight and Emma Claire Foley. "The End of Nuclear Warfighting: Moving to a Deterrence-Only Posture. An Alternative U.S. Nuclear Posture Review," Program on Science and Global Security, Princeton University Global Zero, Washington, D.C., September 2018, 38.

349 最大的巨型城市："Greater Seoul Population Exceeds 50% of S. Korea for First Time," Hankyoreh, January 7, 2020.

350 該基地依靠的是：David Choi, "South Korean Presidential Candidates Spar over Need for More THAAD Missile Defense," Stars and Stripes, February 4, 2022.

351 薩德的弱點：與瑞德．柯比的訪談；Reid Kirby, "Sea of Sarin: North Korea's Chemical Deterrent," Bulletin of the Atomic Scientists, June 21, 2017.

352 人、地、物：Office of Technology Assessment, The Effects of Nuclear War, 15–21.

353 正午的太陽：Glasstone and Dolan, The Effects of Nuclear Weapons, "The Fireball," 2.03–2.14, 27.

354 直視它就會雙目失明：Office of Technology Assessment, The Effects of Nuclear War, 21.

355 直徑會膨脹到五千七百英尺：Glasstone and Dolan, The Effects of Nuclear Weapons, "The Fireball," 2.03–2.14, 27–29.

356 陡峭的衝擊波：Glasstone and Dolan, The Effects of Nuclear Weapons, "The Blast

329「莫斯科會因此以爲」：與泰德・波斯托爾的訪談。另見Theodore A. Postol, "Why Advances in Nuclear Weapons Technologies are Increasing the Danger of an Accidental Nuclear War between Russia and the United States," Hart Senate Office Building, Washington, D.C., March 26, 2015.

330「千瘡百孔的預警系統」：Theodore A. Postol, "Why Advances in Nuclear Weapons Technologies are Increasing the Danger of an Accidental Nuclear War between Russia and the United States," Hart Senate Office Building, Washington, D.C., March 26, 2015.

331「大規模地發射起一波波核彈」：與泰德・波斯托爾的訪談。另見David K. Shipper, "Russia's Antiquated Nuclear Warning System Jeopardizes Us All," Washington Monthly, April 29, 2022.

332「俄羅斯是唯一一個能在未來兩個小時內毀滅美國的國家」：與羅伯・凱勒的訪談。

333 對於一架塞考斯基VH-92A而言：Dan Parsons, "VH-92 Closer to Being 'Marine One' but Comms System Could Still Cause Delays," The War Zone, May 2, 2022.

334 會摧毀海軍陸戰隊一號上：與傑佛瑞・亞戈的訪談。

335「俄羅斯以實彈在哈薩克上空進行了一枚電磁脈衝武器的太空試爆」：與彼得・普萊的訪談。普萊博士在二〇二二年去世。Dr. Peter Vincent Pry, "Russia: EMP Threat: The Russian Federation's Military Doctrine, Plans, and Capabilities for Electromagnetic Pulse (EMP) Attack," EMP Task Force on National and Homeland Security, January 2021, 5. Pry cites Jerry Emanuelson's work on Soviet Test 184, on October 22, 1962.

336「迴紋針行動」科學家葛奧爾格・里奇：Georg Rickhey, "Condensed Statement of My Education and Activities," NARA, Record Group 330, March 4, 1948; Bundesarchiv Ludwigsburg, Georg Rickhey file, B162/25299, author copy. For more on Rickhey, see Jacobsen, Operation Paperclip, 79–80, 251–260.

337 用前發射官⋯⋯的話說就是：Bruce G. Blair, Sebastien Philippe, Sharon K. Weiner, "Right of Launch: Command and Control Vulnerabilities after a Limited Nuclear Strike," War on the Rocks, November 20, 2020.

338 同樣一年三百六十五天，一天二十四個小時：Fred Kaplan, "How Close Did the Capitol Rioters Get to the Nuclear 'Football'?" Slate, February 11, 2021. 這項事實得見天日，是在二〇二一年，川普的彈劾案審理過程中。

339「飛彈重返大氣層時，在很多地方都可能出差錯」：與葛倫・麥可達夫的訪談。

340 中情局改變了他們的想法：Elizabeth Shim, "CIA Thinks North Korean Missiles Could Reach U.S. Targets, Analyst Says," United Press International, November 18, 2020; Bruce Klingner, "Analyzing Threats to U.S. Vital Interests, North Korea,"

315 露天乾式貯存場："Diablo Canyon Decommissioning Engagement Panel Spent Fuel Workshop," Embassy Suites Hotel, San Luis Obispo, February 23, 2019, 116-page slide presentation.

316 全加州約百分之十的居民："Nuclear Power Provided about 10% of California's Total Electricity Supply in 2021," U.S. Energy Information Administration, September 19, 2022 (eia.gov). The number of Californians is from California Department of Finance, Press Release, May 1, 2023.

317 美國陸軍沒辦法讓直升機飛到電廠上空：與泰德・波斯托爾的訪談。

318「這種火災無法當場進行撲滅」：Glen Martin, "Diablo Canyon Power Plant a Prime Terror Target/Attack on Spent Fuel Rods Could Lead to Huge Radiation Release," San Francisco Chronicle, March 17, 2003.

319「兩個紐澤西州」：與法蘭克・馮・希珀的訪談。馮・希珀會如此改口，是因爲從僅僅考慮大火的影響變成考慮到核子飛彈襲擊核電廠的後果。馮・希珀的原始聲明是對《舊金山紀事報》發表。另見Robert Alvarez et al., "Reducing the Hazards from Stored Spent Power-Reactor Fuel in the United States," Science and Global Security 1, no. 1 (January 2003): 1–51.

320「它們會碎裂成無數的分身」：與葛倫・麥可達夫的訪談。

321 總參謀部的資深將領們：Alexis A. Blanc et al., "The Russian General Staff: Understanding the Military's Decision Making Role in a 'Besieged Fortress,' " RAND Corporation, 2023; Andrei Kartapolov, "The Higher the Combat Capabilities of Russian Troops, the Stronger the CSTO," Parliamentary Assembly of the Collective Security Treaty Organization (RU), December 22, 2022.

322「老實說，我不認爲」：與里昂・潘內達的訪談。

323 超級電腦："A New Supercomputer Has Been Developed in Russia," Fact Sheet, Ministry of Science and Education of the Republic of Azerbaijan, June 14, 2017.

324「巨大」的算力："Potential of Russian Defense Ministry's supercomputer colossal—Shoigu," TASS Russian News Agency, December 30, 2016. For more on this, see: "Focus on the Center," Rossiya 24 TV channel, 2016.

325 代號苔原：Bart Hendrickx, "EKS: Russia's Space-Based Missile Early Warning System," The Space Review, February 8, 2021; "Tundra, Kupol, or EKS (Edinaya Kosmicheskaya Sistema)," Gunter's Space Page (space.skyrocket.de).

326 問題一堆：Anthony M. Barrett, "False Alarms, True Dangers: Current and Future Risks of Inadvertent U.S.-Russian Nuclear War," RAND Corporation, 2016.

327「苔原系統並不算完善」：與帕沃爾・波德維格的訪談。「但俄羅斯有一種與美國系統運作方式不同的預警系統。」

328「俄羅斯的預警衛星不準」：與泰德・波斯托爾的訪談。

2022.

299 離地表五百到七百英里處的最終巡航高度：與泰德．波斯托爾的訪談。

300「到處都有間諜」：與外號巴德的中情局首任科學技術總處處長亞伯特．「巴德」．惠隆博士的訪談（二〇一〇年二月）。

## 第三部

301「多山地形上的大型陸塊」：Glasstone and Dolan, The Effects of Nuclear Weapons, 92.「必須特別強調的是在大型山丘的山脊後方，地形對爆炸效應的遮蔽效果並不取決於視線因素......爆炸波很容易在明顯的障礙物周圍發生彎曲（或衍射）。」；與葛倫．麥可達夫的訪談。

302 那隻叫伯特的烏龜：“Duck and Cover, Bert the Turtle,” Archer Productions, Federal Civil Defense Administration, 1951.

303 局部電磁脈衝，摧毀了：與彼得．普萊的訪談。

304 X率先內爆……斷電：與葛雷格里．圖希爾的訪談。

305 美國人與俄國人研究潛射飛彈科技的濫觴，是在一九五〇年代：潛射彈道飛彈有「未來核三位一體的第一步」之稱，靠的是從一九五四年服役到一九六三年的獅子座（Regulus）SSM-N-8型飛彈。Glen McDuff, “Navy Nukes,” LAUR-16-25435, LANL, Navy Systems 101, August 9, 2016, author copy.

306 飛彈擊中核子反應爐時會產生的各種結果：C. V. Chester & R. O. Chester, “Civil Defense Implications of a Pressurized Water Reactor in a Thermonuclear Target Area,” Nuclear Applications and Technology 9, no. 6 (1970): 786–95.

307 三百兆卡路里：Eden, Whole World on Fire, 16.

308 大約五磅：“JCAT Counterterrorism Guide for Public Safety Personnel,” Bomb Threat Standoff Distances, DNI, n.d., 1, author copy.

309 卡爾．薩根早在一九八三年就提出過警告：Carl Sagan, “Nuclear War and Climatic Catastrophe: Some Policy Implications,” Foreign Affairs, Winter 1983/84.

310 放射性物質量也絕對是前所未見的多：與泰德．波斯托爾的訪談。

311「彈珠的大小」：Glasstone and Dolan, The Effects of Nuclear Weapons, 37.

312 兩千公噸的核廢料：“PG&E Letter DIL-18-019,” director, Division of Spent Fuel Management, NRC, December 17, 2018; 與葛倫．麥可達夫的訪談。

313「燃料棒就會在高熱的作用下自燃」：Diablo Canyon Decommissioning Engagement Panel Spent Fuel Workshop.” Embassy Suites Hotel, San Luis Obispo, February 23, 2019, 116-page slide presentation, slide 3.

314 放射性熱湯：Frank N. von Hippel and Michael Schoeppner, “Reducing the Danger from Fires in Spent Fuel Pools,” Science & Global Security 24, no. 3 (2016): 152.

285 近似圖書館，一片靜默："Donald Trump's Flying Beast: 7 Things about the World's Most Powerful Helicopter," Economic Times, February 21, 2020.

286 確認了一項事實：Dave Merrill, Nafeesa Syeed, and Brittany Harris, "To Launch a Nuclear Strike, President Trump Would Take These Steps," Bloomberg, January 20, 2017.

287 一百一十公噸的鋼筋混凝土：Aaron M. U. Church, "Nuke Field Vigilance," Air & Space Forces, August 1, 2012.

288 回聲一號：這個場景中的發射設施模型同上。

289 一枚當量達三十萬噸，此刻正在進行發射準備的熱核武器：Hans M. Kristensen and Matt Korda, "Nuclear Notebook: United States Nuclear Weapons, 2023," Bulletin of the Atomic Scientists 79, no. 1 (January 2023): 28–52. 另見斯德哥爾摩國際和平研究所（SIPRI）的估計去釐清有哪些飛彈可能帶有三十三萬噸的彈頭。

290「不用白不用」：與喬瑟夫・柏穆德茲的訪談。

291「不是白叫的」：Bruce Blair, "Minuteman Missile National Historic Site," interview transcript, U.S. National Park Service.

292 四百座像回聲一號這樣的洲際彈道飛彈發射井：Hans M. Kristensen and Matt Korda, "Nuclear Notebook: United States Nuclear Weapons, 2023," Bulletin of the Atomic Scientists 79, no. 1 (January 2023): 35. 目前的洲際彈道導彈部隊由四百枚義勇兵三型飛彈組成，它們分別位於懷俄明州F. E.華倫空軍基地的第九十飛彈聯隊、蒙大拿州馬姆斯特羅姆空軍基地的第三四一飛彈聯隊和北達科他州邁諾特空軍基地的第九十一導彈聯隊；地下發射井遍布蒙大拿州、北達科他州、懷俄明州、內布拉斯加州與科羅拉多州。這四百枚洲際彈道飛彈各攜帶著一枚彈頭，但理論上每枚可以容納兩到三枚彈頭。「有五十個發射井處於『熱機』狀態，以便在必要時裝載儲存的導彈」。

293「如果懷俄明州是一個獨立國家」："Missiles and the F. E. Warren Air Force Base," Wyoming Historical Society, 2023.

294 他們會直接向美國戰略司令部的指揮官報到：Aaron M. U. Church, "Nuke Field Vigilance," Air & Space Forces, August 1, 2012.

295 加密的命令：Dave Merrill, Nafeesa Syeed, and Brittany Harris, "To Launch a Nuclear Strike, President Trump Would Take These Steps," Bloomberg, January 20, 2017.

296 最近更新的：Daniella Cheslow, "U.S. Has Made 'Dramatic Change' in Technology Used for Nuclear Code System," Wall Street Journal, October 14, 2022.

297 緊急行動團隊：Mary B. DeRosa and Ashley Nicolas, "The President and Nuclear Weapons: Authority, Limits, and Process," Nuclear Threat Initiative, 2019, 2.

298 三・四秒：Eli Saslow, "The Nuclear Missile Next Door," Washington Post, April 17,

272 冷卻水的幫浦若是因爲意外或遭受攻擊而失靈：Amanda Matos, "Thousands of Half-Lives to Go: Weighing the Risks of Spent Nuclear Fuel Storage," Journal of Law and Policy 23, no. 1 (2014): 316.

273 每隔三年："Backgrounder on Force-on-Force Security Inspections," NRC, March 2019.

274 電廠的五十八英里上空，來自潛射彈道飛彈的核彈頭重新進入了大氣層，時速已經突破四千英里：由泰德．波斯托爾計算出的結果。

275 三到四百萬人流離失所：Richard Stone, "Spent Fuel Fire on U.S. Soil Could Dwarf Impact of Fukushima: New Study Warns of Millions Relocated and Trillion-Dollar Consequences," Science, May 24, 2016.

276 「上兆美元的損失」：Peter Gwynne, "Scientists Warn of 'Trillion-Dollar' Spent-Fuel Risk," Physics World 29, no. 7 ( July 2016); Richard Stone, "Spent Fuel Fire on U.S. Soil Could Dwarf Impact of Fukushima: New Study Warns of Millions Relocated and Trillion-Dollar Consequences," Science, May 24, 2016.

277 爐心熔毀：Ralph E. Lapp, "Thoughts on Nuclear Plumbing," New York Times, December 12, 1971.

278 拉普解釋說："Report of Advisory Task Force on Power Reactor Emergency Cooling," U.S. Atomic Energy Commission, 1968 ( "Ergen Report" ).

279 惡魔劇本：與泰德．波斯托爾的訪談。比較可以幫助我們理解：「車諾比電廠的核熔毀釋放了大約一億居里的輻射量。電廠爆炸（在這種情況下）造成的核反應爐心熔毀和蒸發所釋放的輻射量，將比車諾比事件多出五十到六十倍，而三十萬噸級核彈爆炸本身初始釋放的輻射量，甚至還要更大，估計約爲車諾比事件的三百到四百倍。」

280 永久性政府：與威廉．佩里的訪談。

281 NC3的組成："Nuclear Command, Control, and Communications: Update on Air Force Oversight Effort and Selected Acquisition Programs," GAO-17-641R, GAO, August 15, 2017; "Nuclear Matters Handbook 2020," OSD, 18–21.

282 並沒有公開："Nuclear Triad: DOD and DOE Face Challenges Mitigating Risks to U.S. Deterrence Efforts," GAO, Report to Congressional Committees, May 2021, 1.

283 副官打開了足球：與路．梅爾萊提的訪談；"Nuclear Briefcases," Nuclear Issues Today, Atomic Heritage Foundation, June 12, 2018.

284 八十二個目標：注意：這個場景（近似於）布魯斯．布萊爾估計北韓共八十個目標（瞄準點）的模型。Bruce G. Blair with Jessica Sleight and Emma Claire Foley, "The End of Nuclear Warfighting: Moving to a Deterrence-Only Posture. An Alternative U.S. Nuclear Posture Review," Program on Science and Global Security, Princeton University Global Zero, Washington, D.C., September 2018, 38–39.

and Staffing Forecast," 30.

260 研發出了自身的神盾計畫："Aegis the Shield (and the Spear) of the Fleet: The World's Most Advanced Combat System," LM; "U.S. and Allied Ballistic Missile Defenses in the Asia-Pacific Region, Fact Sheets & Briefs," Arms Control Association, n.d.

261 遠在數千英里外："Navy Aegis Ballistic Missile Defense (BMD) Program: Background and Issues for Congress," CRS, August 28, 2023.

262 部署在海外：Testimony of Vice Admiral Jon A. Hill, USN Director, Missile Defense Agency before the Senate Armed Services Committee Strategic Forces Subcommittee, May 18, 2022, 5.

263 美國國會就討論過：Mike Stone, "Pentagon Evaluating U.S. West Coast Missile Defense Sites: Officials," Reuters, December 2, 2017; "Navy Aegis Ballistic Missile Defense (BMD) Program: Background and Issues for Congress," CRS, April 20, 2023.

264 進入了終端階段：D. Moser, "Physics/Global Studies 280: Session 14, Module 5: Nuclear Weapons Delivery Systems, Trajectories and Phases of Flight of Missiles with Various Ranges," 110-page slide presentation, slide 47, author copy.

265 第四十二條規定："Rule 42. Work and Installations Containing Dangerous Forces," International Committee of the Red Cross, International Humanitarian Law Databases; George M. Moore, "How International Law Applies to Attacks on Nuclear and Associated Facilities in Ukraine," Bulletin of the Atomic Scientists, March 6, 2022.

266 延續數千年的核子災變：與葛倫・麥可達夫的訪談。

267 由日本原子力委員會主席近藤駿介等人主導的祕密討論中："Cabinet Kept Alarming Nuke Report Secret," Japan Times, January 22, 2012.

268 「那就是我心目中的『惡魔劇本』」："Lessons Learned from the Fukushima Nuclear Accident for Improving Safety and Security of U.S. Nuclear Plants," National Research Council, National Academies Press, 2014, 40; "Cabinet Kept Alarming Nuke Report Secret," Japan Times, January 22, 2012.

269 「但日本逃過了一劫」：Declan Butler, "Prevailing Winds Protected Most Residents from Fukushima Fallout," Nature, February 28, 2013.

270 「警世寓言」："Reflections on Fukushima NRC Senior Leadership Visit to Japan, 2014," NRC, December 2014, 18.

271 這些燃料棒的高度放射性會維持："Spent Nuclear Fuel, Options Exist to Further Enhance Security," Report to the Chairman, Subcommittee on Energy and Air Quality, Committee on Energy and Commerce, U.S. House of Representatives, GAO, July 2003, 319. 美國政府問責署稱核廢料爲「一種危險性極高的人造物質。核燃料的強烈放射性可在幾分鐘內使人因爲直接接觸而喪命。」

246 營養不良是家常便飯：Ifang Bremer, "3 Years into Pandemic, Fears Mount That North Korea Is Teetering toward Famine," NK News, February 15, 2023.

247 寄生蟲：Andreas Illmer, "North Korean Defector Found to Have 'Enormous Parasites,'" BBC News, November 17, 2017.

248「北韓幾乎是徹底的黑暗」："Korean Peninsula Seen from Space Station," NASA, February 24, 2014. 順道一提：國際太空站是繞地軌道上最大的人造衛星。

249「全世界都打得到」：CNN Editorial Research, "North Korea Nuclear Timeline Fast Facts," CNN, March 22, 2023.

250 足足有八十艘潛艦："North Korea Submarine Capabilities," Fact Sheet, Nuclear Threat Initiative, October 14, 2022.

251 水下平台："North Korea Fires Suspected Submarine-Launched Missile into Waters off Japan," BBC News, October 2021.

252 羅密歐級：與H．I．薩頓的訪談；H.I. Sutton, "New North Korean Submarine: ROMEO-Mod," Covert Shores Defense Analysis, July 23, 2019; "North Korea–Navy," Janes, March 21, 2018.

253「以北韓潛艦官兵的視角發言」：欲見對北韓核武器一則較爲板起臉孔的描述，可參考："DPRK Strategic Capabilities and Security on the Korean Peninsula: Looking Ahead," International Institute for Strategic Studies and Center for Energy and Security Studies, July 1, 2019; Pablo Robles and Choe Sang-Hun, "Why North Korea's Latest Nuclear Claims Are Raising Alarms," New York Times, June 2, 2023; Ankit Panda, "North Korea's New Silo-Based Missile Raises Risk of Prompt Preemptive Strikes," NK News, March 21, 2023.

254「那兒屬於淺水區」：與泰德．波斯托爾的訪談。

255 成功發射：Masao Dahlgren, "North Korea Tests Submarine-Launched Ballistic Missile," Missile Threat, CSIS, October 22, 2021.

256 那顆KN-23的意圖："KN-23 at a Glance," Missile Threat, CSIS Missile Defense Project, CSIS, July 1, 2019; Jeff Jeong, "North Korea's New Weapons Take Aim at the South's F-35 Stealth Fighters," Defense News, August 1, 2019.

257 KN-23的全長大約二十五英尺："KN-23 at a Glance," Missile Threat, CSIS Missile Defense Project, CSIS, July 1, 2019.

258 有飛翼可以隨時調整軌跡："President of State Affairs Kim Jong Un Watches Test-Firing of New-Type Tactical Guided Weapon," Voice of Korea, March 17, 2022; "Assessing Threats to U.S. Vital Interests, North Korea," Heritage Foundation, October 18, 2022.

259 電廠南面的大門警衛："2018 Nuclear Decommissioning Cost Triennial Proceeding, Prepared Testimony," Pacific Gas and Electric Company, table IV.2.1: "Security Posts

231 國家指揮權：“Air Force Doctrine Publication 3-72, Nuclear Operations,” U.S. Air Force, DoD, December 18, 2020, 14, 16–18. 官方的定義是：核指揮控制系統（NCCS）與／或核指揮控制與通訊系統（NC3）。

232 將凌駕在各種協定之上：“Who's in Charge? The 25th Amendment and the Attempted Assassination of President Reagan,” NA R-R.

233 比在海裡找到潛艦容易：與邁可．J．康納的訪談。

234 八十枚核彈頭：Hans M. Kristensen and Matt Korda, “Nuclear Notebook: United States Nuclear Weapons, 2023,” Bulletin of the Atomic Scientists 79, no. 1 ( January 2023): 28–52; “United States Submarine Capabilities,” Nuclear Threat Initiative, March 6, 2023; Sebastien Roblin, “Armed to the Teeth, America's Ohio-Class Submarines Can Kill Anything,” National Interest, August 31, 2021.

235 發射二十枚：“Ballistic Missile Submarines (SSBNs),” SUBPAC Commands: Commander, Submarine Force Atlantic, NAVY, 2023. 過去每艘潛艦上有二十四枚潛射彈道飛彈（每枚飛彈都有多個獨立瞄準的彈頭），但是根據《新戰略武器裁減條約》（*New Strategic Arms Reduction Treaty*）的規定，每艘潛艦上的四個飛彈發射管已永久停用。

236 其鼻錐中皆裝戴有多枚核彈頭：“Ballistic Missile Submarines (SSBNs),” SUBPAC Commands: Commander, Submarine Force Atlantic, NAVY, 2023.

237 近乎同步：與泰德．波斯托爾的訪談。

238 數百英里外的個別目標：“Multiple Independently-targetable Reentry Vehicle (MIRV),” Fact Sheet, Center for Arms Control and Non-Proliferation, n.d.

239「如果華府被俄羅斯潛艦從距我們海岸線一千公里（六百二十一英里）的地方發動攻擊」：與泰德．波斯托爾的訪談。

240 他的意見獲得高度重視：與理查．賈爾文的訪談。

241「以大概五秒的間隔發射完所有的飛彈，前後大概就是八十秒的功夫」：Ted Postol, “CNO Brief Showing Closely Spaced Basing was Incapable of Launch,” 22-page slide presentation, 1982. 手繪的是編號八號的投影片。欲知波斯托爾簡報的影響，見Richard Halloran, “3 of 5 Joint Chiefs Asked Delay on MX,” New York Times, December 9, 1982.

242「理應要能嚇阻」：Sebastien Roblin, “Ohio-Class: How the U.S. Navy Could Start a Nuclear War,” 19FortyFive, December 3, 2021.

243 理查．賈爾文警告說：與理查．賈爾文的訪談。

244 哪怕一粒灰塵：Rosa Park, ed., “Kim Family Regime Portraits,” HRNK Insider, Committee for Human Rights in North Korea, 2018.

245 知名脫北者朴研美：“The Joe Rogan Experience #1691, Yeonmi Park,” The Joe Rogan Experience podcast, August 2021.

B61-12 Nuclear Bomb," National Interest, October 7, 2021.

215 在引爆之前：與漢斯．克里斯滕森的訪談。

216「那個計畫」：與克雷格．傅蓋特的訪談。

217「德國一流的高速公路系統」：Lee Lacy, "Dwight D. Eisenhower and the Birth of the Interstate Highway System," U.S. Army, February 20, 2018. 值得注意的是：美國交通部發表的特約文章聲稱這是「神話」；而根據美國陸軍的說法，這是事實。

218「運作存續計畫」：Frances Townsend, "National Continuity Policy Implementation Plan," Homeland Security Council, August 2007. 這份一百零二頁的文件包括涉及（含白宮在內）各聯邦政府機構的大規模疏散、搬遷等非機密戰略。

219 克雷格．傅蓋特澄清說：與克雷格．傅蓋特的訪談。

220 「你能讓政府保持足夠的完整嗎？」：與克雷格．傅蓋特的訪談。

221 非常關注：與威廉．佩里的訪談。

222「活下來的會覺得生不如死。」："Letter from Jacqueline Kennedy to Chairman Khrushchev," DSOH, December 1, 1963. 第一夫人賈桂琳．甘迺迪曾在給赫魯雪夫的信中寫道，「他（甘迺迪）曾會在一些演講中引用你的話語——『在下一場戰爭裡，活下來的會覺得生不如死。』」

223 R地點：與威廉．佩里的訪談。在我們的討論中，佩里會將這座設施稱爲備用國家軍事指揮中心，且這並非機密，而在冷戰期間，備用指揮中心的「官方位置」是在馬里蘭州的里奇堡（Fort Ritchie），地點在R地點西南方。欲知更多有關深度地下指揮中心（Deep Underground Command Center）的歷史，見 "Memorandum from the Joint Chiefs of Staff to Secretary of Defense McNamara," DSOH, September 17, 1964.

224 緊鄰白宮最安全的：與威廉．佩里的訪談。

225 這第二枚攻擊飛彈突破了大洋表面：Josh Smith and Hyunsu Yi, "North Korea Launches Missiles from Submarine as U.S.–South Korean Drills Begin," Reuters, March 13, 2023.

226 地窖門：Clarke, Against All Enemies, 18.

227 讀過簡報：Charles Mohr, "Preserving U.S. Command after a Nuclear Attack," New York Times, June 29, 1982.

228「那內閣就有可能會被斬首」：與威廉．佩里的訪談。另見 "Bill Perry's D.C. Nuclear Nightmare," an animated video created for At the Brink: A William J. Perry Project. 該影片描述了華盛頓特區發生一萬五千噸當量爆炸的場景：八萬人當場死亡，當中包括總統、副總統、衆議院議長與三百二十名國會議員。

229「聰明之舉」：與威廉．佩里的訪談。

230「我身爲國防部長的立場」：與威廉．佩里的訪談。

Missile Crisis, October 1962," DSOH.

199 俗話說的「逼宮」：Bruce Blair, "Strengthening Checks on Presidential Nuclear Launch Authority," Arms Control Today, January/February 2018.

200 在奧弗特空軍基地底下的掩體內："U.S. Strategic Command's New $1.3B Facility Opening Soon at Offutt Air Force Base," Associated Press, January 28, 2019.

201 一本跟總統那本一模一樣：Jamie Crawford and Barbara Starr, "Exclusive: Inside the Base That Would Oversee a US Nuclear Strike," CNN, March 27, 2018.

202 卡洛琳·博德上校：出處同上。

203 核攻擊顧問：David Martin, "The New Cold War," 60 Minutes, September 18, 2016.

204 天氣官：出處同上。

205「其半數的人口」：Rubel, *Doomsday Delayed*, 26.

206 阿爾法（a）、貝塔（b）與查理（c）的那些：Memorandum for the Chief of Staff, U.S. Air Force, Subject: Joint Staff Briefing of the Single Integrated Operational Plan (SIOP), NSC/Joint Chiefs of Staff, LANL-L, January 27, 1969, 3.

207「給出果斷回應」：U.S. Strategic Command 2023 Posture Statement, Priorities, STRATCOM.

208 飛彈發射官：Bruce Blair, "Strengthening Checks on Presidential Nuclear Launch Authority," Arms Control Association, January/February 2018.「在涉及北韓的場景中，潛艦與轟炸機將會是主要的攻擊力量。太平洋中通常會有兩艘潛艦保持在隨時可發射的巡邏狀態，由此在總統下達命令後大約十五分鐘，潛艦部隊就能迅速發射約兩百枚彈頭。不過，如果戒備狀態未曾在命令下達前完成提升，潛艦將浮出水面確認命令的有效性。」欲知更多布萊爾之事，見：Andrew Cockburn, "How to Start a Nuclear War," Harper's, August 2018, 18–27.

209 多個軍事目標："A Satellite View of North Korea's Nuclear Sites," Nikkei Asia, n.d.

210 水面艦艇都駐紮在那兒："Development of Russian Armed Forces in the Vicinity of Japan," Japan Ministry of Defense, July 2022.

211「我的幕僚始終無法」："Transcript: Secretary of Defense Lloyd J. Austin III and Army General Mark A. Milley, Chairman, Joint Chiefs of Staff, Hold a Press Briefing Following Ukrainian Defense Contact Group Meeting," DoD, November 16, 2022.

212 瘋狂地撥打著：Nancy A. Youssef, "U.S., Russia Establish Hotline to Avoid Accidental Conflict," Wall Street Journal, March 4, 2022; Phil Stewart and Idrees Ali, "Exclusive: U.S., Russia Have Used Their Military Hotline Once So Far during Ukraine War," Reuters, November 29, 2020.

213 個別的B-2被部署到世界各地的其他基地，包括冰島：與大衛·森喬帝的訪談。

214 核武專家漢斯·克里斯滕森表示：Kris Osborn, "The Air Force Has Plans for the

E. Hoffman, "Four Minutes to Armageddon: Richard Nixon, Barack Obama, and the Nuclear Alert," Foreign Policy, April 2, 2010.

184 路易斯・梅爾萊提告訴我們：與路易斯・梅爾萊提的訪談。

185「它們是被設計來」："Presential Emergency Action Documents," Brennan Center for Justice, May 6, 2020.

186「我觀察到四架F-84F戰鬥機」：Harold Agnew and Glen McDuff, "How the President Got His 'Football,'" LAUR-23-29737, LANL, n.d., author copy.

187「（一則）三位數的密碼」：出處同上。

188 史塔博德將軍白紙黑字對這個裝置所抱持的疑慮："Letter to Major General A. D. Starbird, Director, Divisions of Military Application, U.S. Atomic Energy Commission, 'Subject: NATO Weapons' from Harol 1961, LAUR-23-29737, LANL. M. Agnew," January 5,

189「族繁不及備載的各種核武器，是不是都要一起這麼做呢？」：As above, and also: "Attachment 1: The NATO Custody Control problem," 5–7, LAUR-23-29737, LANL.

190「以上就是總統獲得足球的過程」：與葛倫・麥可達夫的訪談。

191〈給尼克森政府的SIOP簡報〉：Memorandum for the Chief of Staff, U.S. Air Force, Subject: Joint Staff Briefing of the Single Integrated Operational Plan (SIOP), NSC/ Joint Chiefs of Staff, LANL-L, January 27, 1969, 7.

192 這些細節包括：與葛倫・麥可達夫的訪談；"Authority to Order the Use of Nuclear Weapons," Hearing before the Committee on Foreign Relations, United States Senate, November 14, 2017; Michael Dobbs, "The Real Story of the 'Football' That Follows the President Everywhere," Smithsonian, October 2014.

193「一觸即發的警戒狀態」：Bruce G. Blair, Harold A. Feiveson, and Frank N. von Hippel, "Taking Nuclear Weapons off Hair-Trigger Alert," Scientific American,

194 這意謂著美國總統有能力隨時發射一枚：Hans M. Kristensen and Matt Korda, "Nuclear Notebook: United States Nuclear Weapons, 2023," Bulletin of the Atomic Scientists 79, no. 1 ( January 2023): 28–52.

195 核三位一體包括："America's Nuclear Triad," Defense Department Fact Sheet, DoD. To note: 100 warheads at NATO bases is "estimated." See Hans M. Kristensen and Matt Korda, "Increasing Evidence That the US Air Force's Nuclear Mission May Be Returning to UK Soil," FAS, August 23, 2023.

196「連鎖家庭餐廳丹尼斯的早餐菜單」：Nancy Benac, "Nuclear 'Halfbacks' Carry the Ball for the President," Associated Press, May 7, 2005.

197「那當中有太多跟死亡相關的內容」：與葛倫・麥可達夫的訪談。

198 DEFCON 2，也就是二級戰備：與保羅・柯簡查克的訪談。另見"The Cuban

169 湯姆・卡拉科擬人化了這個過程：Aaron Mehta, "US Successfully Tests New Homeland Missile Defense Capability," Breaking Defense, September 13, 2021.

170「世界上最具戰略意義的地方」：Julie Avey, "Long-Range Discrimination Radar Initially Fielded in Alaska," U.S. Space Command, 168th Wing Public Affairs, December 9, 2021.

171 這裡是克里爾雷達站：Carla Babb, "VOA Exclusive: Inside U.S. Military's Missile Defense Base in Alaska," Voice of America, June 24, 2022, video at 4:14.

172 一卷模擬測試的磁帶："Strategic Warning System False Alerts," Committee on Armed Services, House of Representatives, U.S. Congress, June 24, 1980.

173 前國防部長佩里表示，當一個人的大腦：與威廉・佩里的訪談。

174「永生難忘」："Ex-Defense Chief William Perry on False Missile Warnings," NPR, January 16, 2018.

175 動力飛行：與理查・賈爾文的訪談。另見 Richard L. Garwin, "Technical Aspects of Ballistic Missile Defense," presented at Arms Control and National Security Session, APS, Atlanta, March 1999.

176 失敗了一次又一次："National Missile Defense: Defense Theology with Unproven Technology," Center for Arms Control and Proliferation, April 4, 2023.「當飛彈防禦署測試地基中段防禦系統（GMD）時，假設的是理想的天氣和光照條件——並且，作爲測試，它已經掌握了敵人不會提供的時間和其他信息。」

177「戰略性暫停」：Jen Judson, "Pentagon Terminates Program for Redesigned Kill Vehicle, Preps for New Competition," Defense News, August 21, 2019.

178 完成了嘗試：與泰德・波斯托爾的訪談。「攔截器在大約六百公里範圍處『睜開眼睛』時，它會看到幾十個明亮的光點，（但）其中只有一個是眞正的彈頭。由於攔截器無法分辨哪個光點是眞的，哪個是誘餌，而且它必須在十五秒內做出決斷，因此最終它只會把賭注押在幾十個潛在目標中的其中一個。」

179 菲利普・柯伊爾：Philip Coyle, Nukes of Hazard podcast, May 31, 2017.

180 得以凌駕於常規的國家指揮架構之上：James Mann, "The World Dick Cheney Built," Atlantic, January 2, 2020.

181「很高、很高、很高」：與羅伯・凱勒的訪談。

182「這項權力是他作爲三軍統帥的內秉屬性」："Defense Primer: Command and Control of Nuclear Forces," CRS, November 19, 2021. See also "Statement of General C. Robert Kehler," U.S. Air Force (Ret.), before the Senate Foreign Relations Committee, November 14, 2017, 3.

183「六分鐘的時間權衡利弊」：Bruce Blair, "Strengthening Checks on Presidential Nuclear Launch Authority," Arms Control Association, January/February 2018; David

Project, CSIS, author copy. 陸基中段防禦系統的攔截序列如下：（一）敵人發射了攻擊用的飛彈；（二）天基紅外線預警衛星偵測到飛彈發射；（三）陸基預警雷達追蹤到飛彈完成推進階段，進入了中途階段；（四）攻擊飛彈釋放彈頭和誘餌（所謂的「威脅雲」〔threat cloud〕）以迷惑雷達；（五）美國陸基雷達追蹤彈頭和誘餌；（六）凡德堡或格里利堡發射攔截飛彈；（七）外大氣層動能殺傷攔截器與飛彈分離；（八）SBX追蹤彈頭及誘餌並試圖判定彈頭；（九）外大氣層動能殺傷攔截器看見敵方彈頭及誘餌；（十）成功攔截（若一切順利）。

159 感測系統："Raytheon Fact Sheet: Exoatmospheric Kill Vehicle," RTX. 外大氣層動能殺傷攔截器是利用多色感測器、機載電腦系統與用以在空中轉向的火箭馬達來追蹤其目標。

160 在上面安裝了："A Brief History of the Sea-Based X-Band Radar-1 (SBX-1)," MDA, May 1, 2008.

161 推銷給美國國會："$10 Billion Flushed by Pentagon in Missile Defense," Columbus Dispatch, April 8, 2015.

162 棒球大小的物體：二〇〇七年，美國飛彈防禦署署長亨利．歐伯林（Henry Obering）對國會做出了書中的陳述。見："Shielded from Oversight: The Disastrous US Approach to Strategic Missile Defense, Appendix 2: The Sea Based X-band Radar," Union of Concerned Scientists, July 2016, 4.

163 上空八百七十英里處：David Willman, "The Pentagon's 10-Billion-Dollar Radar Gone Bad," Los Angeles Times, April 5, 2015.

164 批評者稱SBX雷達系統是：出處同上。Ronald O'Rourke, "Sea-Based Ballistic Missile Defense—Background and Issues for Congress," CRS, December 22, 2009.

165 一千七百六十億美元："Costs of Implementing Recommendations of the 2019 Missile Defense Review," Congressional Budget Office, January 2021, fig. 1.

166 蚌殼狀：Carla Babb, "VOA Exclusive: Inside U.S. Military's Missile Defense Base in Alaska," Voice of America, June 24, 2022, video at 4:14; Ronald Bailey, "Quality of Life Key Priority for SMDC's Missile Defenders and MPs in Remote Alaska," U.S. Army Space and Missile Defense Command, February 8, 2023.

167 俄羅斯部署了：Hans M. Kristensen et al., "Status of World Nuclear Forces," FAS, March 31, 2023. 二〇二三年底，美國國防部上修了對中國核武儲備的預估。

168 擺　設："Fact Sheet: U.S. Ballistic Missile Defense," Center for Arms Control and Proliferation, updated May 10, 2023. 問：「這些系統有用嗎？」答：「儘管飛彈防禦署官員做出了保證，但目前這些防禦系統的測試記錄良莠不齊。政府問責署發現在二〇一九財務年度（FY），飛彈防禦署並沒能達成規劃的測試目標。」

Times, October 17, 1984. The news conference was on May 13, 1982.
146「許多人緊抓著」：與威廉・佩里的訪談。
147「薄暮中的地下世界」：Rubel, *Doomsday Delayed*, 27. For another take: Ellsberg, *The Doomsday Machine*, 102–3.
148 北韓有百分之五十的洲際彈道飛彈：與彼得・普萊的訪談。另見Vann H. Van Diepen, "March 16 HS-17 ICBM Launch Highlights Deployment and Political Messages," 38 North, March 20, 2023.這個數字考慮到了「危機模式」下的發射，而不光是按劇本演出的軍事測試。
149 發射到美國本土：Hyonhee Shin, "North Korea's Kim Oversees ICBM Test, Vows More Nuclear Weapons," Reuters, November 2022.
150 升空前數分鐘和數小時的衛星影像：波斯托爾解釋說，「SBIRS衛星將通過火箭羽流的強度和強度變化來識別飛彈。」他還說「飛彈的加速度和翻滾也將被用於識別飛彈類型，」且截至二〇二三年，此一能力已被視爲例行的功能。
151 但其代號爲RD-250的火箭引擎：Theodore A. Postol, "The North Korean Ballistic Missile Program and U.S. Missile Defense," MIT Science, Technology, and Global Security Working Group, Forum on Physics and Society, Annual Meeting of the American Physical Society, April 14, 2018, 100-page slide presentation, author copy.
152「然後輾轉被賣給了北韓」：與泰德・波斯托爾的訪談。
153 自設計出氫彈後：與理查・賈爾文的訪談；Joel N. Shurkin, *True Genius*, 57.直到最近，人們才確定常春藤麥可的設計應歸功於理查・賈爾文，而不是鐵勒。是賈爾文想出了辦法，才讓鐵勒的理論概念在物理上變得可行。Shurkin寫道：「Richard Rhodes撰寫了確切的原子彈歷史，而他漏掉了這一點，主要是包括賈爾文在內，都沒有人把這件事告訴他。」這段軼事說明了機密是怎麼回事情。
154 波斯托爾說：與泰德・波斯托爾的訪談。另見Richard L. Garwin and Theodore A. Postol, "Airborne Patrol to Destroy DPRK ICBMs in Powered Flight," Science, Technology, and National Security Working Group, MIT, Washington, D.C., November 27–29, 2017, 26-page slide presentation, author copy.
155 時間框架至關重要：與泰德・波斯托爾的訪談。另見Richard L. Garwin and Theodore A. Postol, "Airborne Patrol to Destroy DPRK ICBMs in Powered Flight," Science, Technology, and National Security Working Group, MIT, Washington, D.C., November 27–29, 2017, 26-page slide presentation, author copy.
156「我們提議」：與理查・賈爾文的訪談。
157「用子彈去射子彈差不多」：Tim McLaughlin, "Defense Agency Stopped Delivery on Raytheon Warheads," Boston Business Journal, March 25, 2011.
158 一個十步驟的流程："GMD Intercept Sequence," Missile Threat, Missile Defense

Oversight Effort and Selected Acquisition Programs," GAO, August 15, 2017. 需要說明的是：《二〇二〇核子議題手冊》最初發行時有三百七十四頁，後來被「修訂」爲一份二百八十二頁的文件。

129 還需要兩到三分鐘：與泰德・波斯托爾的訪談。

130 一項已有幾十年歷史的政策：William Burr, ed., "The 'Launch on Warning' Nuclear Strategy and Its Insider Critics," Electronic Briefing Book No. 674, NSA-GWU, June 11, 2019.「白宮科學顧問和五角大樓的規劃者對於一種基於先接受蘇聯的先制打擊再發動報復性打擊的戰略，接受度並不是很高，」分析師威廉・布爾表示。

131「這就是我們的政策」：與威廉・佩里的訪談。

132「關鍵配置」：William Burr, ed., "The 'Launch on Warning' Nuclear Strategy and Its Insider Critics," Electronic Briefing Book No. 674, NSA-GWU, June 11, 2019.

133「危險到不可饒恕的境地」：出處同上。

134「讓這麼多武器保持在高度戒備的狀態」："Leaders Urge Taking Weapons Off Hair-Trigger Alert," Union of Concerned Scientists, January 15, 2015.

135 法蘭克・馮・希珀敦促：與法蘭克・馮・希珀的訪談。

136「拜登總統……應該要」：Frank N. von Hippel, "Biden Should End the Launch-on-Warning Option," Bulletin of the Atomic Scientists, June 22, 2021.

137 僅有的兩名文官：國防部長一職作爲軍事指揮鏈中僅有的兩個文官之一，在美國政府中是獨一無二的存在（《美國法典》第113項）。

138 並不會——也不能："Authority to Order the Use of Nuclear Weapons," Hearing before the Committee on Foreign Relations, United States Senate, November 14, 2017, 45.

139 六分鐘：William Burr, ed., "The 'Launch on Warning' Nuclear Strategy and Its Insider Critics," Electronic Briefing Book No. 43, Document 03, June 22, 1960, NSA-GWU, June 11, 2019. 一份加密備忘錄（已解密）認爲北約導彈部隊需要「做好準備，在預警後兩到五分鐘內做出反應」。

140「用六分鐘去決定」：Reagan, *An American Life*, 257.

141「我們所知的文明」：與威廉・佩里的訪談。

142 貼身隨扈：與路（易斯）・梅爾萊提的訪談。梅爾萊提曾任美國特勤局局長，也曾以特別幹員的身分統理過保護柯林頓總統的貼身隨扈事宜。他的公職生涯起源於卡特政府時期，並且是特勤局旗下準軍事單位反襲擊隊的創始成員（編號007）。

143「即便是美國總統」：與沃夫斯塔的訪談；Jon Wolfsthal, "We Never Learned the Key Lesson from the Cuban Missile Crisis," New Republic, October 11, 2022.

144「許多總統上任時」：與威廉・佩里的訪談。

145「潛艇上的彈道飛彈可以取消」："On the Record; Reagan on Missiles," New York

Offutt Air Force Base," Associated Press, January 28, 2019.

115 逐漸膨脹的人員編制：Michael Behar, "The Secret World of NORAD," Air & Space, September 2018.

116 衛星通訊："Nuclear Matters Handbook 2020," OSD, 21. AEHF衛星群最近取代了已有逾二十五年歷史的 MILSTAR 系統，「其設計可穿過電磁脈衝和核閃爍，具備抗干擾性」。其他系統還包括：先進超視距終端（Advanced Beyond Line-of-Sight Terminals；FAB-T）、全球機組人員戰略網路終端（Global Aircrew Strategic Network Terminal；Global ASNT）、民兵最低基本應急通訊網路計畫升級（Minuteman Minimum Essential Emergency Communications Network Program Upgrade；MMPU）以及總統和國家語音會議（Presidential and National Voice Conferencing；PNVC）。

117 穿過五角大廈的E環（最外圍的那圍建築）：作者走訪了五角大廈。

118 戰情室："The Evolution of U.S. Strategic Command and Control and Warning, 1945–1972: Executive Summary (Report)," Vol. Study S-467, IDA, June 1, 1975, 117–19.

119 傑森科學顧問小組：與傑森小組共同創辦人馬文．「莫夫」．葛伯格的訪談。

120 赫伯．約克的個人文件中：ODR&E Report, "Assessment of Ballistic Missile Defense Program," PPD 61–33, 1961, York Papers, Geisel Library.

121 最後的終端階段出奇地短，僅僅一點六分鐘。也就是一百秒。終端階段始於彈頭重新進入地球大氣層，並結束於核武在目標處引爆之際：與泰德．波斯托爾的訪談。「終端階段從彈頭運動受地球稀薄的高層大氣影響起算，高度大約為五十到六十英里，並結束於彈頭命中目標且引爆之時。」

122 並沒有太多經過確認的資料：與喬瑟夫．柏穆德茲的訪談。

123 九國：關於核武國家與其武器庫的資料，見"Nuclear Weapons Worldwide: Nuclear Weapons Are Still Here-and They're Still an Existential Risk," Union of Concerned Scientists, n.d.

124 「對我們造成滅絕的威脅」：出處同上。

125 十架飛機：Zachary Cohen and Barbara Starr, "Air Force 'Doomsday' Planes Damaged in Tornado," CNN, June 23, 2017; Jamie Kwong, "How Climate Change Challenges the U.S. Nuclear Deterrent," Carnegie Endowment for International Peace, July 10, 2023.

126 「但失敗告終的阻水行動」：Stephen Losey, "After Massive Flood, Offutt Looks to Build a Better Base," Air Force Times, August 7, 2020.

127 「我們的軍隊非常」：Rachel S. Cohen, "Does America Need Its 'Doomsday Plane'?" Air Force Times, May 10, 2022.

128 然後執行這些命令："Nuclear Matters Handbook 2020 [original not "Revised" ]," OSD, 22–24; "Nuclear Command, Control, and Communications: Update on Air Force

訊」（NC3）作戰系統、聯合電磁頻譜行動、全球打擊、分析和瞄準以及導彈威脅評估。

101 它的任務是："Fact Sheet: Long Range Discrimination Radar (LRDR), Clear Space Force Station (CSFS), Alaska," MDA, August 23, 2022.

102 「敏銳的眼睛」：Zachariah Hughes, "Cutting-Edge Space Force Radar Installed at Clear Base," Anchorage Daily News, December 6, 2021. There are other radars focused on early warning (like TACMOR) being deployed.

103 足夠的軌跡數據：與泰德・波斯托爾的訪談。

104 夏延山複合基地：Michael Behar, "The Secret World of NORAD," Air & Space, September 2018; "Fact Sheet: Cheyenne Mountain Complex," DoD.

105 突襲：與威廉・佩里的訪談（此處與他處，除非另行標註）。

106 「腦幹」：Randy Roughton, "Beyond the Blast Doors," Airman, April 22, 2016.

107 一百萬噸：要注意的是，各種報導的數據衆說紛紜；一百萬噸是最常見的說法。在貝哈爾（Michael Behar）二〇一八年根據參訪結果所撰寫的文章，該複合基地被形容爲「一處能抵禦三萬噸當量核爆的地堡」。

108 超過三千五百人："US Strategic Command's New $1.3B Facility Opening Soon at Offutt Air Force Base," Associated Press, January 28, 2019.

109 「十種不同的辦法」：Jamie Crawford and Barbara Starr, "Exclusive: Inside the Base That Would Oversee a US Nuclear Strike," CNN, March 27, 2018.

110 核子作戰：Statement of Charles A. Richard, Commander, United States Strategic Command, before the House Armed Services Committee, March 1, 2022. See also "Nuclear Matters Handbook 2020," OSD.

111 身爲美國戰略司令部指揮官肩負一項舉世無雙的職責：參議院軍事委員會，《針對美國空軍之美國戰略司令部指揮官一職提名人安東尼・J・科頓將軍（Anthony J. Cotton）的前置政策問題》，二〇二二年九月十五日，第3頁。「《美國法典》第10編第162(b)項規定，指揮系統從總統到國防部長，再從國防部長到作戰指揮處。《美國法典》第10篇第163(a)條進一步規定，總統可通過參謀長聯席會議主席直接與作戰指揮官聯繫。」所以正如我在書中此處所指出的，一旦參謀長聯席會議主席幾乎肯定無法存活時，這條指揮鏈就會變得岌岌可危。

112 他如此總結自己的職責："Reflections and Musings by General Lee Butler," General Lee Speaking blog, August 17, 2023.

113 「有人膽敢對我們發射核武」：General Hyten with Barbara Starr, "Exclusive: Inside the Base That Would Oversee a US Nuclear Strike," CNN, March 27, 2018, 3:30. (Quotes sourced from Hyten's audio, not from CNN transcript.)

114 「戰鬥甲板」："U.S. Strategic Command's New $1.3B Facility Opening Soon at

——其中四千八百五十二枚衛星在作用中——相當於較前年增加了百分之十一點八四。

90 一千九百六十八次的飛彈發射：Sandra Erwin, "Space Force tries to Turn Over a New Leaf in Satellite Procurement," Space News, October 20, 2022.

91 俄羅斯仍維持著試射彈道飛彈前，先知會美國的做法："Russia to Keep Notifying U.S. of Ballistic Missile Launches," Reuters, March 30, 2023.

92 向鄰國通告：出處同上。

93 超過一百枚飛彈：Mari Yamaguchi and Hyung-Jin Kim, "North Korea Notifies Neigh-boring Japan It Plans to Launch Satellite in Coming Days," Associated Press, May 29, 2023.

94 沒有任何一發在事前對外公布：與小喬瑟夫・柏穆德茲的訪談。"North Korea does not preannounce military launch tests."

95 五角大廈下方：該地堡幾乎從未被拍下照片，也很少被人討論。但有個例外是美國前總統川普。他在二〇一九年的一次參觀後打破慣例，討論起了他的見聞，並將五角大樓的核指揮中心比作電影場景，形容在那裡工作的將領們「比湯姆・克魯斯還帥，還壯」。川普說他對將軍們說：「這是我見過最棒的房間。」

96 數百名人員：Michael Behar, "The Secret World of NORAD," Air & Space, September 2018.

97 三項主要任務："National Military Command Center (NMCC)," Federal Emergency Management Agency, Emergency Management Institute, FEMA.

98 在螢幕上不祥地移動著的一個點：海滕將軍說：「我們在螢幕上看到的圖像會告訴我飛彈的確切位置、高度、速度以及預計的彈著點。所有這些問題都會在短短的幾分鐘內發生。」以上是海滕將軍與電視記者芭芭拉・史塔（Barbara Starr）的對話（共同進行報導的還有傑米・克勞佛〔Jamie Crawford〕），"Exclusive: Inside the Base That Would Oversee a US Nuclear Strike," CNN, March 27, 2018.

99 「我很難捕捉跟解釋戰爭的那種迷霧感與摩擦感」：Rachel Martinez, "Daedalians Receive First-Hand Account of National Military Command Center on 9/11," Joint Base McGuire-Dix-Lakehurst, News, April 9, 2007.

100 太空三角洲四號站："Fact Sheet: Defense Support Program Satellites," MDA. 42 three commands：北美防空司令部是美國和加拿大的雙邊跨國組織，負責北美地區的航太預警、航太控制和保護；美國北方司令部負責保護美國（包括波多黎各、加拿大、墨西哥和巴哈馬群島）的領土和國家利益，以及空中、陸地和海上通道的暢行。若遇戰時，美國北方司令部將被指定爲抵禦入侵的主要防禦者；美國戰略司令部負責戰略威懾、核子行動、「核指揮控制與通

79 加總起來，其核武儲備總數與美國已不相上下：Hans M. Kristensen, Matt Korda, and Eliana Reynolds, "Nuclear Notebook: Russian Nuclear Weapons, 2023," Bulletin of the Atomic Scientists 79, no. 3 (May 2023): 174–99. 除了已部署的一千六百七十四枚彈頭外，俄羅斯還儲存有兩千八百一十五枚戰略和非戰略彈頭，外加一千四百枚（基本完好無損）的退役彈頭在等待拆除。漢斯．克里斯滕森在接受訪問時澄清說不僅這些數字並不固定，同時我們也無法確知俄羅斯有哪些彈頭處於警戒狀態。

80 「末世決戰」：Katie Rogers and David E. Sanger, "Biden Calls the 'Prospect of Armageddon' the Highest Since the Cuban Missile Crisis," New York Times, October 6, 2022.

## 第二部

81 「火星十七」：Josh Smith, "Factbox: North Korea's New Hwasong-17 'Monster Missile,'" Reuters, November 19, 2022.

82 縮寫SBIRS，小名西伯斯：James Hodgman, "SLD 45 to Support SBIRS GEO-6 Launch, Last Satellite for Infrared Constellation," Space Force, August 3, 2022.

83 任務地面站："National Reconnaissance Office, Mission Ground Station Declassification, 'Questions and Answers,'" NRO, October 15, 2008, 1.

84 最受嚴密保護的：沒有哪個美國空軍與／或太空司令部的退役軍官願意跟我討論這個設施。大部分公開來源情報都來自於前中情局科學家艾倫．湯普森（Allen Thomson）之 "Aerospace Data Facility-Colorado/Denver Security Operations Center Buckley AFB, Colorado," version of 2011-11-28, FAS這份兩百三十頁的解密文件與公開領域資訊合輯。

85 航太資訊中心負責國防部偵察衛星的命令與管控："National Reconnaissance Office, Mission Ground Station Declassification, 'Questions and Answers,'" NRO, October 15, 2008, 2.

86 「但其他地方不是沒有，」：與道格．畢森的訪談。

87 看見一根點燃的火柴：與理查．賈爾文的訪談。

88 機載訊號處理功能："FactSheet: Defense Support Program Satellites," USSF.

89 超過九千枚：「美國太空軍司令部對參院軍事委員會簡報，」美國太空軍司令詹姆斯．H．狄金森將軍（James H. Dickinson）聲明，二〇二三年三月九日。「截至今年，低地軌道上有八千兩百二十五枚人造衛星，地球同步軌道上有將近一千枚人造衛星。」各種不同的數據眾說紛紜。在二〇二二年四月，聯合國外太空事務處（United Nations Office for Outer Space Affairs）的外太空物體指數（Outer Space Objects Index）表明這個數量在八千兩百六十一枚

65 「十四棟五角大廈大小的建築物」：出處同上，188。

66 瘋狂地、唯恐落於人後地：與葛倫．麥可達夫的訪談；Glen McDuff and Alan Carr, "The Cold War, the Daily News, the Nuclear Stockpile and Bert the Turtle," LAUR-15-28771, LANL, slides 19, 31, 60.

67 三萬一千兩百五十五枚核子炸彈："Size of the U.S. Nuclear Stockpile and Annual Dismant-lements (U)," Classification Bulletin WNP-128, U.S. Department of Energy, May 6, 2010.

68 二十八萬人的員額：U.S. Strategic Command, History, Fact Sheet, STRATCOM.

69 「聯合作戰目標計畫參謀部」："History of the Joint Strategic Targeting Planning Staff: Background and Preparation of SIOP-62," History & Research Division, Headquarters Strategic Air Command. (Top Secret Restricted Data, Declassified Feb 13, 2007), Document 1, 28.

70 這個全面核子戰爭計畫：Rubel, *Doomsday Delayed*, 24–27, 62; Ellsberg, *The Doomsday Machine*, 2–3, 6–8.

71 異常氣候：與泰德．波斯托爾的訪談。

72 「表中顯示落塵致死人數」Rubel, *Doomsday Delayed*, 26.

73 最後，終於有個人開口了：出處同上，27。魯伯寫道在後排的「某人」打斷了議程並丟出了一個問題：「假如這不是中國的戰爭呢？假如這只是一場與蘇聯的戰爭呢？你能改變計畫嗎？」在前面的將軍回答說：「可以是可以，但我不希望有人打起這種主意，因爲這肯定會把計畫搞得亂七八糟。」弗列德．卡普蘭認爲問出這問題的是舒普。Kaplan, The Wizards of Armageddon, 270.

74 沒有人附議舒普的看法：與弗列德．卡普蘭的訪談。

75 花了九十分鐘的時間，擅自議定了："Coordinating the Destruction of an Entire People: The Wannsee Conference," National WWII Museum, January 19, 2021, author copy.

76 「黑暗之心的深處」：Rubel, *Doomsday Delayed*, 27. 27 some 600 million: Ellsberg, *The Doomsday Machine*, 3.

77 『宛若一個家族的各個子計畫』：Hans M. Kristensen and Matt Korda, "Nuclear Notebook: United States Nuclear Weapons, 2023," Bulletin of the Atomic Scientists 79, no. 1 ( January 2023): 33. From the original document: with partial classification downgrade executed by Daniel L. Karbler, Major General, U.S. Army, Chief of Staff, U.S. Strategic Command, "USSTRATCOM OPLAN 8010-12 Strategic Deterrence and Force Employment (U)," July 30, 2012.

78 美國今天仍有五千枚以上的核彈頭：出處同上，28–52。In addition to the 1,770 deployed, the U.S. has 1,938 warheads in reserve and another 1,536 warheads retired and waiting to be dismantled.

49 「卡在我脖子上」：Hachiya, Hiroshima Diary, 2. 10 "running, stumbling, falling... head." : Ibid.

50 經過了一年左右的籌備：William Burr, ed., "The Creation of SIOP-62: More Evidence on the Origins of Overkill," Electronic Briefing Book No. 130, NSA-GWU, July 13, 2004.

51 第三枚原子彈：William Burr, ed., "The Atomic Bomb and the End of World War II," Document 87, Telephone transcript of General Hull and General Seaman—1325—13 Aug 45, Electronic Briefing Book No. 716, NSA-GWU, August 7, 2017.

52 「就像是中學科展的作品」：與葛倫·麥可達夫的訪談（此處與後方）。

53 一次盛大的慶祝活動：與艾爾·歐唐諾的訪談，他以EG&G公司工程師的身分協助了炸彈的接線事宜。

54 解密於一九七五年："Enclosure 'A.' The Evaluation of the Atomic Bomb as a Military Weapon: The Final Report of the Joint Chiefs of Staff Evaluation Board for Operation Crossroads," Joint Chiefs of Staff, NA-T, June 30, 1947, 10–14.

55 「對人類，乃至於人類文明的一種威脅」：出處同上，10。

56 「若其爲數夠多」：出處同上，13。「「美國別無選擇，只能繼續製造和儲存武器，（而且）必須維持如此之大的產量和生產速度，以便能夠迅速壓制任何潛在的敵人。」

57 到了一九四七年：Glen McDuff and Alan Carr, "The Cold War, the Daily News, the Nuclear Stockpile and Bert the Turtle," LAUR-15-28771, LANL.

58 到了一九五〇年：出處同上，slide 100。

59 「讓地表廣大區域變得杳無人煙」："Enclosure 'A': The Evaluation of the Atomic Bomb as a Military Weapon: The Final Report of the Joint Chiefs of Staff Evaluation Board for Operation Crossroads," Joint Chiefs of Staff, NA-T, June 30, 1947, 10.

60 「最具毀滅性、最不人道」："What Happens If Nuclear Weapons Are Used?" ICAN.

61 「就是我打造出了超級炸彈」：與理查·賈爾文的訪談（此處與後方，除有另行標注）。

62 「一種邪惡的東西」：Enrico Fermi and I. I. Rabi, "The General Advisory Committee Report of October 30, 1949, Minority Annex: An Opinion on the Development of the 'Super,' " DSOH, October 30, 1949.

63 「今天的氫彈也沒有比較好」：我問賈爾文他是否希望自己從未設計過超級炸彈，他的回答是：「我會希望它無法被打造出來。我知道它很危險，但我並不曾眞正擔心過它的用途。」

64 空前的巨大當量："Operation Ivy: 1952," United States Atmospheric Nuclear Weapons Tests, Nuclear Test Personnel Review, Defense Nuclear Agency, DoD, OSTI, December 1, 1982, 1.

13, 2007), 1.

34 導致六億人死亡：Ellsberg, *The Doomsday Machine*, 3. 3 A multitude: Rubel, *Doomsday Delayed*, 23–24。

35 第一手的目擊者：出處同上，24–30。

36 他的原話：出處同上，27。

37 「兩人以同樣輕快的速度攀爬著梯子」：出處同上，24。

38 「紅緞帶」：出處同上，25。

39 「二、三十倍」：出處同上。

40 所發生的事情：想進一步了解公衆是如何得知SIOP-62，見William Burr, ed., "The Creation of SIOP-62: More Evidence on the Origins of Overkill," Electronic Briefing Book No. 130, NSA-GWU, July 13, 2004; Kaplan, The Wizards of Armageddon, 262–72; Ellsberg, *The Doomsday Machine*, 2–3.

41 一舉奪走了：George V. LeRoy, "The Medical Sequelae of the Atomic Bomb Explosion," Journal of the American Medical Association 134, no. 14 (August 1947): 1143–48. McDuff cites different numbers: "Killed at Hiroshima, 64,500 by mid-November. Killed at Nagasaki 39,214 by end of November." A. W. Oughterson et al., "Medical Effects of Atomic Bombs: The Report of the Joint Commission for the Investigation of Effects of the Atomic Bomb in Japan," vol. 1, Army Institute of Pathology, April 19, 1951, 12.

42 混亂與不知所措：Sekimori, Hibakusha: Survivors of Hiroshima and Nagasaki, 20–39.

43 一千九百英尺處：John Malik, "The Yields of the Hiroshima and Nagasaki Explosions," LA-8819,UC-34, LANL, September 1985.

44 距離地面零點約一・一英里的地方：Setsuko Thurlow, "Vienna Conference on the Humanitarian Impact of Nuclear Weapons," Federal Ministry, Republic of Austria, December 8, 2014; Testimony of Setsuko Thurlow, "Disarmament and Non-Proliferation: Historical Perspectives and Future Objectives," Royal Irish Academy, Dublin, March 28, 2014.

45 殺死地面上盡可能多：身爲目標選擇委員會的成員，馮・諾伊曼決定了要炸哪些日本城市。總統的頒授的功績勳章稱他「盡忠職守」且「努力不懈」。

46 「我開始聽到」：Setsuko Thurlow, "Setsuko Thurlow Remembers the Hiroshima Bombing," Arms Control Association, July/ August 2020 (here and after).

47 一・五萬噸TNT炸藥：John Malik, "The Yields of the Hiroshima and Nagasaki Nuclear Explosions," LA-8819, UC-34, LANL, September 1985, 1. Nagasaki is listed as 21 kilotons.

48 「那些身體都有些殘缺不全」：Setsuko Thurlow, "Setsuko Thurlow Remembers the Hiroshima Bombing," Arms Control Association, July/August 2020.

The Effects of Nuclear War, table 2: "Summary of Effects, Immediate Deaths." 關於民間學者，見：William Daugherty, Barbara Levi, and Frank von Hippel, "Casualties Due to the Blast, Heat, and Radioactive Fallout from Various Hypothetical Nuclear Attacks on the United States," National Academy of Sciences, 1986.

18 這類恐怖計算："Mortuary Services in Civil Defense," Technical Manual: TM-11-12, United States Civil Defense, 1956.

19 戒備森嚴的聯邦國安單位：作者走訪了阿納卡斯蒂亞－博林聯合基地。

20 兩次熱輻射脈衝：Glasstone and Dolan, *The Effects of Nuclear Weapons*, 277. 脈衝長度取決於核彈的大小。

21 這類可怖數據：這名檔案管理員是原子檔案庫數位館藏的克里斯·葛利菲斯（Chris Griffith）。

22 如台推土機一樣：與泰德·波斯托爾的訪談。另見Steven Starr, Lynn Eden, Theodore A. Postol, "What Would Happen If an 800-Kilo on Nuclear Warhead Detonated above Midtown Manhattan?" Bulletin of the Atomic Scientists, February 25, 2015.

23 往前剷平三英里遠：Glasstone and Dolan, *The Effects of Nuclear Weapons*, 38.

24 也不過才每小時八十英里上下："Sandy Storm Surge & Wind Summary," National Climate Report, NOAA, October 2012. 創紀錄的每小時兩百五十三英里風速是測得於澳洲的巴羅島（Barrow Island），時間是一九九六年的四月十日。

25 每秒兩百五十到三百五十英尺之間：Glasstone and Dolan, *The Effects of Nuclear Weapons*, 27.

26 反向吸力效應：與泰德·波斯托爾的訪談；Glasstone and Dolan, *The Effects of Nuclear Weapons*, 29, 82, 85.

27 五英里，然後是十英里：Glasstone and Dolan, *The Effects of Nuclear Weapons*, 28–33, table 2.12.

28 卡爾·薩根在幾十年前就提出過警告：Ehrlich et al., The Cold and the Dark, 9.

29 變成了打火機：Eden, *Whole World on Fire*, 25.

30 便會因此失明：Office of Technology Assessment, *The Effects of Nuclear War*, 21.

31 下起了一場鳥雨：與艾爾·歐唐諾的訪談，他在核試爆中目睹了此景。

32 「自我生存」：與克雷格·傅蓋特的訪談。

## 第一部

33 討論起一項祕密計畫a secret plan: "History of the Joint Strategic Target Planning Staff: Background and Preparation of SIOP-62," History & Research Division, Headquarters Strategic Air Command. (Top Secret Restricted Data, Declassified Feb

6 熱上四或五倍：Theodore A. Postol, "Possible Fatalities from Superfires Following Nuclear Attacks in or Near Urban Areas," in The Medical Implications of Nuclear War, eds. F. Solomon and R. Q. Marston (Washington, D.C.: National Academies Press, 1986), 15.

7 軟X光：Glasstone and Dolan, *The Effects of Nuclear Weapons*, 276.

8 總長達到五千七百英尺：Glasstone and Dolan, *The Effects of Nuclear Weapons*, 38; Theodore Postol, "Striving for Armageddon: The U.S. Nuclear Forces Modernization Program, Rising Tensions with Russia, and the Increasing Danger of a World Nuclear Catastrophe Symposium: The Dynamics of Possible Nuclear Extinction," New York Academy of Medicine, February 28–March 1, 2015, slide 12, author copy; 與泰德・波斯托爾的訪談。

9 地面零點：Glasstone and Dolan, *The Effects of Nuclear Weapons*, "Characteristics of the Blast Wave in Air," 80–91.

10 所有一切可燃物："Nuclear Weapons Blast Effects: Thermal Effects: Ignition Thresholds," LANL, July 9, 2020; Glasstone and Dolan, *The Effects of Nuclear Weapons*, 277.

11 巨型的火風暴：Eden, *Whole World on Fire*, 25–36.

12 一、兩百萬傷勢較重的受害者：根據NUKEMAP，以五角大廈爲目標的一百萬噸級核彈攻擊可以估算出五十萬死，外加上百萬傷。須注意在此場景中，氣壓爲一個psi（磅／平方英寸）的爆炸半徑可達二十五英里，而這個範圍內的人口可達兩百六十萬，其中半數會產生需要截肢的三度灼燒，由此這個場景內的死者與瀕死者將落在一到兩百萬之譜。

13 林肯與傑佛遜兩座紀念堂：Eden, *Whole World on Fire*, 17.

14 場內三萬五千名觀看比賽的球迷中：Toni Sandys, "Photos from the Washington Nationals' 2023 Opening Day," Washington Post, March 31, 2023.

15 三度灼傷：Office of Technology Assessment, *The Effects of Nuclear War*, 21.「百萬噸級核爆可在五英里（八公里）的距離內造成（會摧毀皮膚組織的）三度灼傷。占身體表面積達百分之二十四的三度灼傷，或是占身體表面積達百分之三時的二度灼傷，都會導致嚴重休克，且在欠缺立即且專業醫療的狀況下有甚高的致死率。」惟須注意這類評估存在看法落差："Nuclear Weapon Blast Effects," (see: Thermal Effects: Ignition Thresholds) LANL, July 9, 2020, 12–14. Third-degree burns, 1 megaton, 12 kilometers (7.45 miles).

16 隨時能動用的專業灼傷病床也就只有兩千張上下：R. D. Kearns et al., "Actionable, Revised (v.3), and Amplified American Burn Association Triage Tables for Mass Casualties: A Civilian Defense Guideline," Journal of Burn Care & Research 41, no. 4 ( July 3, 2020): 770–79.

17 國防科學家與學者們：關於國防科學家，見：Office of Technology Assessment,

能去人為控制，而在實際攻擊中就更是無從預測了。」由此，各位即將閱讀到的場景，是取材自《原子武器的效應》一書中的資料，還有科學家與學者窮數十年光陰整理出的可能效應，同時我會以貫穿全書的方式提及這些學者的研究——須知當中不少人接受了我的訪問。「兩款設計不同的武器可以一方面有著相同的爆炸能量輸出，另一方面卻在實際效應中大相逕庭，」葛拉斯通挑明了說。關於核武相關數據可以有多不精確，一個長期沿用至今的當代實例出自理查・L・賈爾文之手，而其人正是勾勒出世界首個熱核裝置計畫（即所謂的「超級熱核裝置」）的美國物理學家，同時我也為了撰寫本書而多次採訪過他。那枚名為「常春藤麥克」的氫彈據報達到了一千零四十萬噸的爆炸當量。但賈爾文卻稱該氫彈的爆炸當量是一千一百萬噸；他（反覆在有錄影的多次Zoom訪談中）這麼對我說，也在二〇二〇年一次於美國物理協會（American Institute of Physics，AIP）之物理學史中心（Center for History of Physics）進行口述歷史記錄時，對大衛・齊爾勒（David Zierler）這麼說，不信你可以去看網路上的訪談逐字稿。我在我的陳述中使用一千零四十萬噸，不是因為賈爾文可以去，或是需要去「被證明」或證偽，而是因為在這本書裡使用一千一百萬噸，幾乎必然會激發出有人想糾正我的反應。我這樣的選擇，並不是在貶低用谷歌搜尋滿足好奇心的做法，而是要凸顯在核武與其效應的議題上，確定性是如何地漏洞百出。「數字（在此）應被視為一種想像的輔具，而不是一種定性的東西，」核武史家亞力克斯・韋勒斯坦（Alex Wellerstein）有言如斯。為了讓人能去想像一枚核武在你的城市或鎮上爆炸後的可能效應，我滿建議讀者去造訪一下NUKEMAP（alexwellerstein.com）。這是個由威勒斯坦博士參考《原子武器的效應》中的解密資料，並使用Mapbox這個地圖繪製API（應用程式介面）所設計並編程出來的互動式地圖。「（這）做為二十一世紀一項少有的網路工具，可以讓對一項爭議性科技有著不同意見的各族群，在問題的基本技術層面上達成起碼的共識，」他說。想對核武效應進行延伸閱讀，可見：Harold L. Brode, "Fireball Phenomenology," RAND Corporation, 1964; Office of Technology Assessment, The Effects of Nuclear War, May 1979; Theodore Postol, "Striving for Armageddon: The U.S. Nuclear Forces Modernization Program, Rising Tensions with Russia, and the Increasing Danger of a World Nuclear Catastrophe Symposium: The Dynamics of Possible Nuclear Extinction," New York Academy of Medicine, February 28–March 1, 2015, author copy; Lynn Eden, Whole World on Fire: Organizations, Knowledge, and Nuclear Weapons Devastation (Ithaca, NY: Cornell University Press, 2004), ch. 1: "Complete Ruin"; Steven Starr, Lynn Eden, Theodore A. Postol, "What Would Happen If an 800-Kiloton Nuclear Warhead Detonated above Midtown Manhattan?" Bulletin of the Atomic Scientists, February 25, 2015.

Homeland Security, October 31, 2020.「突襲是最可能發生的核攻擊場景，理由有三，分別是美國的弱點、敵方的戰略姿態與被迫害妄想的戰略文化，乃至於美方那種覺得核戰——特別是『突襲式的核戰』——難以想像的戰略文化。」

3 美國「核指揮控制」：“Admiral Charles A. Richard, Commander, U.S. Strategic Command, Holds a Press Briefing,” transcript, DoD, April 22, 2021.「我們讓青天霹靂變得不太可能。彈道飛彈潛艇、洲際彈道導彈的反應能力、我們表現出的姿態、我們的政策，我們的執行方式。青天霹靂之所以可能性不高，是因爲其得逞的可能性就不高；是的。」本書的場景始於美國戰略司令部的姿態與政策雙雙失效，青天霹靂式的攻擊成爲現實。

4 「世界的終結」：羅伯・凱勒所接受的訪問。

## 序：人間地獄

5 人腦無法理解：這個場景中的核武效應源自於Samuel Glasstone and Philip J. Dolan, eds., *The Effects of Nuclear Weapons*, 3rd ed. (Washington, DC: Department of Defense and Department of Energy [formerly the Atomic Energy Commission]), 1977. 這本厚達六百五十三頁的鉅著又名《陸軍部第50-3號手冊》（*Department of the Army Pamphlet No. 50-3*）。我的那本作者版是二〇二一年去做研究的時候，在洛斯阿拉莫斯國家實驗室買的，書裡附了一個由勒弗雷斯生物醫學季環境研究機構公司（Lovelace Biomedical and Environmental Research Institute Inc.）所開發的「核彈效應計算機」（Nuclear Bomb Effects Computer），就塞在書背的一個套子裡。有了這片圓形滑尺，我們便能自行計算核彈的效應——像是距離核爆多近的距離會造成人類皮膚出現三級灼傷，因此會「需要植皮」。核彈對人類與對城市造成的駭人影響，是參照了美軍在一九四五年八月投下在日本廣島嶼長崎的兩顆原子彈。當時的投彈資料原本是由國防部跟原子能委員會編纂成《原子武器的效應》（*The Effects of Atomic Weapons*）一書，印行於一九五〇年，當時核彈的爆炸當量還處於數千噸TNT炸藥這個級別，換個說法就是千噸級的範圍；這些武器的設計是用來摧毀一座城市。隨著熱核彈（氫彈）在一九五〇年代的發展，核武的爆炸當量提升到了以幾百萬噸TNT炸藥的級別，也就是百萬噸級的範圍；這樣的武器設計，是用來摧毀整個國家。在後續版本的《原子武器的效應》中，太平洋與美國本土上的大氣層試爆資料被納入了書中。關於核武整體，特別是關於它們會產生的效應，其受到報導的方式可說是五花八門。「要對武器效應做出精確的測量，有其本質上的困難，」葛拉斯通（Glasstone）寫道。「其測量結果會隨爆炸條件而定，而這些環境條件即便是在試爆當中，也極難或甚至根本不可

| | |
|---|---|
| | Administration, digital collection |
| NA-R | 美國國家檔案館，朗諾．雷根總統紀念圖書館，數位資料National Archives, Ronald Reagan Library, digital collection |
| NA-T | 美國國家檔案館，哈利．S．杜魯門總統紀念圖書館，數位資料National Archives, Harry S. Truman Library, digital collection |
| NAVY | 美國海軍，數位資料U.S. Navy, digital collection |
| NOAA | 美國國家海洋暨大氣總署National Oceanic and Atmospheric Administration |
| NRC | 美國核能管理委員會，數位資料Nuclear Regulatory Commission, digital collection |
| NRO | 美國國家偵查局，數位資料National Reconnaissance Office, digital collection |
| NSA-GWU | 美國國家安全檔案館，喬治華盛頓大學，數位資料National Security Archive, George Washington University, digital collection |
| OSD | 美國國防部長辦公室，數位資料Office of the Secretary of Defense, digital collection |
| OSTI | 美國能源部科學與技術資訊辦公室，數位資料Office of Scientific and Technical Information, digital collection |
| RTX | 大型國防承包商雷神公司，數位資料Raytheon, digital collection |
| SIPRI | 斯德哥爾摩國際和平研究所，數位資料Stockholm International Peace Research Institute, digital collection |
| SNL | 桑迪亞國家實驗室，數位資料Sandia National Laboratories, digital collection |
| STRATCOM | 美國戰略司令部，數位資料U.S. Strategic Command, digital collection |
| USSF | 美國太空軍，數位資料U.S. Space Force, digital collection |
| WH | 白宮，數位資料White House, digital collection |

## 作者的話

1 已獲解密的文件："Atomic Weapons Requirements Study for 1959 (SM 129-56)," Strategic Air Command, June 15, 1956 (Top Secret Restricted Data, Declassified August 26, 2014), NARA; "SIOP Briefing for Nixon Administration," XPDRB-4236-69, National Security Council, Joint Chiefs of Staff, January 27, 1969, LANL-L. Further examples are noted throughout.

2 「最害怕的事」：Interview with Andrew Weber. See also, Dr. Peter Vincent Pry, "Surprise Attack: ICBMs and the Real Nuclear Threat," Task Force on National and

# 注釋

## 注釋中出現的縮寫

| | |
|---|---|
| CRS | 國會研究服務處，數位資料Congressional Research Service, digital collection |
| CSIS | 戰略與國際研究中心，數位資料Center for Strategic and International Studies, digital collection |
| DIA | 國防情報署，數位資料Digital Intelligence Agency, digital collection |
| DoD | 美國國防部，數位資料U.S. Department of Defense, digital collection |
| DSOH | 美國國務院，歷史文獻辦公室，數位資料U.S. Department of State, Office of the Historian, digital collection |
| DNI | 國家情報總監，數位資料Director of National Intelligence, digital collection |
| GAO | 美國政府責任署，數位資料Government Accountability Office, digital collection |
| FAS | 美國科學家聯盟，數位資料Federation of American Scientists, digital collection |
| FEMA | 聯邦應急管理署，數位資料Federal Emergency Management Agency, digital collection |
| ICAN | 國際廢除核武器運動，數位資料International Campaign to Abolish Nuclear Weapons, digital collection |
| IDA | 美國國防分析研究所，數位資料Institute for Defense Analyses, digital collection |
| LANL | 洛斯阿拉莫斯國家實驗室，數位資料Los Alamos National Laboratory, digital collection |
| LANL-L | 洛斯阿拉莫斯國家實驗室，研究圖書館Los Alamos National Laboratory, research library |
| LM | 洛克希德馬丁公司，數位資料Lockheed Martin, digital collection |
| MDA | 美國飛彈防禦署，數位資料Missile Defense Agency, digital collection |
| NARA | 國家檔案暨記錄管理局，馬里蘭州大學公園市National Archives and Records Administration, College Park, MD |
| NASA | 美國國家航空暨太空總署，數位資料National Aeronautics and Space |

# 作者與譯者簡介

**作者：安妮．雅各布森 Annie Jacobsen**

普立茲獎歷史類決選作品《五角大廈之腦》（*The Pentagon's Brain*），以及《紐約時報》暢銷書《五十一區》（*Area 51*）、《迴紋針行動》（*Operation Paperclip*）及其他書籍的作者。她的作品曾被《華盛頓郵報》、《今日美國》、《波士頓環球報》、蘋果公司與亞馬遜等多家媒體及企業評爲年度最佳作品和最受期待作品。從《紐約時報》到喬．羅根（Joe Rogan）的podcast都曾報導過她。她曾在《洛杉磯時報雜誌》（*Los Angeles Times Magazine*）擔任過特約編輯。畢業於普林斯頓大學，現與丈夫及兩個兒子定居在洛杉磯。

**譯者：鄭焕昇**

在翻譯中修行，在故事裡旅行的譯者。賜教信箱：huansheng.cheng@gmail.com。

next 326

# 核戰末日：我們與世界毀滅的距離（電影暖身版）

作　　者—安妮．雅各布森 Annie Jacobsen
譯　　者—鄭煥昇
副總編輯—陳家仁
協力編輯—巫立文
企　　劃—洪晟庭
封面設計—許晉維
內頁排版—李宜芝

總 編 輯—胡金倫
董 事 長—趙政岷
出 版 者—時報文化出版企業股份有限公司
108019 台北市和平西路三段 240 號 4 樓
發行專線—（02）2306-6842
讀者服務專線—0800-231-705（02）2304-7103
讀者服務傳真—（02）2302-7844
郵撥—19344724 時報文化出版公司
信箱—10899 臺北華江橋郵政第 99 信箱
時報悅讀網—http://www.readingtimes.com.tw
法律顧問—理律法律事務所　陳長文律師、李念祖律師
印刷—勁達印刷有限公司
初版一刷—2024 年 10 月 25 日
定價—新台幣 560 元
（缺頁或破損的書，請寄回更換）

時報文化出版公司成立於一九七五年，
並於一九九九年股票上櫃公開發行，於二〇〇八年脫離中時集團非屬旺中，
以「尊重智慧與創意的文化事業」為信念。

核戰末日 : 我們與世界毀滅的距離 / 安妮 . 雅各布森 (Annie Jacobsen) 著 ; 鄭煥昇譯 .
-- 初版 . -- 臺北市 : 時報文化出版企業股份有限公司 , 2024.10
464 面 ; 14.8x21 公分 . -- (next ; 326)
譯自 : Nuclear war : a scenario.
ISBN 978-626-396-775-5( 平裝 )

1.CST: 核子戰略 2.CST: 國防政策 3.CST: 美國

592.4952　　113013209

Nuclear War: A Scenario by Annie Jacobsen


ISBN 978-626-396-775-5
Printed in Taiwan